AF551701

EUL
VERLAG

WIRTSCHAFTSINFORMATIK

Herausgegeben von Prof. Dr. Dietrich Seibt, Köln, Prof. Dr. Hans-Georg Kemper, Stuttgart, Prof. Dr. Georg Herzwurm, Stuttgart, Prof. Dr. Dirk Stelzer, Ilmenau, und Prof. Dr. Detlef Schoder, Köln

Band 76
Waldemar Meinzer
Preisverhandlung von Standardsoftware im Investitionsgütergeschäft – Eine spieltheoretische Analyse
Lohmar – Köln 2013 • 348 S. • € 63,- (D) • ISBN 978-3-8441-0260-4

Band 77
Sandra Seiz
Gestaltung eines strategiekonformen Informationsmanagements in der Pre-Merger-Phase bei Mergers & Acquisitions
Lohmar – Köln 2013 • 248 S. • € 56,- (D) • ISBN 978-3-8441-0279-6

Band 78
Margarete Koch
Entwicklung eines Informationsversorgungskonzepts als Basis unternehmensspezifischer Business-Intelligence-Lösungen industrieller Unternehmen
Lohmar – Köln 2014 • 344 S. • € 63,- (D) • ISBN 978-3-8441-0311-3

Band 79
Nadine Amende
Nutzenmessung der geografischen Informationsvisualisierung in Verbindung mit der Informationssuche
Lohmar – Köln 2014 • 388 S. • € 65,- (D) • ISBN 978-3-8441-0316-8

Band 80
Xuanpu Sun
Ein szenario- und prototypingbasiertes Konzept zur Informationsbedarfsanalyse für Business-Process-Intelligence-Systeme – Entwicklung und Evaluation
Lohmar – Köln 2014 • 352 S. • € 64,- (D) • ISBN 978-3-8441-0317-5

Band 81
Jörg Leute
Eine neue Definition agilen Projektmanagements – Analyse konzeptioneller Merkmale agilen Projektmanagements
Lohmar – Köln 2014 • 296 S. • € 59,- (D) • ISBN 978-3-8441-0360-1

JOSEF EUL VERLAG

Eine neue Definition agilen Projektmanagements

Analyse konzeptioneller Merkmale agiler Entwicklungsmethoden, Erarbeitung einer neuen Definition von Agilität und Anwendung auf Projektmanagement.

Dissertation
zur Erlangung des Doktorgrades
der Wirtschafts- und Sozialwissenschaftlichen Fakultät
der Eberhard Karls Universität Tübingen

vorgelegt von
Jörg Leute
aus Ulm

Tübingen

2013

Tag der mündlichen Prüfung:	26.03.2014
Dekan:	Professor Dr. rer.soc. Josef Schmid
1. Gutachter:	Professor Dr. Bernd Jahnke
2. Gutachter:	Professor Dr. Werner Neus

Reihe: Wirtschaftsinformatik · Band 81

Herausgegeben von Prof. Dr. Dietrich Seibt, Köln, Prof. Dr. Hans-Georg Kemper, Stuttgart, Prof. Dr. Georg Herzwurm, Stuttgart, Prof. Dr. Dirk Stelzer, Ilmenau, und Prof. Dr. Detlef Schoder, Köln

Dr. Jörg Leute

Eine neue Definition agilen Projektmanagements

Analyse konzeptioneller Merkmale agilen Projektmanagements

Mit einem Geleitwort von Prof. Dr. Bernd Jahnke,
Eberhard Karls Universität Tübingen

Bibliografische Information der Deutschen Nationalbibliothek

Die Deutsche Nationalbibliothek verzeichnet diese Publikation in der Deutschen Nationalbibliografie; detaillierte bibliografische Daten sind im Internet über <http://dnb.d-nb.de> abrufbar.

Dissertation, Eberhard Karls Universität Tübingen, 2014

ISBN 978-3-8441-0360-1
1. Auflage Oktober 2014

JOSEF EUL VERLAG GmbH
Brandsberg 6
53797 Lohmar
Tel.: 0 22 05 / 90 10 6-6
Fax: 0 22 05 / 90 10 6-88
E-Mail: info@eul-verlag.de
http://www.eul-verlag.de

Bei der Herstellung unserer Bücher möchten wir die Umwelt schonen. Dieses Buch ist daher auf säurefreiem, 100% chlorfrei gebleichtem, alterungsbeständigem Papier nach DIN 6738 gedruckt.

I. Geleitwort

Das Thema agiles Projektmanagement wird in den letzten Jahren in Wissenschaft und Praxis lebhaft diskutiert. Der von Jörg Leute gewählte Ansatz, nicht nur agiles Projektmanagement zu betrachten, sondern gleich das Urkonstrukt „Agilität“ zu hinterfragen, erschien mir gerade wegen seiner inhaltlichen Breite gewagt – wer gleich zwei Themen grundlegend angeht, läuft Gefahr sich im Forschungsteil zu verheddern oder einen mangelnden Überblick zu bieten.

Die vorliegende Arbeit entkräftet diese Befürchtung durch ihre strukturierte, nachvollziehbare und präzise Vorgehensweise. Die Überzeugung, dass Agilität im Kern die Aufnahme fachfremder Einflüsse in die Softwareentwicklung darstellt, ist ebenso nachvollziehbar wie inhaltlich faszinierend. Besonders stichhaltig ist der als Linsenansatz bezeichnete Forschungsweg. Er hat nicht nur zu einem in sich geschlossenen Konstrukt geführt, sondern weist auch eine unerwartet hohe inhaltliche Bandbreite auf.

Dass die Betrachtung agilen Projektmanagements sich so nahtlos in das Tübinger Modell der Wirtschaftsinformatik einreiht und es gleichzeitig erweitert, zeigt, dass die Arbeit nicht nur korrekt in der Wirtschaftsinformatik verortet ist, sondern tatsächlich einen neuen und eigenen Beitrag leistet. Die als Meta-Regeln bezeichnete, neue und damit vierte Dimension stellt schließlich nichts anderes dar als die Kultur, die in einer Organisation zur Einführung agiler Denkweisen vorzufinden sein sollte. Die vorliegende Arbeit leistet in ihrer eigenständigen Reflexion dieses hochaktuellen Themas somit einen konstruktiven Beitrag zum besseren, richtigen Verständnis von Agilität und agilem Projektmanagement.

Ich wünsche der Arbeit eine weite Verbreitung in Wissenschaft und Praxis.

Tübingen, im Juni 2014 Prof. Dr. Bernd Jahnke

II. Vorwort

Meinem akademischen Lehrer Herrn Prof. Dr. Bernd Jahnke danke ich sehr herzlich für die engagierte Betreuung und die stetige Gesprächsbereitschaft. Sein Tübinger Modell der Wirtschaftsinformatik hat mich von den ersten Grundlagenvorlesungen der WI bis in diese Arbeit hinein geprägt und begleitet.

Herrn Prof. Dr. Werner Neus gilt mein Dank für die Übernahme des Zweitgutachtens, Frau Prof. Kerstin Pull danke ich für die Übernahme des Vorsitzes der Prüfungskommission.

Über den Lehrstuhl für Wirtschaftsinformatik lernte ich viele Kollegen und Freunde kennen, die mich stets mit gutem Rat unterstützten. Ganz besonderer Dank gilt hier Herrn Dr. Wolfram von Schneyder für den Rat bei der Definition des Themas, Herrn Dr. Achim Kindler für wohlwollend-kritisches Feedback im Entstehungsprozess, Herrn Dr. Stefan Ruf für die unentbehrliche Unterstützung in der Schlussphase sowie Frau Dr. Sandra Seiz für ihre stetige Ansprechbarkeit in allen Fragen. Das Feedback dieser kompetenten Kollegen hat mir in vielen Situation die Augen geöffnet.

Bei meiner Familie möchte ich mich von ganzem Herzen für die Unterstützung während meines Studiums und während der Verfassung dieser Arbeit bedanken. Ebenso möchte ich meinem Geschäftspartner Johannes Koppenhöfer für dessen Toleranz und Unterstützung in der Entstehungszeit dieser Arbeit herzlich danken.

Schließlich gilt mein größter Dank meiner Frau Dr. Sabine Narr-Leute, dem wandelnden Thesaurus, der Anwältin der Logik und der Wächterin der schönen Sprache. Sie hat mich stets motiviert und liebevoll durch die schwierigen Absätze, Zeiten und Zweifel begleitet.

Ihr sei diese Arbeit gewidmet.

Tübingen, im Juni 2014 Jörg Leute

III. Inhaltsüberblick

IV. Inhaltsverzeichnis

V. Abbildungsverzeichnis

VI. Tabellenverzeichnis

VII. Abkürzungen

AFP	Adaptive Project Framework
Agile EM	Agile Entwicklungsmethode
APM	Agiles Projektmanagement
ASD	Adaptive System Development
ASE	Agile Software-Systementwicklung
AVM	Agiles Projektmanagement-Vorgehensmodell
CCPM	Critical Chain Project Management
CMMI	Capability Maturity Model Integration
DBR	Drum Buffer Rope
DIN	Deutsche Industrie Norm
DOD	Department of Defence
DSDM	Dynamic System Development Method
EM	Entwicklungsmethode
FDD	Feature Driven Development
GPM	Gesellschaft für Projektmanagement
ICB	IPMA Competence Baseline
IEEE	Institute of Electrical and Electronics Engineers
IPMA	International Project Management Association
ISO	International Organization for Standardization
KABA	Kontrastive Aufgabenanalyse
KM	Knowledge Management
LOC	Lines of Code
MAT	Mensch-Aufgabe-Technik
MRP	Material Requirements Planning
OPM3	Organization Project Management Maturity Model
OPT	Optimized Production Technology
PDCA	Plan/Do/Check/Act
PL	Projektleiter
PM	Projektmanagement
PMDOI	Project Management Declaration of Interdependence
PMI	Project Management Institute

POOGI	Process of Ongoing Improvement
PP	Pragmatic Programmer
PVM	Projektmanagement-Vorgehensmodell
QM	Qualitätsmanagement
RAD	Rapid Application Development
RUP	Rational Unified Process
SDoIC	Sensitive Dependence on Initial Conditions
SSE	Software-Systementwicklung
SECI	Wissensspirale aus Sozialisation, Externalisierung, Kombination (Combination) und Integration
TEM	Traditionelle Entwicklungsmethode
TOC	Theory of Constraints
TPS	Toyota Production System
TQM	Total Quality Management
TSE	Traditionelle Software-Systementwicklung
UML	Unified Modelling Language
VM	Vorgehensmodell
V-Modell	Vorgehensmodell
WI	Wirtschaftsinformatik
XP	Extreme Programming
XT	Extreme Tailoring

VIII. Definitionen häufig referenzierter Begriffe

Die Definitionen bauen logisch aufeinander auf und sind daher nicht alphabetisch aufgelistet.

Ergebnis	Das Produkt eines Prozesses oder einer Methode. Beispiele: ein Abnahmedokument, ein fertiggestelltes Programm-Modul.
Methode	Eine kontextabhängige Technik zum Erreichen eines bestimmten Ergebnisses. Beispiele: Delphi-Schätzverfahren, Post-Mortem-Review eines Projekts.
Prozess	Ein Prozess legt die Reihenfolge bestimmter Aktivitäten, etwa die Ausübung von →Methoden, fest. Beispiel: Initiieren eines Projekts.
Lebenszyklusmodell	Ein Lebenszyklusmodell fasst die zu durchlaufenden →Prozesse eines Projekts auf einem hohen Abstraktionsgrad zusammen. Beispiel: das Wasserfallmodell.
Vorgehensmodell	„Ein Vorgehensmodell ist eine Arbeitsanleitung, die beschreibt, wie und in welcher Reihenfolge Arbeiten bei der Organisation und Durchführung eines Projekts durchzuführen sind".[1] Ein Vorgehensmodell ist die Verbindung eines →Lebenszyklusmodells mit der Ausübung bestimmter →Methoden in einem bestimmten Kontext, beispielsweise der Software-Systementwicklung. Es zerteilt ein Projekt in Phasen, die bestimmte →Ergebnisse produzieren. Beispiel: das V-Modell 97.

[1] Müller (2004), o. S.

Software-Systementwicklung	SSE umfasst alle Tätigkeiten des gesamten Entwicklungszyklusses von der initialen Anforderung bis zur Inbetriebnahme einer Software.
Agile Software-Systementwicklung	Agile Software-Systementwicklung ist eine Auffassung, die die Entwicklung eines Softwaresystems als soziale, sich temporal entwickelnde Interaktion von Menschen zur schnellen und regelmäßigen Auslieferung nützlicher Software interpretiert.
Traditionelle Software-Systementwicklung	Die Traditionelle Software-Systementwicklung versteht die Entwicklung eines Softwareprodukts als „[…] ein diszipliniertes Vorgehen, das die Wiederholung von Arbeitsschritten vermeidet“[2].
Agile Entwicklungsmethode	Ein Vorgehensmodell, das die agile Software-Systementwicklung umsetzt. Beispiel: Scrum, Extreme Programming, Crystal.
Traditionelle Entwicklungsmethode	Ein Software-Vorgehensmodell, das die traditionelle Software-Systementwicklung umsetzt. Beispiele: Wasserfallmodell, V-Modell.

[2] Laudon (2012), S. 932.

1 Agilität – Heilmittel ohne Rezeptur!?

„[...] software development as being based on a stable set of predefined requirements creates major problems in applying it within rapidly changing environments [...].“[3]
Barry Boehm

Die im digitalen Zeitalter gestiegene Interaktionskomplexität der Softwarekomponenten untereinander, die erhöhten Erwartungen an Geschwindigkeit, Qualität und Benutzerfreundlichkeit und schließlich die ständige Notwendigkeit der Aktualisierung von Einzelkomponenten und Schnittstellen führen zu gewaltigen technischen Herausforderungen bei der Softwareentwicklung. Kunden erwarten gleichzeitig immer höhere Entwicklungsgeschwindigkeiten bei sinkenden Kosten und einem gleichzeitig erhöhten Reaktionsvermögen[4]. Im Zusammenspiel mit globalem Konkurrenzdruck und lokalem Fachkräftemangel steigt demzufolge der Druck auf Softwareentwicklungsteams stetig. Um auf diese verschärften Bedingungen zu reagieren, setzen immer mehr Firmen auf agiles Projektmanagement. Das aus der agilen Software-Systementwicklung (SSE) entstandene Konzept scheint genau der Lösungsweg zu sein, um auf die Veränderung von Prioritäten im laufenden Projekt zu reagieren, die Softwarequalität zu verbessern, schnell zu liefern und darüber hinaus eine gute Stimmung im Team zu fördern. Diese „Benefits obtained from implementing Agile“, die die Firma VersionOne in einer Ende 2012 erschienenen Studie aufzählt, klingen beinahe wie die Quadratur des Kreises.[5] Tatsächlich macht die Studie deutlich, dass sich in den vergangenen Jahren agile Methoden in Unternehmen verbreitet haben und den gestiegenen Ansprüchen begegnen. So setzten bereits im Jahr 2008 einer Umfrage zufolge mehr als 80 % der befragten Unternehmen auch auf agile Entwicklungsmethoden.[6]

[3] Boehm (2002), S. 189.
[4] Vgl. Schwenker (2008) S. 124. Auf die einzelnen Herausforderungen und deren Konsequenzen wird später in Kapitel 2.3.1.2 und 2.3.2.2 eingegangen.
[5] VersionOne (2012), o. S.
[6] Vgl. Ambler (2008), o. S.

Gerade aufgrund der schnellen Verbreitung erstaunt es, dass auch über zehn Jahre nach dem Erscheinen des „agilen Manifests“[7], dem Urkeim der „agilen Bewegung“, keine Einigkeit darüber besteht, was „agiles Projektmanagement“ eigentlich bedeutet. Trotz zahlreicher[8] wissenschaftlicher Veröffentlichungen, Praxisratgeber, Blogbeiträge und Methodenveröffentlichungen bestehen Uneinigkeiten in Bezug auf Herkunft, Bedeutung und Anwendbarkeit agilen Projektmanagements. Besonders bemerkenswert ist, dass sich die unterschiedlichen Auffassungen nicht auf agiles Projektmanagement allein beschränken. Selbst das Fundament agilen Projektmanagements, das Konzept von „Agilität“, verfügt über fünf[9] unterschiedliche, teilweise sogar widersprüchliche Definitionen.

Wenn die Agilität und agiles Projektmanagement aber als Möglichkeit angesehen werden, auf die heutigen komplexen Aufgabenstellungen zu reagieren, Teams zu motivieren und schnell qualitativ hochwertige Ergebnisse zu liefern, müsste doch eine klarere Verständigung darüber vorliegen, was Agilität und agiles Projektmanagement darstellen. Darüber hinaus sollte klar sein, wie die beiden Themen fundiert sind und in welchen Kontexten sie sich anwenden lassen. Genau dies trifft auf beide Begriffe allerdings in nachteiliger Weise zu. Agilität und agiles Projektmanagement stellen sich so als funktionierende Heilmittel dar, deren Inhaltsstoffe und Rezeptur jedoch umstritten sind.

Dies ist sowohl für die Wissenschaft als auch für die Praxis hinderlich. Ohne eine Verständigung über den Charakter eines Begriffs kann keine einheitliche Stoßrichtung vereinbart werden, um anhand empirischer Untersuchungen, des Erfahrungsaustauschs in der Praxis oder anhand von Langzeitstudien ein tieferge-

[7] Vgl. Beck et al. (2001), o. S.

[8] Als beispielhafte Vertreter seien genannt:
Wissenschaft: Fernandez/Fernandez (2008), Owen/Koskela (2006), Abrahamsson et. al (2003). Außerdem führt eine Recherche nach dem Stichwort „Agile Software Development“ in der akademischen Suchmaschine Ebscohost zu Beginn Dezember 2012 zu 1059 Artikeln, „Agile Project Management“ zu 120.
Praxisratgeber: White (2008).
Blogs: Anderson (2011), Griffith (2013).
Methoden: Wysocki (2009), Highsmith (2004)

[9] Die einzelnen Definitionsvorschläge des Begriffs Agilität werden in Kapitel 2.3.1.3 detailliert betrachtet.

hendes, allgemein akzeptiertes Verständnis herbeizuführen. Durch konkurrierende Auffassungen ergeben sich Fragmentierung und konkurrierende Denkschulen.

Wie konnte es zu derart unterschiedlichen Auffassungen von Agilität kommen? Weshalb liegen die einzelnen Definitionen so weit auseinander und sind somit untereinander zudem inkompatibel? Was ist der Kern von Agilität? Kann Agilität auch in Kontexten außerhalb der SSE praktiziert werden? Erst die Beantwortung dieser Fragen kann die Grundlage bilden, auf welcher sich ein plausibles Konstrukt agilen Projektmanagements erzeugen lässt.

Wenn aber der Begriff „Agilität“ schon unsauber definiert ist, wie kann agiles Projektmanagement dann überhaupt fundiert sein? Es verwundert nicht, dass bereits sechs unterschiedliche Denkschulen agilen Projektmanagements erkennbar sind.[10] Die bereits erkannte Widersprüchlichkeit der fünf unterschiedlichen Definitionen von Agilität setzt sich hier demnach nicht nur konsequent fort, sondern führt zu einer noch größeren Divergenz. Es stellt sich deswegen die Frage, ob agiles Projektmanagement schlicht die Isolierung von Koordinationsmethoden aus der agilen Software-Systementwicklung und deswegen mit agilen Entwicklungsmethoden gleichzusetzen ist oder ob agiles Projektmanagement gar etwas anderes, etwas über den Softwarekontext Transzendierendes darstellt. Könnte in einem solchen Falle agiles Projektmanagement auch in Nicht-Software-Projekten eingesetzt werden?[11]

Offensichtlich ist eine klare Definition von Agilität ebenso ungeklärt wie ein darauf aufbauendes Verständnis agilen Projektmanagements. Dies ist insbesondere vor dem Hintergrund der nachhaltigen Popularität agiler Entwicklungsmethoden und der steigenden Anziehungskraft agilen Projektmanagements verwunderlich. Als *das* Rezept zur Bewältigung komplexer Fragestellungen im Zeitalter globaler

[10] Die Definitionsvorschläge zu agilem Projektmanagement werden in Kapitel 2.3.2.3 detailliert vorgestellt.

[11] Uneinigkeit besteht aktuell insbesondere noch in Bezug auf die Anwendung agilen PMs außerhalb des Software-Kontextes. Bezieht es sich exklusiv auf die Software-Systementwicklung (SSE), so wie der Titel eines der Standardwerke agiler Literatur *Agile Project Management with Scrum* von Kent Schwaber (2004) vermuten lässt, oder kann agiles PM auch in softwarefremden Umgebungen eingesetzt werden?

Teams, kurzer Wege, großer Komplexität und gestiegener Sicherheitsanforderungen müsste agiles Projektmanagement nicht nur eindeutig geklärt sein, sondern auch über ein belastbares Fundament verfügen. Die bisherigen Definitionen müssen daher hinterfragt werden, um der sich ausdehnenden Bewegung agilen Projektmanagements einen soliden Unterbau für Wissenschaft und Praxis zu verleihen. Genau deswegen bestehen die Ziele dieser Arbeit

1. in der Untersuchung und Definition des Begriffs „Agilität“, um darauf aufbauend
2. ein neues Verständnis des Begriffs „agiles Projektmanagement“ zu erarbeiten.

Der Grund der bestehenden Unklarheit in Bezug auf das Thema agiles Projektmanagement könnte mitunter in dessen unklarer wissenschaftlicher Zuordnung verortet sein. Während die informationstechnischen Aspekte agiler Entwicklungsmethoden in der Informatik untersucht werden, hat das Thema Projektmanagement noch keine eindeutige wissenschaftliche Heimat gefunden.[12] Ausgangspunkt dieser Arbeit ist die Wirtschaftsinformatik (WI). Aufbauend auf der Untersuchung von Informations- und Kommunikationssystemen (IKS) in Organisationen umschließt die WI den soziologischen Teil der Interaktion zwischen System und Mensch sowie den wirtschaftswissenschaftlichen Teil zwischen Mensch und Aufgabe im organisatorischen Kontext.[13] Die Software-Systementwicklung wird folglich vor dem Hintergrund des zu erreichenden, betriebswirtschaftlichen Zwecks und im Hinblick auf die Interaktion von Menschen mit und durch IKS untersucht. Da die Wirtschaftsinformatik demnach sowohl den technischen als auch den sozialen Aspekt betrachtet, ist sie bestens geeignet, einen neuen Blickwinkel auf agiles Projektmanagement zu ermöglichen.

[12] Vgl. Kwak/Anbari (2009), S. 437 f. stellen einen Bezug zur Projektmanagementforschung in acht verschiedenen wissenschaftlichen Disziplinen fest.
[13] Vgl. Jahnke (1997), S. 280-284.

Zusammenfassend kann festgestellt werden, dass das Ziel dieser Arbeit in einer Klärung des Begriffs „Agilität" (Frage 1) und des Konstrukts „agiles Projektmanagement" (Frage 2) aus wirtschaftsinformatischer Perspektive besteht. Entgegen bisherigen Untersuchungen stellen Einflüsse außerhalb der Software-Systementwicklung, die auf agile Entwicklungsmethoden wirkten, den Ausgangspunkt der Untersuchung dar. Genau dieser interdisziplinäre Ansatz wird durch die WI erst ermöglicht und lässt eine neue, aussöhnende Definition von Agilität erhoffen. Aufbauend auf dieser neuartigen Definition von Agilität könnte anschließend das Thema agiles Projektmanagement betrachtet und neu fundiert werden. Die Arbeit ist aus diesem Grund in zwei Hauptteile gegliedert:

1. Nach der Beschreibung der Grundlagen und des aktuellen Stands der Forschung in Kapitel 1 wird in Kapitel 3 der Forschungsansatz dieser Arbeit vorgestellt.
2. Eine neue Definition von „Agilität" wird in Kapitel 4 erarbeitet. Diese wird im anschließenden Kapitel 5 auf Projektmanagement angewendet. Der Syntheseteil in Kapitel 6 fügt agiles Projektmanagement schließlich zu einem Gesamtbild, einem Rahmenwerk agilen Projektmanagements, zusammen.

2 Grundlagen und Forschungsüberblick

Im Grundlagenteil wird zunächst die traditionelle Software-Systementwicklung (SSE) erläutert, um zu verstehen, aus welchen Umständen heraus sich die agile Software-Systementwicklung ergeben hat. Deren Entstehung und vor allem deren Gegensätzlichkeit wird im daran anschließenden Kapitel betrachtet.

2.1 Traditionelle Software-Systementwicklung

Software ist ein spezielles Gut. Sie kann nahezu kostenlos beliebig oft vervielfältigt werden und altert, ohne Verschleiß zu zeigen;[14] obwohl sie nicht fassbar ist, stellt sie einen Vermögensgegenstand dar;[15] wenngleich sie keine körperliche Anstrengung hervorruft, wird ihre Erstellung als Handwerkskunst bezeichnet;[16] ohne auf eine lange Tradition zurückblicken zu können, ist sie zum unersetzbaren Bestandteil der modernen Gesellschaft geworden. Zur Festlegung ihres Herstellungsprozesses mit einer gleichzeitigen Gewährleistung von Kosten- und Zeittreue, Wiederholbarkeit, Qualität und Gleichartigkeit wurden seit den 1970er Jahren zahlreiche Normungsversuche unternommen und in sogenannten Vorgehensmodellen traditioneller SSE[17] verankert.

Traditionelle Vorgehensmodelle[18] der SSE beschreiben, „welche Aktivitäten wann, von wem und mit welchen Methoden auszuführen sind".[19] Sie zeichnen

---

[14] Vgl. Balzert (2009), S. 9.

[15] Auch selbst erstellte Software muss bilanziell als immaterieller Vermögensgegenstand aktiviert werden.

[16] Vgl. hierzu beispielsweise McBreen (2002); Martin (2009), o. S. oder Martin/Feathers (2009).

[17] Der Begriff der traditionellen SSE geht auf eine NATO-Tagung im Jahr 1968 in Garmisch-Partenkirchen zurück. Hier wurde ein strukturierter, wiederholbarer und meßbarer Prozess diskutiert und als „software engineering" bezeichnet. Naur/Randell (1969), S. 8 und S. 70. Balzert (2009), S. 17 bezeichnet „software engineering" als eine „[...] (Ingenieur-) Wissenschaft, die die kosteneffiziente Entwicklung von qualitativ hochwertiger Software behandelt". Linssen (2009), S. 24 geht weiter und definiert Software Engineering als die „Entwicklung von Software unter Zuhilfenahme von Prinzipien, Regeln und Werkzeugen [...] im Rahmen eines definierten Prozesses [...]".

[18] Der Begriff Vorgehensmodell wird im Folgenden als VM abgekürzt.

[19] Laudon (2012), S. 939.

sich in Anlehnung an die Fließbandproduktion materieller Güter durch die genaue Vorgabe von Tätigkeiten, Abfolgen, Ergebnissen und Zuständigkeiten aus. So soll ein stabiler, planbarer und nachvollziehbarer Rahmen geschaffen werden, in dem die Produktion von Software operationalisier- und beherrschbar wird.[20] Beispiel eines Vorgehensmodells (VM) traditioneller SSE ist das in Abbildung 1 gezeigte V-Modell 97[21]. Es besteht aus einem (1) Prozessteil sowie einem (2) Methodenteil.

Ad 1) Der Prozessteil umfasst eine feste Abfolge an Projektschritten, die durch „Produkte, Rollen und Aktivitäten"[22] zur Umsetzung eines Soft- oder Hardware-Systems zu durchlaufen sind. Bemerkenswert sind die in Form des „V" dargestellten logischen Abstraktionsebenen. Jede in der folgenden Abbildung in gleicher Farbe hervorgehobene Ebene wird von jeweils einer Partei verantwortet. So kann sichergestellt werden, dass die Abnahme eines Ergebnisses jeweils durch die Partei vollzogen wird, die auch für dessen Definition verantwortlich war.

Ad 2) Im Methodenteil des V-Modells werden situationsabhängige Techniken vorgegeben, die Regelungen für Softwareentwicklung, Projektmanagement, Knowledge Management und Qualitätsmanagement beinhalten.

Das V-Modell wird aufgrund seiner Vollständigkeit und Geschlossenheit in Bezug auf Prozesse, Methoden und Verantwortlichkeiten in dieser Arbeit die „traditionelle Software-Systementwicklung" (TSE) verkörpern. Im Gegensatz dazu werden agile Entwicklungsmethoden die „agile Software-Systementwicklung" (ASE) darstellen.

---

[20] Vgl. Fowler (2005), o. S.

[21] Vgl. Laudon (2012), S. 932; Boehm/Turner (2003), S. 12; Linssen (2009), S. 331. Der Begriff der „ingenieursmäßigen" Entwicklung von Software, wie sie etwa von Bullinger (1997), S. 12 mit Bezugnahme auf das V-Modell verwendet wird, soll in dieser Arbeit nicht weiter verwendet werden. Schließlich setzt die Hauptkritik der agilen SSE weniger an der Orientierung der Ingenieurskunst als vielmehr an der Plan- und Vorhersagbarkeit an.

[22] Friedrich/Hammerschall/Kuhrmann et al. (2009), S. 2.

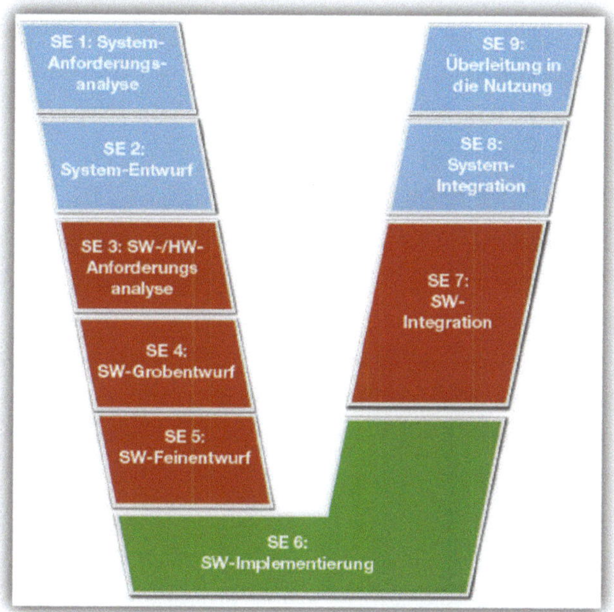

Abbildung 1: Das V-Modell 97.
Quelle: Vereinfacht übernommen aus Wiemers (2000), S. 25

Im geschichtlichen Rückblick führte die deterministische, ordnende und vorschreibende Denkweise der TSE in der Praxis zu unbefriedigenden Ergebnissen:

Problemfeld 1: Änderungen der Anforderungen im laufenden Projekt

Problemfeld 2: Ergebnis zu spät und zu teuer

Problemfeld 3: Mangelhafte Qualität

Problemfeld 4: Schwergewichtige Prozesse und Dokumentation

Ad 1) Änderung der Anforderungen im laufenden Projekt

Die Annahme, sämtliche Wünsche an die zu produzierende Software zu Beginn des Projekts zu erhalten, ist unrealistisch. Eine Anforderungsanalyse ist „in der

Regel unvollständig, widersprüchlich und veraltet“[23]. Larman zeigt auf der Basis empirischer Forschung, dass die Anforderungen eines Projekts in positiver Korrelation zu Komplexität und Größe stehen.[24] Diese Erkenntnis offenbart somit die Inhaltsstabilität von Anforderung und Spezifikation, ein Grunddogma der TSE, als Fehlannahme.[25]

Ad 2) Ergebnis zu spät und zu teuer

64 % der spezifizierten und entwickelten Funktionalitäten einer Software werden kaum oder gar nicht genutzt.[26] Der Grund für dieses als „software bloat“ bezeichnete Phänomen liegt in der hohen Zeit- und Inhaltsstabilität der TSE-Spezifikationen. Da sämtliche Eventualitäten von Anfang an bedacht werden müssen, besteht das „Aufblähen“ der TSE in der Investition von Aufwand, Zeit und Geld für Funktionen, die nicht benötigt werden. Das Ergebnis wird gemessen am Nutzen deswegen zu spät, zu aufwendig und zu teuer erreicht.[27]

Ad 3) Mangelhafte Qualität

Das V-Modell wirkt der Entstehung von Fehlern durch verschiedene QM-Mechanismen entgegen. Aufgrund des Aufbaus in Ebenen können Fehler und Fehlannahmen der jeweiligen Ebene allerdings erst dann aufgedeckt werden, wenn der Prozess die Ergebnisse zurückliefert. In der Folge kann die Behebung von Mängeln aufgrund falscher Anforderungen oder implementierungstechnischer Fehlannahmen so prinzipielle Veränderungen nach sich ziehen, dass sie gar nicht mehr erfolgen kann, ohne das Programm grundlegend und damit zu prohibitiv hohen Kosten zu ändern.[28]

[23] Linssen (2009), S. 25; vgl. hierzu auch Cohen/Costa/Lindvall (2004), S. 4.

[24] Larman (2003), S. 51 zeigt auf Basis empirischer Untersuchungen, dass „a process based on the assumption [...] of low change [...] is inconsistent with the nature of software projects“.

[25] Koppensteiner/Udo (2009), S. 2 stellen fest, dass Boehm diese Erkenntnis bereits 1981 formulierte. Vgl. zudem Abrahamsson/Salo/Ronkainen et al. (2002), S. 10; Cohen/Costa/Lindvall (2004), S. 3.

[26] Vgl. Akervall/Linder (2009), S. 1.

[27] Vgl. Linssen (2009), S. 25.

[28] Die prohibitiv hohen Kosten beziehen sich auf die späte Behebung einer grundlegenden Fehlannahme. Sollte diese erst festgestellt werden, nachdem der gesamte Entwicklungszyklus beendet wurde, können die notwendigen Änderungsarbeiten so weit führen, dass die gesamte Software neu konzipiert werden muss. Agile Entwicklungsmethoden hingegen fokussieren auf die frühe Erkennung gedanklicher Fehler. Vgl. hierzu Kelly (2008), S. 19.

Ad 4) Schwergewichtige Prozesse und Dokumentation

Um sämtliche Eventualitäten und Unwägbarkeiten abzubilden, verfügen planbasierte VM über eine große Bandbreite an Werkzeugen. In der Praxis wird das notwendige Tayloring[29] allerdings nicht allzu oft praktiziert. Somit werden Projekte jeden Umfangs, jeder Komplexität und aller Risikoprofile mit den gleichen Vorgaben bearbeitet, was im Ergebnis zu einer unsachgemäßen, belastenden Verwendung der Modelle führt. In der Folge konnte beobachtet werden, dass selbst Firmen, die einen hohen CMMI-Reifegrad[30] aufweisen, keine signifikant besseren Ergebnisse erzielten als Firmen niedrigeren Reifegrads.[31] Boehm erklärt dies auch mit einem „entmenschlichenden“ Effekt als ungewollte Folge „hochzeremonieller“ [32] VM.

Fazit

Trotz zahlreicher Fehlschläge stellte die TSE bis zur breiten Adaptierung agiler Entwicklungsmethoden das bestmögliche Vorgehen dar. Am Beispiel deutscher und US-amerikanischer Referenzwerke lässt sich dies erkennen[33]. Einerseits nahm die Perzeption moderner, iterativer, inkrementeller und agiler VM Zeit in Anspruch, andererseits lässt sich ein deutliches Hinterherhinken staatlicher Methoden hinter Erkenntnissen der Privatwirtschaft erkennen. Dieses Zurückbleiben ist nicht allein der Trägheit der öffentlichen Hand bei der Verarbeitung von Impulsen aus der privaten Wirtschaft geschuldet. Vielmehr stellt die Akzeptanz der Unvorhersagbarkeit auch heute noch einen Widerspruch zum sicheren und treuhänderischen Umgang staatlicher Stellen mit öffentlichen Geldern dar. Die in Ab-

---

[29] Als Tayloring wird das Anpassen, das Maßschneidern des Vorgehensmodells an die jeweilige Projektsituation verstanden. Das V-Modell XT trägt genau deswegen das Suffix XT, Extreme Tayloring, im Namen.

[30] Der CMMI-Reifegrad bezieht sich auf eine Stufe des „Capability Maturity Model Integration“, eines von der Carnegie-Mellon Universität herausgegebenen Reifegradmodells, das sich auf die Einheitlichkeit, Nachvollziehbarkeit und Messbarkeit von Software-Systementwicklungsprozessen In Unternehmen bezieht. Vgl. hierzu CMMI Product Team (2010).

[31] Vgl. Cohen/Costa/Lindvall (2004), S. 5.

[32] Boehm (2002), S. 64.

[33] Siehe hierzu die detaillierte Auflistung und Auswertung der jeweiligen Referenzwerke in **Fehler! Verweisquelle konnte nicht gefunden werden.** sowie deren Zusammenführung in er folgenden Abbildung 2.

bildung 2 gezeigte Visualisierung stellt die Erkenntnisse eines Vergleichs privatwirtschaftlicher und öffentlicher VM dar: Je höher sich ein Element befindet, desto agiler ist es, je niedriger, desto traditioneller.[34] Wie in der Grafik ersichtlich ist, verarbeiteten staatliche Methoden wie das V-Modell 97 (untere Ellipse) die in diesem Kapitel vorgestellten Kritikpunkte deutlich später als in der Praxis entstandene und vor allem im Feld der Privatwirtschaft genutzte (obere Ellipse). Eine detaillierte Auflistung und Auswertung aller betrachteten Methoden findet sich in.

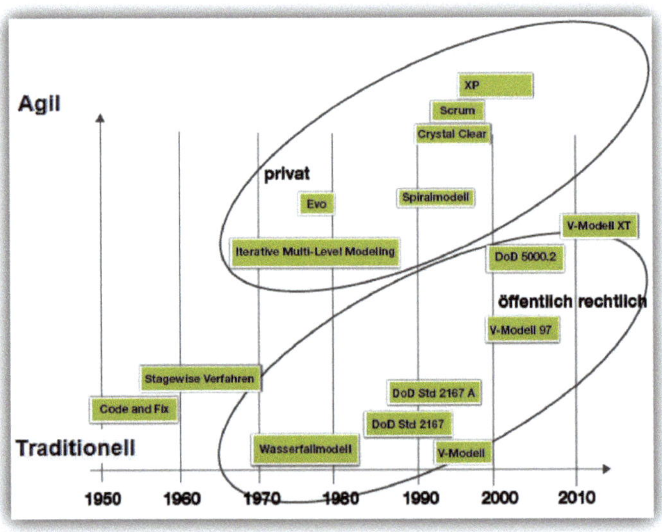

Abbildung 2: Entwicklung von Vorgehensmodellen.

Rückblickend betrachtet ist die staatliche Nicht-Adaption erprobter Vorgehensweisen in gewisser Weise eine Ironie. Schließlich führten die gewünschte Erreichung von Investitionssicherheit und der umsichtige Umgang mit Haushaltsmit-

---

[34] Die Kriterien, die eine Zusammenstellung in eigener Recherche darstellen, sind:

1. Prozess ist dokumentiert,
2. Iterationen sind zugelassen,
3. Inkremente sind zugelassen,
4. Iterationen sind „timeboxed",
5. Methodisches Feedback zwischen den Zyklen ist vorgesehen.

teln genau zum Gegenteil: Einer Untersuchung des amerikanischen Verteidigungsministerium aus dem Jahre 1999 zufolge beläuft sich der Schaden, der durch Fehlschläge in über 75 % der TSE-Projekte verursacht wurde, auf 37 Mrd. $.[35]

2.2 Agile Software-Systementwicklung

Das Zusammenspiel von Annahmen, Prinzipien, Methoden und Grenzen rund um eine SSE-Methode, welches in Abbildung 3 verdeutlicht wird, bezeichnet Highsmith als „Ökosystem“[36]. Entlang dieser vier Elemente kann die Innovation der agilen SSE veranschaulicht werden.[37]

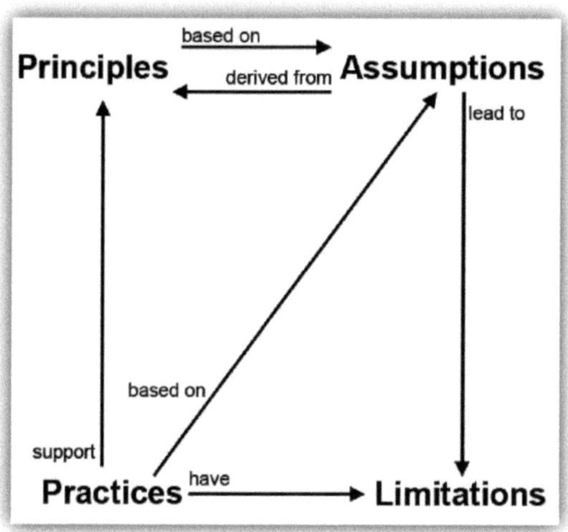

Abbildung 3: Zusammenspiel zwischen Prinzipien, Praktiken, Annahmen und Grenzen.

Quelle: Turk/France/Rumpe (2005), S. 71

[35] Vgl. Larman/Basili (2003), S. 52. Selbst wenn Larman/Basili das Scheitern der Projekte vor allem auf die falsche Methodik zurückführen, sei angemerkt, dass auch andere Faktoren über das Gelingen oder Scheitern eines Projekts mitentscheiden.

[36] Highsmith (2002), S. xxiii.

[37] Vgl. Cohen/Costa/Lindvall (2004), S. 3, 9.

1. Methoden

Die in obiger Abbildung als „Practices“ darstellten Methoden stellen Highsmith zufolge im „agilen Ökosystem“[38] die agilen Entwicklungsmethoden dar. Die im Folgenden vorgenommene Zuordnung der Urheber des agilen Manifests zu agilen Entwicklungsmethoden[39] zeigt, dass mit einer Ausnahme alle 17 Verfasser je einer bereits vor der Veröffentlichung des agilen Manifests bekannten Methode entweder als Autor oder als bekennender Fürsprecher zuzuordnen sind. Offensichtlich lag der Methodenteil des agilen Ökosystems bereits vor Veröffentlichung der Prinzipien und Grundsätze vor.

Adaptive Software Development	Jim Highsmith
Crystal Methoden	Alistair Cockburn
DSDM	Arie van Bennekum
Extreme Programming	Kent Beck, Ward Cunningham, Martin Fowler, Ron Jeffries, Brian Marick, James Grenning, Robert C. Martin
Feature Driven Development	Jon Kern
Pragmatic Programming	Andrew Hunt, Dave Thomas
Scrum	Mike Beedle, Ken Schwaber, Jeff Sutherland

Abbildung 4: Zuordnung der Autoren des agilen Manifests zu agilen EM.[40]

Interessanterweise heben Urheber agiler EM selbst hervor, dass ihre methodischen Elemente nicht neu sind. Neu sei jedoch die Reduktion auf wenige, „sich gegenseitig verstärkende“[41] methodische Elemente in großer prozessualer Freiheit. Agile EM folgen dem Gesetz der erforderlichen Varietät, das besagt, dass ein kodifiziertes Vorgehensmodell die Komplexität menschlicher Interaktion nicht in aus-

38 Highsmith (2002), S. xxiii.

39 Mangels Veröffentlichung kann Steve Mellor keiner Methode zugeordnet werden. Im Übrigen werden agile Entwicklungsmethoden im Folgenden als agile EM abgekürzt.

40 Das Ergebnis der Recherche ergibt sich aus der Analyse der Veröffentlichungen der hier genannten Autoren. Deutlich wurde dabei nicht nur, dass sich die meisten Autoren der XP-Bewegung zurechnen lassen, sondern sich mit Ausnahme von Steve Mellor alle Anwesenden recht aktiv am öffentlichen Diskurs beteiligen.

41 Boehm/Turner (2003), S. 18.

reichender Form regulieren kann.[42] Nur ein mindestens ebenso komplexes System, das menschliche Gehirn, kann Zusammenhänge erfassen, begreifen und beeinflussen. Diese Anerkennung der kreativen Leistungsfähigkeit des Menschen und der situativen Erarbeitung von Lösungswegen platziert den Mensch ins Zentrum des Geschehens.

Die methodischen Gemeinsamkeiten agiler EM sind:[43]

a) Anpassungsfähigkeit an Veränderungen technischer, organisatorischer oder inhaltlicher Art

b) Festlegung der Arbeitsstrukturen und Prozesse durch ein selbstorganisierendes Team im Laufe des Projekts

c) Kooperation im Team und mit dem Kunden

d) Auslieferung lauffähiger Ergebnisse in kurzen Zyklen

e) Bereitstellung von Techniken zur Produktion qualitativ hochwertiger Ergebnisse

Da in dieser Arbeit noch häufig auf die einzelnen agilen Entwicklungsmethoden zurückgegriffen wird, werden die hier gezeigten agilen EM in Anhang 3 kurz vorgestellt.

2. Annahmen – Die Grundsätze des agilen Manifests

Die vier Grundsätze des agilen Manifests betonen den Menschen, die Produktion von Software, die Zusammenarbeit und die Bereitschaft, sich an Veränderungen anzupassen. Der Originalwortlaut befindet sich in Anhang 1 da das agile Manifest in Wissenschaft und Praxis ausführlich dokumentiert wurde,[44] wird hier auf eine

[42] Vgl. Nerur/Balijepally (2007), S. 83.
[43] Vgl. Abrahamsson/Salo/Ronkainen et al. (2002), S. 19; Pikkarainen (2008), S. 38; Boehm/ Turner (2003), S. 16 ff.; Linssen (2009), S. 27 f.; Augustine (2005), S. 21-22; Cohen/Costa/Lindvall (2004), S. 28; Cockburn/Highsmith (2001), S. 122; Kelly (2008), S. 24-30.
[44] Aus der Wissenschaft: Abrahamsson/Salo/Ronkainen et al. (2002), S. 11; Qumer/Henderson-Sellers (2006), S. 506; Rakitin (2001); aus der Praxis Fowler (2005), o. S.; Highsmith (2002); Larman (2003).

weitere Erläuterung verzichtet. Maßgeblich für die vorliegende Arbeit sind folgende Beobachtungen:

a) Das agile Manifest versteht sich als grundlegendes Dogma agiler SSE. In Form der vier Grundsätze werden die wesentlichen Annahmen zur SSE dargestellt.

b) Im Kern des agilen Manifests steht der Mensch.[45] Im Gegensatz zum Schema von Plan und Ausführung der TSE verwurzelt es die agile SSE als kooperatives Unternehmen von Softwareentwicklern und Kunden mit einem gemeinsamen Ziel.

c) Das agile Manifest führte die zum damaligen Zeitpunkt verstreut agierende und publizierende Entwicklergemeinschaft zusammen.

3. Prinzipien – Die Prinzipien des agilen Manifests

Die zu den vier Grundsätzen des agilen Manifests gehörigen zwölf Prinzipien übersetzen die allgemein gehaltenen Grundsätze in konkrete, messbare Vorgaben an Entwicklungs- und Koordinationsmethoden. Sie sind in Anhang 2 dargestellt. Wichtig im Kontext dieser Arbeit sind folgende Erkenntnisse:

a) Anderson fasst die Prinzipien als Anspruch an „hohes Vertrauen, hohe Zusammenarbeit, hohe Interaktion, ständige Verbesserung und Wertschätzung des sozialen Kapitals“ zusammen.[46] Die Prinzipien zeigen so in Fortsetzung der Grundsätze und im Gegensatz zur TSE konkrete Anweisungen zur Interaktion und Nutzung menschlicher Fähigkeiten auf.

b) Sidky ergänzt „häufige Auslieferung und technische Exzellenz“[47] als grundlegende Prinzipien agiler SSE. Im Gegensatz zur TSE wird iterativ entwickelt und gleichzeitig ein emotionaler Qualitätsanspruch gelebt.

---

[45] Vgl. Kelly (2008), S. 19; Dybå/Dingsøyr (2008), S. 834.
[46] Anderson (2008), o. S.
[47] Sidky/Arthur (2007), o. S.

c) Die Verfasser beschränken sich auf die Vorgabe von Prinzipien, welche als Mittler zwischen den Grundsätzen und den darauf basierenden Methoden verstanden werden können.[48]

4. Grenzen

Nach der Charakterisierung agiler und traditioneller Ansätze seien nun die hauptsächlichen Unterschiede genannt, die die Verwendbarkeit der jeweiligen Methoden eingrenzen. Folgende Aufstellung fasst hierzu sieben Aspekte[49] zusammen.

Traditionelle SSE	**Agile SSE**
Niedrige Unsicherheit	Hohe Unsicherheit
Viele Parteien und Teamgrößen möglich	Wenig involvierte Parteien, kleinere Teamgrößen
Räumlich und zeitlich getrennte Arbeit mit indirekter Kommunikation ist nicht während der Spezifikation, aber in der Umsetzung möglich	Enge Zusammenarbeit
Wiederverwendbarkeit nicht vorgeschri eben, aber angestrebt	Keine Wiederverwendbarkeit notwendig[50]
Rigorose Vorgabe von Spezifikationsartefakten	Betonung impliziten Wissens
Festlegung der Anforderungen vor Beginn der Entwicklung	Anforderungen können sich während der Entwicklung verändern
SSE als reproduzierbarer, vorhersagbarer, linearer Prozess	SSE als situationsspezifischer, emergenter, sich entfaltender und zyklischer Prozess
Umgang mit Unsicherheiten durch genaue Planung und Identifikation	Akzeptanz von Unsicherheit
Festlegung beteiligter Akteure und Rollen	Wenige Vorgaben
Organisatorische Einbindung in die Linienorganisation	Agiles Team ist von der Organisation entkoppelt
Vorhersagbares, stabiles Umfeld	Turbulentes, sich änderndes Umfeld
Kunde bei Bedarf verfügbar; Konzentration auf Erfüllung vertraglicher Pflichten	Kunde Teil des Teams, einbezogen in die Priorisierung

[48] Vgl. Jiang/Eberlein (2009), Fußnote 3.

[49] Vgl. Baskerville/Ramesh/Levine et al. (2003), S. 76; Abrahamsson/Salo/Ronkainen et al. (2002), S. 10; Boehm/Turner (2003), S. 28, 51 f.; Pixton/Nickolaisen/Little (2009), S. 147; Boehm/Turner (2003), S. 135; Cohen/Costa/Lindvall (2004), S. 29, 33; Turk/France/Rumpe (2005), S. 85.

[50] Vgl. Turk/France/Rumpe (2005), S. 85.

Traditionelle SSE	**Agile SSE**
Hoch talentierte Personen gemäß „Cockburn Level 3"[51] müssen zu Beginn des Projekts präsent sein, danach nicht mehr	Das gesamte Projekt über müssen immer Personen gemäß Cockburn Level 2 und 3[52] anwesend sein

Tabelle 1: Gegenüberstellung Traditionelle und Agile Software-Systementwicklung.

2.3 Forschungsüberblick

In Kenntnis der Gegensätzlichkeit der TSE zur ASE kann nun bereits auf das Erkenntnisobjekt dieser Arbeit – Agilität und agiles Projektmanagement – im Detail eingegangen werden. Im folgenden Forschungsüberblick werden unterschiedliche Erklärungen von Agilität und anschließend darauf aufbauende und neuartige Auslegungen agilen Projektmanagements vorgestellt. Dies ist notwendig, um den in Kapitel 3 vorgestellten Forschungsansatz einordnen zu können und gleichzeitig zu verstehen, warum erst mithilfe der hier erarbeiteten Ergebnisse eine uneingeschränkte Anwendung von Agilität auf Projektmanagement erfolgen kann.

2.3.1 Agilität

2.3.1.1 Herkunft des Begriffs

Der Begriff „agil" geht auf das lateinische „agilis" mit den Bedeutungen „leichtbeweglich, behende, schnell, rasch"[53] zurück. Auch im Deutschen ist diese Bedeutung weiterhin vorherrschend, denn der *Duden* gibt für „agil" die Erläuterung „flink, wendig, beweglich" an.[54] Das amerikanische Pendant zum *Duden*, das *Merriam Webster Dictionary*, definiert „agile" als „1. marked by ready ability to move with quick easy grace" sowie „2. having a quick resourceful and adaptable

[51] Boehm/Turner (2003), S. 56.
[52] Ibid.
[53] Pertsch (2000), S. 65.
[54] Scholze-Stubenrecht (2006), S. 166.

character"[55]. Interessanterweise wird der „adaptable character" aus der zweiten Erklärung im Duden nicht angegeben. Viele Autoren heben allerdings genau diese Anpassbarkeit als Eigenschaft agiler EM hervor. Es zeigt sich folglich eine Inhomogenität zwischen deutscher und englischer Auffassung. Welche der beiden Beschreibungen eher zutrifft, wird sich im Folgenden zeigen.

2.3.1.2 Der Kern agiler Software-Systementwicklung

Der Kern agiler Entwicklungsmethoden liegt im Begreifen der SSE als einem sich entfaltenden Prozess. Statt sich in der Abarbeitung eines vorher festgelegten Plans zu erschöpfen, wird die Entwicklung von Software als kreativer Akt, als Unternehmen mit unbekanntem Verlauf verstanden.[56] Ungewissheiten in Gestalt sich ändernder Anforderungen, technologischer Umwälzungen oder prozessualer Komplikationen stellen nicht mehr auszuschließende Unerwünschtheiten, sondern die Normalität dar. Agile Entwicklungsmethoden heben aus diesem Grund weniger die Notwendigkeit in sich geschlossener Prozess- und Lebenszyklusmodelle als vielmehr situationsabhängiger und kontextspezifischer Methoden hervor. Gleichzeitig gewinnt der Mensch an Bedeutung: Statt einer zentralen Steuerung zur Ausarbeitung und Delegation von Kleinstaufträgen strebt das agile Team ein geteiltes Zielverständnis an. In selbstorganisierender Zusammenarbeit werden Entscheidungen gefällt, neuartige Lösungsansätze erprobt und Ergebnisse geliefert, ohne eine zentrale Führung zu benötigen.

Dieses Leitbild stand zum Ende der 1990er Jahre in Generalopposition zur herrschenden Meinung ordentlicher Software-Systementwicklung. Wissenschaft und Praxis verfolgten die agile Software-Systementwicklung von Anbeginn an mit Skepsis und bewerteten sie einstweilen als „Hacking" oder Rückschritt zur unstrukturierten Ad-hoc-Entwicklung.[57] Allen pessimistischen Prognosen zum Trotz ist die „agile Bewegung" ein Erfolg.[58]

---

[55] Mish (2008), S. 25.

[56] Vgl. Fowler (2005), o. S.; Nerur/Balijepally (2007), S. 18.

[57] Vgl. beispielsweise die im Jahr der Veröffentlichung des agilen Manifests geäußerte Kritik aus der Praxis von Rakitin (2001) sowie die detaillierten Untersuchungen von Abrahamsson/Salo/Ronkainen et al. (2002); Kalermo/Rissanen (2002); Cohen/Costa/Lindvall

2.3.1.3 Diskrepanz bestehender Definitionen von Agilität

Als Zusammenfassung agiler EM wurde im Vorfeld der Veröffentlichung des agilen Manifests nicht „agil", sondern „lightweight", leichtgewichtig, als gemeinsames Attribut gehandelt.[59] Trotz seiner deutlichen Opposition zu den allgegenwärtigen „schwergewichtigen" VM fand der Begriff keine Mehrheit. Einerseits transportierte „leichtgewichtig" reduktionistische und vor allem aus einem Marketinggesichtspunkt negative, schmälernde und angreifbare Assoziationen. Andererseits sollte ein Ausdruck gefunden werden, welcher im Kontext der SSE unverbraucht war und so neues Assoziationspotential in sich barg. Bekanntermaßen sollte weder ein VM, noch ein Prozess, noch eine Liste an Methoden umschrieben werden. Der Begriff „agil" repräsentierte genau das gesuchte, wohlklingende und gleichzeitig interpretationsoffene Attribut zur Verdeutlichung einer Einstellung, einer Geisteshaltung, einer Philosophie.[60] Fernandez und Fernandez zitieren in diesem Kontext eine E-Mail von Alistair Cockburn: „I keep telling people that agile is mostly an attitude, not a methodology or fixed set of practices"[61]. Cohen et al. sekundieren: „True agility is more than a collection of practices; it's a frame of mind."[62]

Da eine klare, kurze, eindeutige Definition des Begriffs Agilität durch die Urheber des agilen Manifests ausblieb, versuchten sich im Laufe der Jahre einige Autoren an vereinheitlichenden Festlegungen. Anstatt zu vereinheitlichen, führten die verschiedenen Erörterungen jedoch zu noch mehr Divergenz. Dies mag daran liegen, dass gemäß Conboy und Lee selbst in der Wissenschaft eine gewisse Naivität und

(2004) und Keefer (2005). Kritik wird geübt in Bezug auf die mangelhafte Beispielhaftigkeit weniger Leuchtturmprojekte, die Unfähigkeit zur Skalierung sowie die unzureichende Passgenauigkeit zu gängigen Qualitätsmanagement-Standards.

[58] Vgl. die bereits erwähnte Umfrage von Ambler (2008), o. S., nach der bereits im Jahr 2008 mehr als 80 % der befragten Unternehmen auf agile Entwicklungsmethoden setzen.

[59] Vgl. Highsmith (2002), S. xix; Fowler (2005), o. S.

[60] Vgl. Ebenso Linssen (2009), S. 337.

[61] Fernandez/Fernandez (2008/2009), S. 16 zitieren eine am 27.4.2005 von Alistair Cockburn an die Yahoo Diskussionsgruppe zum Thema Agile Project Management gesendete E-Mail mit dem Titel „AUP Article: A Difference of Focus".

[62] Cohen/Costa/Lindvall (2004), S. 12.

Gewissenslosigkeit im Umgang mit dem Begriff Agilität vorherrscht,[63] vielleicht aber auch daran, dass die aus der Praxis stammende agile Software-Systementwicklung „anekdotische" Fundierungen nach sich zieht.[64] Alle, zum Teil deutlich voneinander divergierenden Definitionsversuche lassen sich insgesamt fünf verschiedenen Strömungen zuordnen. Diese fünf Strömungen sind:

Definition 1: Agilität als Verzicht

Definition 2: Agilität als Fokussierung auf den Menschen als Teil eines Systems

Definition 3: Agilität aus der industriellen Produktion

Definition 4: Agilität als Referenzierung des agilen Manifests

Definition 5: Agilität als Weiterentwicklung der SSE

Ad 1) Agilität als Verzicht

Highsmith erklärt Agilität in seiner das agile Manifest begleitenden und erklärenden Veröffentlichung als Verzicht:[65] Vorgegebene Prozesse werden zugunsten methodischer Vorgaben weitestgehend eliminiert. Dies sekundiert Charette mit dem Verständnis von agilen EM als „minimal", Cockburn als „a little bit less than enough".[66] Statt nutzlose Artefakte zu erzeugen, komplexe Methoden zu befolgen oder Zeit in Synchronisations-Meetings komplexer Matrixorganisationen zu verschwenden,[67] beschränken sich agile EM auf die Vorgabe weniger Methoden. Prozesse werden nahezu nicht vergeben, die wenigen Methoden sind jedoch rigoros einzuhalten.[68] Die Überzeugung besteht darin, dass das Team im Wechselspiel von Selbstorganisation und Ergebnisverantwortung zur Situation passende Pro-

[63] Vgl. Lee/Xia (2010), S. 90; Conboy/Fitzgerald (2004), S. 37 und Conboy (2009), S. 343.
[64] Vgl. Kautz/Zumpe (2008), S. 138; Cockburn (2009), o. S.;Thomas (2007), o. S.
[65] Vgl. Highsmith (2002), S. xxvii.
[66] Highsmith (2002), S. 241.
[67] Vgl. Glazer/Dalton/Anderson et al. (2008), o. S.; Pikkarainen (2008), S. 54; Linssen (2009), S. 25.
[68] Vgl. Larman (2003), S. 32.

zesse etabliert. Agile EM verstehen sich deswegen als „barely sufficient", gerade ausreichend.[69]

Zu kritisieren an dieser Definition von Agilität durch Highsmith und Cohen ist dessen nebulöses Erscheinungsbild. Ob ein VM gerade ausreichend ist oder nicht, liegt im Auge des Betrachters. Aus wissenschaftlicher Sicht müssten zumindest die positiven Vorgaben an Methoden klarer sein.

Ad 2) Agilität als Fokussierung auf den Menschen als Teil eines Systems

Agilität stellt dieser Definition nach eine anthropozentrische Weltanschauung zur Entwicklung von Software dar.[70] Cockburn belegt, dass die „Verschiebung der sozialen Struktur" weg vom Management hin zum Entwicklungsteam ein Kernanliegen des agilen Manifests darstellt.[71] So verzichten beispielsweise die agilen EM Scrum und XP mit voller Absicht auf die machtvolle, koordinierende und anweisende Rolle des Projektleiters. Im Gegenzug zur Übertragung der Ergebnisverantwortung übereignen sie dem Entwicklungsteam Entscheidungsgewalt über Prozesse und Strukturen.[72] Die Teammitglieder werden somit als verantwortungsbewusste Akteure eines Systems, das sich in der Interaktion weiterentwickelt, verstanden.[73] Agilität besteht demzufolge in der philosophischen Wahrnehmung menschlicher Teams als ergebnisverantwortendes, selbstorganisierendes System auf dem Weg zur Erreichung eines gemeinsamen Ziels.

Zur Untermauerung der erstmals von Highsmith (2000) in der Methode ASD vorgestellten Sichtweise untersuchen Vidgen und Wang im Jahr 2006 und darauf aufbauend Kautz und Zumpe im Jahr 2008 die Fundierung von Agilität als komplexes adaptives System.[74] Beide Untersuchungen affirmieren die aufgestellte Theorie, allerdings erfolgt der Erkenntnisprozess der Autoren durch das Setzen komplexer adaptiver Systeme als Ausgangspunkt und der anschließenden Feststel-

[69] Vgl. Abrahamsson/Salo/Ronkainen et al. (2002), S. 88.
[70] Vgl. Abrahamsson/Salo/Ronkainen et al. (2002), S. 99; Abbas/Gravell/Wills (2008), S. 95.
[71] Vgl. Cockburn (2009), o. S.
[72] Vgl. Cohen/Costa/Lindvall (2004), S. 12.
[73] Vgl. Udo/Koppensteiner (2003), S. 2.
[74] Vgl. Vidgen/Wang (2006); Kautz/Zumpe (2008), S. 138.

lung der Passgenauigkeit. Die Autoren fallen so ihrer selbst geäußerten Kritik einer „Post-Rationalization" zum Opfer. Komplexe Systeme als Ausgangspunkt zu verwenden und anschließend zu erkennen, dass die ASE Ähnlichkeiten zu diesen aufweist, stellt eine ebensolche „Post-Rationalization" dar. Aus Sicht des Verfassers hätte es sich angeboten, die Eigenschaften der agilen SSE zunächst isoliert festzustellen und diese induktiv als komplexes System zu erkennen.

Ad 3) Agilität aus der industriellen Produktion

Im Vorwort zu *Lean Software Development* tritt die Referenz von „agile" zur industriellen Produktion deutlich hervor: „[...] the industrial heritage of agile buzzed around in the background. [...] The extensive literature on agile and lean industrial product development influenced my work [...]"[75]. Agilität leitet sich folglich aus der Übernahme fertigungstechnischer Ansätze, wie „Lean Management", der „Theory of Constraints" sowie „Agile Manufacturing" ab.[76] Ziel dieser industriellen Ansätze ist es, in der Fertigung einen hohen Output bei gleichzeitiger Veränderungsflexibilität zu erreichen. Die Kenntnis dieser Grundlagen verdeutlicht die Übernahme in der ASE:[77]

1. Eine Änderungsflexibilität liegt in agilen EM in der Akzeptanz sich verändernder Anforderungen im laufenden Projekt.
2. Agile EM fordern die Schaffung von Prozessen, die nicht nur mit wechselnden Anforderungen, sondern auch mit Veränderungen in Umständen, Personal oder Technik umgehen können.[78]
3. Globale „best practices" kann es nicht geben, schließlich sind diese in erster Linie in speziellen Kontexten erfolgreich. Alle Teammitglieder müssen verwendete Methoden aus der jeweiligen Situation heraus entwickeln.[79]

[75] Highsmith in: Poppendieck/Poppendieck (2003), S. xiii. Eine ähnliche Sichtweise vertritt Larman (2003), S. 25.
[76] Vgl. Kelly (2008), S. 21 sowie Anderson (2008), o. S.
[77] Vgl. Augustine (2005), S. 20; Conboy (2009), S. 340; Erickson/Lyytinen/Siau (2005), S. 89.
[78] Vgl. Schwaber (1995), S. 10 bezeichnet derartige Prozesse als „empirische" Prozesse.
[79] Vgl. Qumer/Henderson-Sellers (2006), S. 505.

Agilität besteht folglich in der Akzeptanz von Veränderung und der Forderung von Flexibilität in Prozess, Methode und Mensch in Anknüpfung an die industrielle Produktion. Kritik kann an diesem Ansatz in Bezug auf die Einseitigkeit geübt werden – die Entwicklung innovativer und immaterieller Software rein aus der industriellen Produktion erweckt den Anschein, soziale Aspekte auszuklammern.

Ad 4) Agilität als Referenzierung des agilen Manifests

Agilität besteht gemäß Strömung vier in den 4 Grundsätzen und 12 Prinzipien des agilen Manifests[80]. Agil ist demzufolge, was nicht mit dem agilen Manifest in Konflikt steht[81].

Kritisch angemerkt werden muss, dass das agile Manifest das Ergebnis der Diskussion vieler Autoren war. Zwangsläufig mussten auf diese Weise Kompromisse und Weglassungen in Kauf genommen werden, um eine allgemein akzeptierte Fassung zu erhalten. Die einzelnen agilen EM an diesem Kompromiss zu messen, kann dann nur ergeben, welche Methode den stärksten Einfluss auf das agile Manifest genommen hat. Einflüsse anderer Grundgedanken, die keinen expliziten Eingang in das agile Manifest gefunden haben, werden ignoriert. Dieser Ansatz stellt zwar eine in sich geschlossene, gleichzeitig aber reduktionistische Betrachtungsweise dar.

Ad 5) Agilität als Weiterentwicklung der SSE

Auch Ansätze der SSE haben Eingang in die ASE gefunden. So beruft sich beispielsweise DSDM eindeutig auf die Beeinflussung des *Rapid Application Developments*, RAD. Abbas et al. sehen die historischen Wurzeln der ASE zudem in der „iterativ[en] und inkrementell[en]“ SSE[82]. Jiang möchte nachweisen, dass die ASE eine Weiterentwicklung der TSE darstellt. Der Grund bestehe in einem Technologieschub, der Werkzeuge wie Testautomatisierung, Projektmanagement oder die günstige kommunikative Einbindung entfernter Teammitglieder verfüg-

[80] Vgl. Beck et al. (2001) o. S.

[81] Genau aus diesem Grund erfolgt auch in nahezu jeder größeren Veröffentlichung mit agilem Anklang eine ausführliche Besprechung des agilen Manifests. Als Beispiele seien genannt: Bleek/Wolf (2008). S 13 ff. ; Augustine (2005) S. 22 ff.; Krebs (2009), S. 18 ff.

[82] Abbas/Gravell/Wills (2008), S. 95.

bar machte.[83] Agilität besteht gemäß dieser Definition folglich in einer linearen Fortsetzung der TSE durch technologische Fortschritte. Aus Sicht des Verfassers überhöht diese Definition technologische Aspekte und ignoriert wie Definition drei die Betonung des Menschen im agilen Manifest.

2.3.1.4 Zusammenfassung von Agilität

Zusammenfassend kann festgestellt werden:

1. Der Begriff Agilität wurde bereits vor der Veröffentlichung des agilen Manifests im Kontext der industriellen Fertigung geprägt. Von den hier vorgestellten agilen EM berufen sich Highsmith und Schwaber explizit auf diesen Hintergrund.[84]
2. Eine eindeutige Definition des Begriffs Agilität besteht nicht, vielmehr gibt es verschiedene Definitionen, die sich auf verschiedene Grundkonzepte berufen.
3. Sämtliche vorgestellten Definitionen führen bei näherer Betrachtung zu kritischen Anmerkungen, es liegt daher weder eine anerkannte noch eine unangreifbare Definition vor.
4. Die verschiedenen Definitionen sind nicht nur in der Praxis vorzufinden, sondern setzen sich in der Wissenschaft fort. Wie sich an der Kritik von Kautz/Zumpe, Conboy und Lee zeigt, führen auch die dortigen Anstrengungen zu keiner Homogenisierung.
5. Die Definitionen sind teilweise inkompatibel, beispielsweise kollidieren die selbstorganisierenden Konzepte von Definition zwei mit den strengen Vorgaben der industriellen Produktion in Definition drei.

Es bestehen Versuche, verschiedene Konzepte zu vereinheitlichen. Doch zeigt sich, wie beispielsweise in den Untersuchungen von Vidgen und Wang oder von

[83] Vgl. Jiang/Eberlein (2009).
[84] Gemeint sind: Highsmith in: Poppendieck/Poppendieck (2003), S. xiii und Schwaber (1995), S. 117.

Abbas et al., dass allenfalls eine Zusammenführung zweier beziehungsweise dreier Denkweisen gelingt. Ein Ansatz, der sämtliche Definitionen zusammenführt, ist nicht zu erkennen.

In Anbetracht dieser Erkenntnisse ergeben sich erste Antworten auf die in Kapitel 1 formulierte erste Fragestellung: Warum wurde noch keine eindeutige Definition von Agilität erarbeitet?

Erstens ist das Thema Agilität noch recht neu und zweitens verhindern die aufgezeigten unterschiedlichen Definitionen eine Zusammenführung. Es besteht daher der Bedarf an einer grundsätzlichen Klärung, inwieweit „Agilität“, obwohl es ein heterogenes Konzept darstellt, zu einer einheitlichen Definition zusammengeführt werden kann. Kapitel 3 wird an diesem Punkt ansetzen, sodann einen neuartigen Ansatz erarbeiten, welcher die bestehenden Definitionen vereinigt. Zunächst muss jedoch noch ein weiterer Blick auf agiles Projektmanagement geworfen werden, um festzustellen, ob der bisherige Diskurs zu diesem Thema ebenso fragmentiert ist.

2.3.2 Agiles Projektmanagement

Neben dem Forschungsüberblick zum Thema Agilität muss auch der Forschungsstand agilen Projektmanagements, das Kernthema dieser Arbeit, dargelegt werden. Da „Projektmanagement“ entgegen dem neuartigen Begriff der „Agilität“ ein etabliertes Konzept darstellt, erfolgt eine kurze Einordnung des Begriffs. Auf dieser Grundlage kann anschließend die Brücke zum aktuellen Diskurs des Themas agiles Projektmanagement geschlagen werden.

2.3.2.1 Projektmanagement im Allgemeinen

Der Begriff Management entstammt dem lateinischen „manum agere“, an der Hand führen.[85] „proiectus“ bedeutet „hervortretend, hervorspringend, vorstehend“.[86] Davon abgeleitet bedeutet Projektmanagement, einen Entstehungsprozess

---

[85] Dahm/Haindl (2009), S. 23.

[86] Pertsch (2000), S. 958: proiectus ist die Form participicum perfecti passivi (ppp) von proicio.

an der Hand zu führen.[87] Obwohl die Etymologie recht deutlich ist und PM[88] in heutigen Zeiten ein omnipräsentes Thema darstellt, gibt es hierüber noch kein einheitliches Verständnis. Dies ist umso überraschender, als international tätige PM-Verbände wie die deutsche GPM, das britische Office of Government Commerce, das amerikanische PMI oder die International Project Management Association um Standardisierung bemüht sind.[89] Als Gemeinsamkeit gängiger Definitionen kann festgehalten werden, dass ein Projekt sich auszeichnet durch[90]:

1. Vorgabe eines Ziels
2. Einzigartigkeit
3. Zeitliche und monetäre Begrenzung
4. Unsicherheit und damit einhergehende Risiken
5. Komplexität in Bezug auf Ergebnis, Vorgehen und Organisation

Projektmanagement besteht infolgedessen in[91]

1. kontextabhängigem Wissen,
2. das den Projektbeteiligten, vor allem dem Projektleiter,[92] die zur jeweiligen Situation passenden
3. Hilfsmittel, Organisationsformen oder Vorschriften bereitstellt,
4. um ein Projekt zum Erfolg zu führen.

---

[87] Vgl. Hagen (2009), S. 28.

[88] Der Begriff Projektmanagement wird im Folgenden als PM, agiles Projektmanagement als agiles PM abgekürzt.

[89] Vgl. Hagen (2009), S. 28.

[90] Im Einzelnen: Deutsches Institut für Normung (2009), S. 35; Caupin/Knöpfel/Koch et al. (2006), S. 13; Project Management Institute (2008), S. 5; The Stationery Office im Auftrag des Office of Government Commerce (2009), S. 3.

[91] Vgl. Caupin/Knöpfel/Koch et al. (2006), S. 2; Project Management Institute (2008), S. 6; The Stationery Office im Auftrag des Office of Government Commerce (2009), S. 3.

[92] Projektleiter wird im Folgenden als PL abgekürzt.

Auf die Definition, was unter Projekterfolg verstanden werden kann, ob PM eine Führungsaufgabe ist, ob die Position des Projektleiters entscheidend ist und wie PM in der Organisation verankert werden sollte, steht nicht im Fokus dieser Arbeit.[93] Angemerkt sei allenfalls, dass PM im Kontext der SSE einige Besonderheiten aufweist. Als Konsequenz der zu Beginn von Kapitel 2.1 genannten speziellen Eigenschaften können und müssen im Software-PM verschiedene Aktivitäten in anderer Weise ausgeführt werden, als es bei materiellen Erzeugnissen der Fall ist. Dies betrifft vor allem die Aspekte

1. Immaterialität der Ergebnisse,
2. Komplexität der interagierenden Bestandteile und
3. Unbeständigkeit der technischen Rahmenparameter.

Mit diesen Bemerkungen wird die allgemeine Vorstellung von Projektmanagement bereits abgeschlossen. Eine weiterführende Untersuchung findet sich beispielsweise in Jahnke/Hinck/Leute (2007).

2.3.2.2 Die Entstehung agilen Projektmanagements

In Kenntnis des in dieser Arbeit verwendeten Verständnisses von PM kann nun die Brücke zum Erkenntnisobjekt dieser Arbeit, agilem Projektmanagement, geschlagen werden. Dieses entstand im Nachgang zur Veröffentlichung des agilen Manifests in den frühen 2000er Jahren und wurde erstmals im Jahr 2004 von Schwaber, dem Miterfinder der agilen EM Scrum 2004, in der Monographie *Agile Project Management with Scrum* als solches bezeichnet.[94] Schwaber suggeriert in seiner Studie, dass der Begriff des „Agile Project Management" mit Scrum gleichzusetzen ist; dies ist jedoch nicht der Fall. Denn im Zuge der Recherche dieser Arbeit zeigte sich bei der Untersuchung bisheriger Ansätze agilen Projekt-

---

[93] Vgl. hierzu beispielsweise Bea/Scheurer/Hesselmann (2011); Wysocki (2009); Söderlund (2004); Kwak/Anbari (2009) sowie die Standards Deutsches Institut für Normung (2009); Gessler (2009); The Stationery Office im Auftrag des Office of Government Commerce (2009) und Project Management Institute (2008).

[94] Während Schwaber/Beedle (2002) die EM 2002 noch „Agile Software Development with Scrum" betiteln, entwickelt sich Scrum in Schwaber (2004) zu „Agile Project Management with Scrum" weiter.

managements und deren Entstehungsgeschichte ein interessantes Phänomen: Zum Ausgang der 1990er Jahre existierten auch im PM-Umfeld Unzufriedenheiten mit gängigen PM-Standards. Genauso wie die Problemfelder traditioneller SSE (vgl. Kapitel 2.1) zur Entstehung der ASE führten, waren Unstimmigkeiten und Widersprüchlichkeiten mit gängigen PM-Standards der Nährboden, auf dem agiles Projektmanagement entstand. Diese Unzulänglichkeiten des PM können nach Auffassung des Verfassers in folgender Weise zusammengefasst werden:

1. Mangelhafter Umgang mit Unsicherheit und Komplexität,
2. mangelhafte Passgenauigkeit von Standards auf die Wirklichkeit,
3. Reduktion des Projektleiters auf die Rolle des Administrators,
4. mangelhafter Fokus auf die subjektive Wertvorstellung des Kunden,
5. Wissensarbeit und Produktion.

Ad 1) Mangelhafter Umgang mit Unsicherheit und Komplexität

Die Verarbeitung von Unsicherheit in Bezug auf Umfang, Umfeld und Beteiligte drückt sich in gängigen Standards ausschließlich in Form des Risikomanagements zur Einplanung von Reaktionen auf möglicherweise eintretende Umstände aus. Diese Vorgehensweise geht allerdings davon aus, dass eine bestimmte Vorhersagbarkeit der Realität, und sei es nur in Bezug auf eventuell eintretende Ereignisse, möglich ist. Die Akzeptanz von Unsicherheit und nicht vorhersagbarer Komplexität, wie sie in modernen, schnelllebigen und innovativen Umgebungen auftritt, wird in gängigen Standards nicht behandelt.

Ad 2) Mangelhafte Passgenauigkeit von Standards auf die Wirklichkeit

Das in PM-Standards hinterlegte Idealbild von Regelmäßigkeit, Vorhersagbarkeit und klar befolgten Prozessen entspricht nicht der Wirklichkeit in Organisationen. Vielmehr sind Projekte gezeichnet von Opportunismus, Improvisation, Unterbrechungen sowie internen Seilschaften.[95] Allgemeingültige Prozessregeln werden

[95] Vgl. Abrahamsson/Salo/Ronkainen et al. (2002), S. 94.

als Last und träge Bürokratie wahrgenommen und unbemerkt außer Kraft gesetzt.[96] PM stellt deswegen keine deterministische Aufgabe in einer statischen Organisation rationaler Ziele mehr dar, sondern verortet sich immer mehr im Kontext einer sozialen, intrinsisch motivierten Interaktion als dynamischer, instabiler Prozess.[97]

Ad 3) Die Reduktion des Projektleiters auf die Rolle des Administrators

Die Wahrnehmung des Projektleiters besteht in der Praxis einstweilen als Administrator, der mechanische Einzelaufgaben befolgt, die Anwesenheit von Artefakten sicherstellt und Informationen sammelt. Eine Auseinandersetzung mit dem Inhalt des Projekts ist ebenso wenig vorgegeben wie eine Identifikation mit dem Projektteam. Vielmehr wird die Konformität der PM-Aktivitäten mit dem Standard entlohnt beziehungsweise sanktioniert.[98]

Ad 4) Mangelhafter Fokus auf subjektive Wertvorstellung des Kunden

In ähnlicher Denkweise stellt Masak eine steigende Bedeutung des Werts des Projektergebnisses aus der subjektiven Sicht des Kunden fest.[99] Während einstweilen der Konsens darin bestand, ein erfolgreich durchgeführtes Projekt zeichne sich durch die Befolgung des vorgegebenen Plans in Inhalt, Zeit und Kosten aus, gelten heute andere Maßstäbe. Inhalt, Vorgehen und Termine müssen aufgrund sich ändernder Umstände ständig angepasst werden, um dem Kunden ein zum Zeitpunkt der Übergabe subjektiv wertvolles Gut zu übereignen. Dies kann dem ursprünglich definierten Ergebnis diametral entgegenstehen.

Ad 5) Wissensarbeit und Produktion

Augustine stellt fest, dass PM-Standards sich immer noch an produktionsorientierten Fabrikationsmethoden orientieren. Derartige Denkmuster passen nicht auf Wissensarbeit.[100] Statt Produktionsfaktoren zu einem funktionierenden Prozess

---

[96] Vgl. Udo/Koppensteiner (2003), S. 1.
[97] Vgl. Cicmil/Cooke-Davies/Crawford et al. (2009), S. 3 ff., 12 f.
[98] Vgl. Highsmith (2004), S. 15.
[99] Vgl. Masak (2005), S. 264.
[100] Vgl. Augustine (2005), S. 43.

zusammenzusetzen, muss ein abstraktes, intellektuelles Werk geschaffen werden. PM-Standards innewohnende Denkweisen wie Skalenerträge, Dekomposition von Arbeitsschritten oder die Auswechselbarkeit von Mitarbeitern erzeugen in innovativen, unsicheren und schnelllebigen Umgebungen keinen Mehrwert für Team und Kunde.

Fazit

Die fehlende Anwendbarkeit gängiger PM-Standards auf komplexe, zeitkritische und innovative Projekte führte zu Frustration. Gleichzeitig wurde der öffentlichkeitswirksame Erfolg agiler EM außerhalb der Software-Community wahrgenommen. Agile EM wendeten sich schließlich genau gegen die Befolgung starrer Prozesse, gegen streng getrennte Projektphasen und gegen die Trivialisierung von Unsicherheit im Projekt und damit auch gegen einmalige Projektpläne. Zunächst nur als Teildisziplin agiler Entwicklungsmethoden verstanden, emanzipierte sich „agiles Projektmanagement" schließlich zum methodenneutralen Koordinationskonzept. Es entstanden und entstehen noch Monographien zu agilem PM,[101] PM-Verbände wie etwa die deutsche GPM diskutieren agile Fragestellungen,[102] es gibt erste Standardisierungsversuche[103]. Agiles PM „ist" nicht mehr „Scrum" oder „Crystal", agiles PM hat sich zu einer eigenständigen Disziplin entwickelt.[104] Es greift die methodischen Grundgedanken agiler SSE auf und wendet sie auf die Zielfindung, die Koordination und die Auslieferungsstrategie von Projekten an. Ebenso wie sich die agile Software-Systementwicklung als Gegenmodell zu bestehenden, planorientierten Entwicklungsmethoden sieht, stellt agiles Projektmanagement eine neuartige, reaktive, schnelle, situationsabhängige Arbeitsweise dar. Als selbstorganisierendes, Unsicherheit-in-Kauf-nehmendes, zielgerichtetes Vor-

[101] Beispielsweise Augustine (2005); Oestereich/Weiss/Lehmann et al. (2008); Highsmith (2004).

[102] So ist beispielsweise der Tagungsband der jährlich stattfindenden „interPM"-Konferenz aus dem Jahr 2006 exklusiv dem Thema „Agiles PM" gewidmet: Oestereich (2006).

[103] Wie etwa den des Project Management Institute (2012).

[104] Aufgrund des großen Erfolgs der agilen EM Scrum kommt mitunter der Eindruck auf, dass Scrum per se agiles Projektmanagement sei. Vgl. beispielsweise die Studien von Schwaber (2004) oder Pichler (2008), in denen Scrum und agiles Projektmanagement gleichbedeutend verwendet werden.

gehensmodell versteht es sich deswegen als Antwort auf die Herausforderungen des digitalen Zeitalters.

Es zeigt sich, dass agiles Projektmanagement auf eine kurze Entwicklungsgeschichte zurückblickt. Nicht einmal zehn Jahre benötigte es, um sich aus agilen Entwicklungsmethoden zu emanzipieren und zu einer global eingesetzten Koordinationstechnik zu avancieren. Außer dieser rasanten Entwicklung tragen die heterogene Autorenschaft und das Fehlen einer zentralen Steuerung dazu bei, dass bisher kein eindeutiges Verständnis zu agilem Projektmanagement vorliegt. Genau aus diesem Grund wird Kapitel 3 einen Forschungsansatz vorstellen, der eine Zusammenführung bisheriger Überlegungen und gleichzeitig eine Aussöhnung divergierender Standpunkte zum Ziel hat. Um auf den bisherigen wissenschaftlichen Erkenntnissen aufzubauen und gleichzeitig eine fundierte Analyse der Schwachpunkte und Widersprüchlichkeiten bisheriger Definitionen darzustellen, werden im folgenden Kapitel aktuelle Auffassungen agilen Projektmanagements kurz vorgestellt.

2.3.2.3 Diskrepanz bestehender Definitionen agilen Projektmanagements

Für den Begriff der Agilität konnten fünf unterschiedliche Definitionen ausgemacht werden. In ähnlich komplexer Weise sind verschiedene Definitionen agilen Projektmanagements zu erkennen. Diese umfassen insgesamt sechs unterschiedliche Richtungen:

1. Agiles PM: beeinflusst von der Komplexitätstheorie

Die Autoren Highsmith, Augustine und Little stellen agiles PM als Konsequenz der Anwendung der Komplexitätstheorie auf PM dar.[105] Sie betonen, dass ein Projekt ein menschliches System darstellt, das sich in sozialer Interaktion seiner Umwelt anpasst, um ein vorgegebenes Ziel zu erreichen.[106] Agiles PM besteht in der Fähigkeit, das Projektsystem und die Teilnehmer erfolgreich an Veränderun-

---

[105] Konkret verweisen Highsmith (2004) sowie Augustine/Payne/Sencindiver et al. (2005) auf die Komplexitätstheorie.

[106] Vgl. Highsmith (2004), S. 20.

gen anzupassen.[107] Augustine fügt der Anpassungsfähigkeit drei Grundprinzipien zu: Kooperation, Selbstorganisation und Lernen im Team.[108] Die erste Definition agilen Projektmanagements besteht folglich im Verzicht der Einflussnahme auf das Team zugunsten einer sich selbst steuernden Entwicklung.

Agiles PM im Sinn der Komplexitätstheorie stellt einen viel diskutierten und anerkannten Ansatz dar. Diese Anschauung lässt allerdings außer Acht, dass die Schaffung von Selbstorganisation, die intensive soziale Interaktion und die „chaordische"[109] Sichtweise zu großen Unsicherheiten im Projektteam führen können. Das betrifft vor allem Teammitglieder, welche die traditionelle Aufgabenzuteilung und die damit einhergehende Sicherheit, auch in Bezug auf die Schuldfrage bei Fehlleistungen, gewohnt sind. Die Frage, wie mit Personen umgegangen wird, die sich dem emergenten Geschehen verweigern, bleibt allerdings ungelöst.

2. Agiles PM im Kontext von Unsicherheit

De Carlo stellt mit Extreme Project Management ein in Schreib- und Denkweise an Extreme Programming angelehntes Projektmanagement-Vorgehensmodell (PVM) vor.[110] In Analogie zu den Werten und Prinzipien von XP baut Extreme PM auf den Arbeiten von Ralph Stacey zu chaotischen Phänomenen in Organisationen auf. Projekte sollen durch Extreme PM unter Unsicherheit in volatilen Umfeldern auch dann reüssieren, wenn nicht einmal das Ziel bekannt ist.[111] Wysocki hält in Fortsetzung dieses Gedankens bei „APF" fest, dass Projektplanung nur noch „just in time" stattfindet; alles andere wäre eine zu lange Vorausplanung und damit reine Zeitverschwendung.[112] Agiles PM ist hier folglich als eine Verschie-

---

[107] Highsmith (2011), o. S. „A traditional project manager focuses on following the plan with minimal changes, whereas an agile leader focuses on adapting sucessfully to inevitable changes."
[108] Vgl. Augustine (2005), S. 24-25.
[109] Highsmith (2009), S. 65 erfindet den Begriff „chaordic", um einen Zustand zwischen „Chaos" und „Ordnung" zu erklären.
[110] DeCarlo (2004).
[111] Vgl. Wysocki (2009), S. 332.
[112] Wysocki (2010), S. 30. Als Kritik kann ausschließlich angemerkt werden, dass APF selbst schon wieder so viele Detailvorschriften macht, dass es nicht mehr als „barely suffucient" bezeichnet werden kann. Als Beispiel seien die auf den Seiten 428 (Dependency Diagramm), 430

bung des Fokus von der Planung hin zur Ausführung zu verstehen:[113] Anstatt Zeit und geistige Kapazität in die Ausarbeitung von Plänen zu investieren, die ohnehin unrealistisch sind, werden Mittel und Wege gefunden, mit auftretenden Veränderungen umzugehen. Interne Unsicherheit in Bezug auf die verwendete Technologie und die Leistungsfähigkeit des Teams sowie externe Unsicherheit in Bezug auf sich verändernde Anforderungen werden akzeptiert und durch entsprechende Methoden verarbeitet. Agiles PM nach Definition 2 besteht demzufolge in der Bereitstellung von Mechanismen zum Umgang mit sich ändernden Inhalten und Umständen. Kritisch anzumerken ist allenfalls, dass nicht alle Projektarten von massiver Unsicherheit und Komplexität gekennzeichnet sind.

3. Agiles PM aus der industriellen Produktion

David Anderson stellt agiles Management im Allgemeinen und agiles PM im Besonderen als ein Ergebnis dar, das aus der Anwendung der Engpasstheorie auf PM resultiert.[114] Ebenso verstehen Leach und Mascitelli agiles PM als die Anwendung von Lean Management auf Projekte.[115] Als Gegenentwurf zu traditionellen PM-Standards besteht die Auffassung dieser drei Autoren darin, einen für den Kunden subjektiven Wert zu erschaffen. Dies manifestiert sich beispielsweise in der Betonung kurzer Iterationen: Um eine baldige und regelmäßige Synchronisation zu erreichen sowie den Kunden in das laufende Projekt eingreifen zu lassen, werden Ergebnisse früh geliefert. Aus den Reaktionen des Kunden kann eine gemeinsame Wertvorstellung zur Antizipation von Kundenwünschen geschaffen werden. Agiles PM nach Definition 3 besteht deswegen in der Fokussierung des Projektteams auf die subjektiven Wertvorstellungen des Kunden.

Wie bereits in den beiden vorherigen Strömungen zeigt die Verortung agilen PMs in der Tradition der industriellen Produktion ein Denkmuster: Traditionelles PM verändert sich unter dem Einfluss genau einer externen Einflussquelle. Diese

---

(detaillierter Zeitplan mit Detail-Zuordnung der Aufgaben) sowie 431 (Step-by-Step-Anleitungen) vorgestellten Praktiken genannt.

[113] Vgl. Chin (2004), S. 4.

[114] Anderson (2004).

[115] Leach (2006).

Kritik gilt nicht nur für die hier vorgestellten Primärwerke von Anderson, Leach und Mascitelli, sondern auch für wissenschaftliche Auseinandersetzungen wie die Untersuchung von Owen et al. aus dem Jahr 2006: Agiles PM ist in der in Kapitel 3 vorgestellten Kernargumentation dieser Arbeit eben gerade nicht ausschließlich in der industriellen Produktion oder der Komplexitätstheorie verortet, sondern vielmehr ein Ausdruck der Einflussnahmen verschiedener Ebenen.[116]

4. Agiles PM aus dem Agilen Manifest

Die bereits an der Verfassung des agilen Manifests mitwirkenden Autoren Cockburn, Lindstrom sowie Cohn verdeutlichten ihre Sichtweisen auf PM als Konsequenz des agilen Manifests bereits zuvor: Agiles PM besteht im Priorisieren, im regelmäßigen Ausliefern sowie im stetigen Anpassen.[117]

Leider führt die hier vorgestellte Strömung trotz der simplen Definition zu widersprüchlichen Aussagen. So teilen Crystal und Scrum zwar Gemeinsamkeiten, vertreten vereinzelt jedoch unterschiedliche Positionen. Beispielsweise fordert Scrum die strikte Arbeit des Teams an genau einer Aufgabe, Crystal sieht hingegen eine Aufteilung in Form von „Parallel Design“ vor. Definition vier ist folglich zwar eine viel zitierte und intuitiv eingängige Stellungnahme, im Detail aber nicht widerspruchsfrei.

5. Agiles PM als Weiterentwicklung des PM

Die Disziplin des PM entwickelte sich durch die Diskussion agiler Denkweisen und deren Diffusion in das Denken und Handeln von Projektleitern weiter. Die Verarbeitung agiler Ansätze zeigt sich besonders deutlich an ihrer Aufnahme in gängigen PM-Standards. So zeichnet sich beispielsweise die im Frühjahr 2013 vorgelegte fünfte Auflage des US-amerikanischen PMBoK durch die Aufnahme agiler PM-Methoden aus.[118] Die Verbindung agilen PMs mit klassischen VM stellt deswegen eine weitere Definition dar, welche keinem der Unterzeichner des

[116] Vgl. Owen/Koskela (2006).

[117] Es sei angemerkt, dass die von den genannten Autoren entwickelten Methoden *Crystal, Scrum* sowie das begleitende *Agile Estimating and Planning* sich durch eine Software-Neutralität zugunsten koordinierender Methoden auszeichnen.

[118] Konkret in der neuesten Ausgabe des PmBoK in Project Management Institute (2013).

PMDoI zuzuordnen ist. Verschiedene Autoren binden dabei jeweils eins in das andere ein. Konkret:

I. Gängige PM-Standards werden agilisiert

Aus der PM-Welt heraus werden agile Einflüsse in bestehende Standards „hineinharmonisiert". Genannt seien Akerval und Lindner, Goodpasture sowie Sliger und Broderick, die agile Werte aus dem Manifest sowie Techniken der vier Methoden Scrum, XP, Evo und Crystal mit dem PMBoK-Standard verbinden.[119]

II. Agile Entwicklungsmethoden werden mit gängigen PM-Standards harmonisiert.

Aus der agilen Welt heraus werden EM zu generellen, entwicklungsmethodenneutralen VM uminterpretiert. So dehnen etwa Molhanec (2010) Agile Modeling oder Zhi-gen/Quan/Xi (2009) Scrum auf Projektarten außerhalb der SSE aus.[120]

Beide Ansätze sind nach Meinung des Verfassers jedoch nicht ausreichend. So ignoriert Sichtweise I die empirische Fundierung agiler Methoden, deren Absicht gerade darin besteht, sich von etablierten, schwerfälligen VM zu lösen.[121] Sichtweise II lässt außer Acht, dass die Methoden Agile Modeling und Scrum ausschließlich für den Softwarekontext entwickelt wurden. Spezifische Eigenschaften der SSE können deswegen nicht einfach ignoriert werden.

6. Agiles PM mit Fokus auf Leadership

Pixton et al. beschreiben agiles PM als Führungsaufgabe.[122] Die Aufgabe des Projektleiters liegt in der Vermittlung der Bedeutung und der Wichtigkeit des Projekts und der Erkenntnis, welche Person für welche Tätigkeit eingesetzt werden kann und sollte. PM besteht weniger in der Erfüllung von Prozessen und Einzeltätigkeiten, sondern vielmehr in der Kommunikation und der Mediation. Der PL

---

[119] Akervall/Linder (2009); Goodpasture (2010); Sliger/Broderick (2008). Auf ähnliche Weise wendet Alleman (2005) die agilen Grundsätze auf allgemeines Software-PM nach den „Software Program Managers Network Nine Best Practices" der US Navy an.

[120] Vgl. Molhanec (2010) und Zhi-gen/Quan/Xi (2009).

[121] Vgl. Abbas/Gravell/Wills (2008), S. 96.

tritt nicht als Administrator, sondern mehr als Moderator, Team-Builder und Unterstützer der Selbstorganisation auf.[123] Agiles PM nach Definition 6 besteht zusammenfassend in der Fokussierung auf den PL als vorbildgebende, motivierende Funktion.

Die hier vorgestellte Erklärung agilen PMs zeigt den Zufluss neuen Gedankenguts zu der einstmals SSE-orientierten Bewegung. Dieser ist per se nicht zu kritisieren, führt jedoch zu verwirrenden Phänomenen. So entfernten die Ur-Agilisten Beck und Schwaber die Leitungsfigur des PL genau aus dem Grund, Verantwortung von allen Mitgliedern zu fordern. Offensichtlich entwickelt sich agiles PM in der Aufnahme des Leadership-Charakters in divergenter Weise weiter.

Zusammenfassung

Als Zusammenfassung „agiler und sich anpassender" PM-Vorgehensweisen war die 2005 veröffentlichte „Project Management Declaration of Interdependence" PMDoI ebenfalls als Keimzelle einer weltweiten Bewegung gedacht,[124] hat aber bei Weitem nicht die Wahrnehmung des agilen Manifests erreicht.[125] In der folgenden Tabelle werden die Unterzeichner der PMDoI nach einer Recherche ihrer Veröffentlichungen durch den Verfasser unterschiedlichen Definitionen agilen PMs zugeordnet.

[122] Pixton/Nickolaisen/Little (2009).

[123] Vgl. Chin (2004), S. 33; Highsmith (2004), S. 32; Augustine (2005), S. 31; Abrahamsson et al. (2003), S. 248.

[124] Die PMDoI betont die direkte Kommunikation, die frühzeitige Auslieferung von Ergebnissen, die situationsbedingte Anpassung an sich ändernde Umstände, die Akzeptanz der Unsicherheit von Anforderungen und die Übernahme von Verantwortung. Die Grundlage stellen 6 aus dem agilen Manifest entlehnte Regeln dar, die vor allem auf die Erschaffung von Wert und auf eine kooperative Führungsform abzielen. Der PL muss demnach 9 verschiedenen Prinzipien folgen. Unter diesen sind beispielsweise: „Cultivate committed stakeholders" oder „use short timeboxed iterations to quickly deliver features". Vgl. Anderson/Augustine/Avery et al. (2005), o. S.*6

[125] Ein Grund liegt sicherlich in der auf die US-amerikanische „Declaration of Independence" anspielenden Bezeichnung, die nicht in allen Ländern dieser Erde so positiv konnotiert ist wie in den USA.

#	Definition Agilität	Definition agiles PM	Unterzeichner der PMDoI[126]
1	Fokussierung auf den Menschen als Teil eines Systems	Komplexitätstheorie	Sanjiv Augustine, Jim Highsmith, Todd Little
2	Unsicherheit	Unsicherheit	Doug DeCarlo
3	Industrielle Produktion	Industrielle Produktion	David Anderson
4	Referenz auf das agile Manifest	Referenz auf das agile Manifest	Mike Cohn, Alistair Cockburn, Lowell Lindstrom
5	Weiterentwicklung der SSE	Weiterentwicklung des PM	-
6	–	Fokus auf Leadership	Christopher Avery, Pollyanna Pixton

Tabelle 2: Gegenüberstellung der Definitionen von Agilität und agilem PM.

Anhand dieser Gegenüberstellung zeigt sich:

1. Die Heterogenität der Begriffsklärung von Agilität setzt sich in der Definition agilen PMs fort.
2. Alle Strömungen der Definition von Agilität können auch bei der Definition agilen PMs wieder aufgefunden werden.
3. In Form von Definition 5 ist eine zusätzliche Definition entstanden.
4. Die Verfasser der PMDoI lassen sich in Analogie zum agilen Manifest verschiedenen Strömungen agilen Projektmanagements zuordnen. Genauso wie die Autoren agiler Entwicklungsmethoden sich im agilen Manifest zusammenfanden, stellten die Verfasser der PMDoI im Vorfeld der Veröffentlichung verschiedene Rahmenwerke agilen Projektmanagements vor.

[126] Folgende Unterzeichner des PMDoI konnten mangels Veröffentlichung keiner Definition zugeordnet werden: Donna Fitzgerald, Ole Jepsen, Kent McDonald und Preston Smith.

2.3.2.4 Zusammenfassung von agilem Projektmanagement

In der Gesamtheit ist festzustellen, dass sich keine Definition agilen PMs durchgesetzt hat. Dies liegt aus Sicht des Verfassers an folgenden Gründen:

1. Wenn schon keine Einigkeit in Bezug auf Agilität herrscht, verwundert es nicht, dass darauf basierende Konstrukte keinen Konsens zutage fördern.
2. Einzelne Richtungen stehen sogar in Widerspruch zu den ursprünglichen agilen EM.
3. Im Gegensatz zu agilen EM, die praxisnah und ausführlich belegt sind, wurden in den letzten Jahren Veröffentlichungen zu agilem PM vorgelegt, die eher als Marketingliteratur zu klassifizieren sind.[127] Statt eine Klärung herbeizuführen, vergrößert diese Form die Unklarheit.
4. Viel mehr noch zeigt sich an der Attribuierung von „agil“ zu verschiedensten vor und nach dem PMDoI entstandenen Methoden agilen PMs eine Aufspaltung und Inhomogenität der Wahrnehmung von „agil“. Lediglich die in Definition vier vorgestellte Erkärung agilen Projektmanagements als Konsequenz des agilen Manifests stellt eine konsistente geschichtliche Fortsetzung dar.

Die zweite Forschungsfrage, die das Wesen agilen Projektmanagements offenlegen möchte, tritt angesichts dieser Erkenntnisse nun noch deutlicher hervor. Es besteht Bedarf an der Zusammenführung verschiedener Definitionen und Bedarf an der Vorstellung einer Definition von agilem PM, die keinen Widerspruch zu Agilität darstellt. Die vorliegende Arbeit möchte diese Klärung herbeiführen und damit eine Lücke der wissenschaftlichen Auseinandersetzung schließen. Das folgende Kapitel stellt genau aus diesem Grund einen Ansatz vor, der ein klareres Verständnis von Agilität und agilem PM zulässt.

[127] Vgl. beispielsweise White (2008).

3 Vorstellung des Forschungsansatzes

3.1 Von der Agilität zum agilen Projektmanagement

Aufbauend auf der Erkenntnis, dass weder ein Verständnis darüber vorliegt, was unter Agilität, noch darüber, was unter agilem PM genau zu verstehen ist, wird in diesem Kapitel der Forschungsansatz vorgestellt, mit dessen Hilfe ein besseres Verständnis beider Begriffe herbeigeführt werden soll.

Als Ausgangspunkt des Forschungsansatzes dient eine Feststellung von Martin Fowler, einem Unterzeichner des agilen Manifests und Vertreter der Methode Extreme Programming: „Many practitioners move between different communities spreading different ideas around – all in all it's a complicated but vibrant ecosystem", in deutscher Übersetzung: „Viele Praktiker bewegen sich zwischen verschiedenen Gemeinschaften und verbreiten verschiedene Ideen – alles in allem ist es ein kompliziertes, aber dynamisches Ökosystem" [128]. Fowler beschreibt hier den Umstand, dass agile EM nicht in der Wissenschaft entstanden, sondern in der Praxis durch Personen verschiedener Hintergründe geprägt wurden. Die Fowler'sche Beobachtung untermauert die unterschiedlichen Definitionen von Agilität und agilem PM – aus verschiedenen Richtungen beeinflusst geben sie unterschiedliche Sichten wieder. Genau dieser Aspekt verlangt Beachtung, schließlich lässt er auch die Entstehung des agilen Manifests aus einem anderen Blickwinkel erscheinen. Statt das agile Manifest als Ausgangspunkt, als Nukleus des Begriffs Agilität zu betrachten, könnte es auch als Kristallisationspunkt eines bereits vorhandenen Paradigmas, als Festschreibung eines impliziten Konsenses verschiedener Autoren gesehen werden.

Diese Hypothese stützt sich auf die vorher gemachte Beobachtung, dass die agilen Entwicklungsmethoden, welche mit dem agilen Manifest in Verbindung gebracht werden, ausnahmslos vor dessen Verfassung vorlagen. Trotz seiner na-

[128] Fowler (2005), o. S. Die Übersetzung erfolgte durch den Verfasser. Auch im Folgenden werden die englischen Termini – soweit nicht anders vermerkt – vom Verfasser übersetzt.

mentlichen, zeitlichen und inhaltlichen Verbindung mit dem Begriff Agilität könnte das agile Manifest dann als ein buchstäbliches Manifest eines aus verschiedenen Hintergründen, Einflüssen, Inspirationen, Lebenserfahrungen und Weltanschauungen bestehenden Konsenses, eines kleinsten gemeinsamen Nenners zu einem bestimmten Zweck gesehen werden.[129] Dieser Zweck liegt in der Geißelung der gängigen Best Practice der SSE und der Unterbreitung eines Gegenvorschlags.

Agiles PM als historische Fortschreibung des agilen Manifests zu verorten ist folglich zulässig und bringt ein PM-Konstrukt gemäß Definition 4 hervor. Ein alternativer, neuartiger Ansatz bestünde jedoch darin, die dem agilen Manifest selbst zugrunde liegenden Fowler'schen „different ideas", die „underlying principles"[130] zu untersuchen. Diese Ideen, und darin besteht die erste Annahme dieser Arbeit, lassen sich nicht aus dem agilen Manifest ableiten.[131] Vielmehr kann die Betrachtung der das Manifest konstituierenden agilen EM der Schlüssel sein. Da die Entstehung des agilen Manifests aufgrund seiner nur zweitägigen Entstehungsgeschichte verständlicherweise nicht strukturiert erklärt wurde, sondern in Form anekdotischer Nacherzählungen[132] vorliegt, muss ein anderer Zugang gefunden werden. Dieser liegt nach Auffassung des Verfassers in persönlichen Einflüssen, die die Urheber des Manifests in ebendieses einbrachten. Diese persönlichen Sichtweisen, Überzeugungen und Weltanschauungen können über die vor der Veröffentlichung des agilen Manifests kodifizierten agilen Entwicklungsmethoden erkannt und nachvollzogen werden.

Grundlage der zweiten Annahme dieser Arbeit sind deswegen die agilen EM, welche als Antwort auf in den 1990er Jahren bestehende Probleme entstanden.

---

[129] Highsmith (2001), o. S.: „[...] a group of people who held a set of compatible values, a set of values based on trust and respect for each other and promoting organizational models based on people, collaboration, and building the types of organizational communities in which we would want to work."

[130] Thomas (2007), o. S.: „[...] we all wanted to see if there was enough common ground for us to isolate some underlying principles."

[131] Vgl. die bereits festgestellte kurze Entstehungszeit sowie die Notwendigkeit der Kompromissfindung als Begleitumstände des agilen Manifests.

[132] Nacherzählungen finden sich in Cockburn (2009), o. S.; Highsmith (2001), o. S.; Highsmith (2002), S. xvii-xxi; Thomas (2007), o. S.

Nahezu zeitgleich legten unterschiedliche Autoren ähnliche, agile Entwicklungsmethoden als Lösungsvorschlag vor. Die zweite Annahme besteht deswegen darin, dass die Autoren agiler EM „different ideas“, wir nennen diese nun „Einflüsse“ inner- und außerhalb der SSE, geistig verarbeiteten. Auf diese Weise gestalteten sie ihre eigenen Entwicklungsmethoden in einer neuartigen Art und Weise und schufen somit eine neue EM-Gattung, die agilen EM. Diese zeichnen sich nun genau dadurch aus, dass sie nicht nur eine lineare Weiterentwicklung der SSE darstellen, sondern Einflüsse außerhalb der SSE aufnehmen. Unter Einflüssen außerhalb der SSE werden betriebswirtschaftliche Ansätze oder wissenschaftliche Theorien verstanden, welche vor der Veröffentlichung der jeweiligen agilen EM vorlagen. Die These des Verfassers besteht darin, dass diese Einflüsse auf verschiedenen Ebenen wirkten. So stellt beispielsweise die von Highsmith genannte Komplexitätstheorie eine wissenschaftliche Überzeugung dar und könnte in ihrer Anwendung das Verständnis der menschlichen Interaktion beeinflussen. Das von Anderson referenzierte Lean Management ist eine organisationsphilosophische Auffassung, welche auf den Ablauf der Werterschaffung auf der praktischen Ebene einwirken könnte; der von Beck zitierte PDCA-Zyklus als „Best Practice“ des Qualitätsmanagements könnte eine prinzipielle Auswirkung auf die Qualitätsorientierung nach sich ziehen.

Würde „Agilität“ in der Folge nicht mehr als ein Konstrukt des agilen Manifests, sondern als die Summe der softwarefremden Ideen der Autoren agiler Entwicklungsmethoden verstanden werden, könnte erklärt werden,

1. dass eine Beeinflussung auf gänzlich unterschiedlichen Ebenen stattgefunden haben kann;
2. dass genau in der Verarbeitung verschiedenster Einflüsse nicht nur in einer agilen EM, sondern in der Gesamtheit der Einflüsse in allen Methoden die bemerkenswerte Eigenschaft von Agilität besteht;
3. warum sich derart unterschiedliche Definitionen von Agilität entwickelten. Statt einer zusammenführenden Betrachtung fokussieren die zuvor vorgestellten Definitionen nur eine oder wenige Ebenen;

4. dass die unterschiedlichen Ebenen getrennt voneinander betrachtet werden müssen.

Die Erörterung dieser Konsequenzen erklärt die Phänomene

   a. der unterschiedlichen bis widersprüchlichen Definitionen von Agilität,
   b. der bisher unklaren Anwendbarkeit des Konstrukts Agilität außerhalb der SSE.

Annahme 1 (das agile Manifest ist nicht Ausgangspunkt, sondern Ausläufer von Agilität) sowie Annahme 2 (die Autoren agiler EM verarbeiteten Nicht-Software-Einflüsse) scheinen somit stichhaltig und belastbar. Sie stellen aus diesem Grund den Kerngedanken der Erarbeitung einer neuartigen, weiterführenden Definition von Agilität dar. Wie sich bereits zeigte, ist die Schaffung dieser tragfähigen Definition von Agilität die Voraussetzung, um das Ziel dieser Arbeit – das Aufstellen einer neuen Definition agilen Projektmanagements – zu erreichen. Die neu gewonnene Definition von Agilität wird deswegen im zweiten Schritt auf Projektmanagement übertragen werden. Auf den ersten Blick scheint diese Anwendung unlogisch, stellen doch PM und SSE zwei getrennte Disziplinen dar. Tatsächlich besteht die These und gleichzeitig die Neuartigkeit dieser Arbeit genau in dieser Übertragung. Es wird behauptet, dass das Konzept Agilität durch seine Nicht-Software-Fundierung keinen exklusiven Bezug auf Software hat, sondern universeller angewendet werden kann. Als Vereinigung vieler verschiedener Einflüsse ergibt sich Agilität, so die These dieser Arbeit, als ein Konstrukt, das zwar in der SSE zum ersten Mal auftrat, tatsächlich aber auch auf andere Disziplinen übertragen werden kann. Aus der Anwendung von Agilität auf agiles PM sollen deswegen nicht nur neue Erkenntnisse entstehen, sondern Widersprüchlichkeiten der bisherigen Definitionen verringert werden.

3.2 Gang der Untersuchung

Im Folgenden wird die argumentative und inhaltliche Vorgehensweise dieser Arbeit kurz zusammengefasst. Dessen Kern kann mithilfe der Metapher einer Linse dargestellt werden: Allgemein wird

1. einfallendes Licht
2. an einer Linse gebrochen
3. und zeichnet sich dadurch auf einer Projektionsfläche verändert ab.

Je nach Linsentyp wird, wie in Abbildung 5 gezeigt wird, Licht fokussiert (konvexe Linse) oder zerstreut (konkave Linse). Diese physikalischen Prinzipien können auf Agilität und agiles Projektmanagement übertragen werden.

1. Als das einfallende Licht (rundes Objekt) wird in dieser Arbeit *Software-Systementwicklung* verstanden. Der Weg, den das Licht zurücklegt, soll deswegen die Weiterentwicklung der SSE über die Zeit darstellen.
2. Die Linse entspricht den soeben vorgestellten Einflüssen, welche auf die Systementwicklung einwirken. Die Summe dieser Einflüsse ist *Agilität.*
3. Als Projektion auf die rote Fläche rechts im Bild ergibt sich eine veränderte Art der Systementwicklung, die *agile Software-Systementwicklung*.

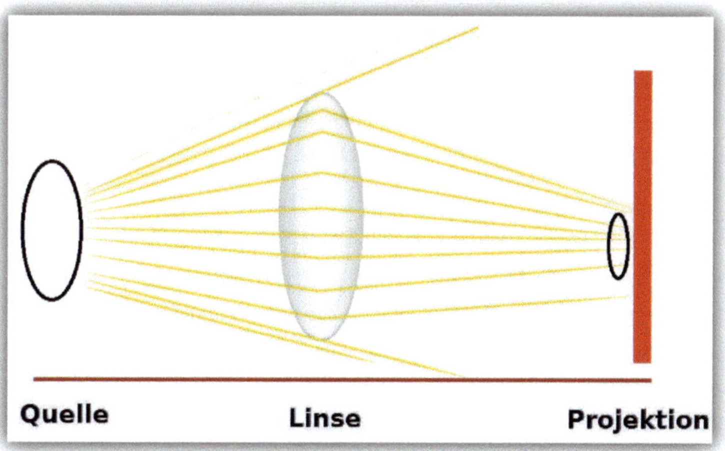

Abbildung 5: Projektion einer Lichtquelle durch eine Linse.

Die These dieser Arbeit besteht in der Annahme, dass sich Agilität aus mehreren verschiedenen Einflüssen, die die Autoren agiler EM in ihren Methoden verarbeiteten, konstituiert. In Abbildung 6 wird diese Zusammenführung als die Staffelung mehrerer verschiedenartiger Linsen illustriert.

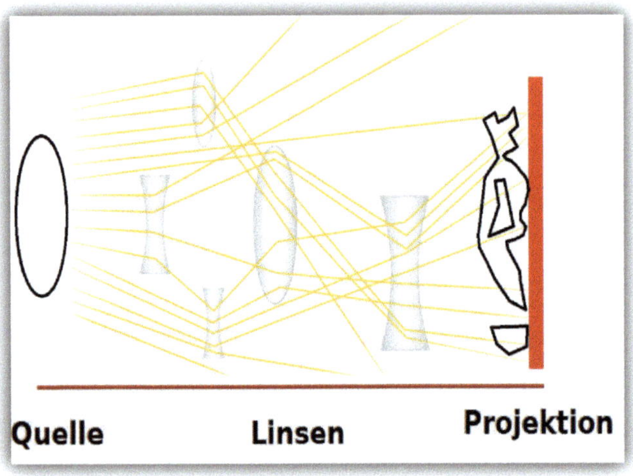

Abbildung 6: Projektion einer Lichtquelle durch gestaffelte Linsen.

Der in der Abbildung durch rote Punkte markierte Bereich soll verdeutlichen, dass eine zentrale Leistung dieser Arbeit, nämlich die Erarbeitung einer neuen Definition von Agilität aus einer Reihe von Einflüssen (Linsen) besteht, die auf die SSE wirkten. Indem diese Einflüsse konstruiert werden, so der Kerngedanke, wird ein Konstrukt entstehen, das die traditionelle SSE(Licht) auf die agile Software-Systementwicklung (Projektion) abbildet. Das gesuchte Konstrukt ist deswegen *Agilität*. Alsdann kann *Agilität* aus dem SSE-Kontext herausgehoben und in der Folge auch auf andere Disziplinen, konkret auf Projektmanagement angewendet werden. Genauso wie aus *Software-Systementwicklung* durch die Aufnahme von *Agilität* zur *agilen Software-Systementwicklung* wurde, soll nun *PM* zu *agilem PM* werden.

Der methodische Hintergrund dieses Vorgehens kann als formative Teleologie[133] kategorisiert werden. Deswegen besteht die Argumentation an dieser Stelle genau darin, dass die unterschiedlichen agilen EM das gesuchte Konstrukt *Agilität* bereits in sich tragen. Genau diese in Form einer „Erbanlage" bestehende Agilität des gesamten Systems der agilen Entwicklungsmethoden gilt es nun freizulegen. Durch die Isolation von Agilität ohne SSE-Hintergrund soll, und hierin besteht der Kern des Gedankens, die wahre Gestalt von Agilität festgestellt werden. Agilität wird als ein Konzept angesehen, dessen „Gene" sich ausgehend von den agilen EM synthetisieren lassen. In der Folge kann Agilität auch auf andere Disziplinen außerhalb der SSE angewendet werden.

Die tatsächliche Umsetzung des nun vorliegenden Untersuchungsansatzes soll dergestalt angegangen werden:

1. Die Einflüsse auf die agile SSE werden anhand einer detaillierten Literaturanalyse zusammengefasst (Kapitel 3.5).

2. Diese einzelnen Einflüsse werden umfassend analysiert. Dabei werden auszeichnende Kerneigenschaften herausgearbeitet.

3. Anschließend wird überprüft, ob die gewonnenen Einfluss-Kerneigenschaften in der ASE im Gegensatz zur TSE hervortreten. Im positiven Fall wird die Veränderung so formuliert, dass sie die Veränderung der ASE zur TSE so operationalisiert, dass sie in Kapitel 5 auf PM übertragen werden kann. An dieser Stelle wird sich folglich zeigen,

   a) ob sich Agilität tatsächlich aus dem Softwarekontext heraus als selbständiges Konstrukt isolieren lässt;

   b) ob die anschließende Anwendung auf PM möglich ist;

   c) ob aus dem hier gewählten Ansatz neuartige Erkenntnisse entstehen.

[133] Vgl. Stacey (2000), S. 49 ff. Die formative Teleologie geht von der Annahme aus dass einem betrachteten System von Anbeginn an eine gewisse Vorherbestimmung innewohnt. Das System entfaltet sich frei, nimmt aber doch einen in bestimmten Grenzen umrissenen Zielzustand ein.

Abschließend sei ein verdeutlichendes Beispiel aufgeführt: Sollte sich bei der Literaturanalyse herausstellen, dass das Thema „Kommandostrukturen" von verschiedenen Autoren als Beeinflussung ihrer Arbeit genannt wird (Schritt 1), wird der zugehörige Themenkomplex im Allgemeinen untersucht und dessen Kerneigenschaften isoliert (Schritt 2). Bei einer Kommandostruktur wäre dies beispielsweise der eindeutige Berichtsweg vom untersten zum obersten Element. Anschließend würde ermittelt, ob sich die ASE durch die Befolgung eindeutiger Berichtswege auszeichnet, in welcher Art und Weise dies stattfindet und ob dies in der TSE nicht der Fall ist (Schritt 3). Im positiven Fall würde der verarbeitete Einfluss als Anforderung, beispielsweise in der Form „Veränderung A besteht in der Forderung eines klaren Befehlsweges" operationalisiert (Schritt 4). Zum Schluss würde die Anwendung der zuvor etablierten Anforderungen auf PM erfolgen. Im Beispiel würde die Aufgabe des PMs darin bestehen, klare Befehlswege vom Kunden, über den PL hin zum Projektteam zu etablieren (Schritt 5).

3.3 Kritische Betrachtung des gewählten Untersuchungsansatzes

Im Folgenden werden kritische Anmerkungen an dem hier vorgestellten Ansatz diskutiert.

1. Die agile Entwicklung ergab sich aus der SSE per se heraus

Der soeben beschriebene Gang der Untersuchung scheint auszuklammern, dass auch innerhalb der SSE, unabhängig von äußeren Einflüssen, eine Evolution stattfand. So kann beispielsweise die Entwicklung der prozeduralen zur objektorientierten Entwicklung nicht als Verdienst der agilen Bewegung verstanden werden. Dies wird in der vorliegenden Arbeit zwar nicht negiert, allerdings wird die Auffassung vertreten, dass sich die ASE nicht nur aus der inneren Weiterentwicklung ergab, sondern auf einen externen Schock zurückzuführen ist. Die Beschäftigung mit fachfremden Themen als Antwort auf die bestehende Unzufriedenheit der Softwaregemeinde führte zu einer fast gleichzeitigen Entwicklung verschiedener

AGILER EM. Agilität im hiesigen Sinne versteht sich deswegen als die Isolierung fachfremder Einwirkungen auf die SSE. Gerade deswegen, so die These, lässt sich Agilität auch auf PM anwenden.

2. Die ASE ist ein rein empirisches Phänomen

Ein weiterer Einwand könnte in dem Argument liegen, ASE sei nicht in einer wissenschaftlichen Auseinandersetzung mit dem Thema SSE, sondern in voller Absicht rein empirisch entwickelt worden. Vielmehr noch verstünden sich agile Methoden geradezu als Gegenbewegung zu wissenschaftlich fundierten Überlegungen.[134] Es wurde ausprobiert, was in der Praxis funktioniert, um daraus eine Sammlung funktionierender Methoden abzuleiten. Sollte dem so sein, scheint eine Auseinandersetzung mit der Beeinflussung der TSE wenig zweckmäßig.

Die vorliegende Arbeit negiert auch dieses Argument nicht, sondern nutzt es für sich, schließlich waren die Urheber agiler EM, wie sich zeigen wird, mit den hier beschriebenen Einflüssen durchaus vertraut. Selbst wenn eine agile EM in der Praxis entstand, bedeutet das nicht, dass keine Einflüsse auf sie gewirkt haben. Die Einflüsse in einer wissenschaftlichen Untersuchung nachzuvollziehen wird folglich nachweisen können, ob sich die ASE aus einer methodischen Einarbeitung bestimmter Einflüsse ergab oder ob es sich eher um eine intuitive Transformation handelte.

3. Der Ansatz ist nicht neu

a) Kelly

Kelly stellt in *Learning to be agile* eine dieser Arbeit ähnliche Arbeitsweise vor.[135] Agile EM wie Scrum oder XP sind Kelly zufolge nur konkrete Tätigkeiten, welche auf den in der folgenden Abbildung gezeigten hierarchisch gegliederten Konzepten der lernenden Organisation von Lean und auf Agilität aufbauen.

---

[134] Vgl. hierzu beispielsweise Anderson (2004), S. 9, der die empirische Fundierung agiler Methoden, im konkreten Fall von Scrum, erklärt. Ebenso Abbas/Gravell/Wills (2008), S. 97 und Schuh (2005), S. 2.

[135] Vgl. Kelly (2008), S. 21.

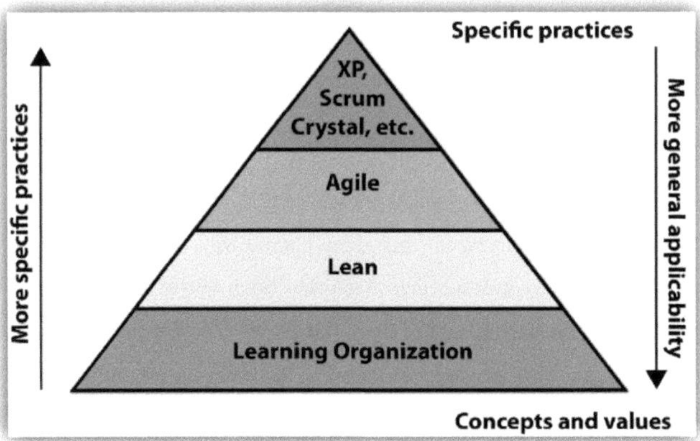

Abbildung 7: Methodischer Aufbau von Agilität.
Quelle: Kelly (2008), S. 21

Tatsächlich stellt Kelly mit der aufeinander aufbauenden Sichtweise verschiedener Einflüsse eine ähnliche Vorgehensweise wie die gerade beschriebenen Beeinflussungsebenen vor. Es lässt sich allerdings einerseits feststellen, dass einige der weiter hinten vorgestellten Konzepte nicht in seine Betrachtung eingegangen sind, andererseits stellt die in der Grafik gezeigte Einengung auf zwei Konzepte eine dem hier vorgestellten Ansatz zuwidergehende Betrachtungsweise dar. Während im hiesigen Ansatz verschiedene Einflüsse unterschiedlicher Autoren eine inhaltliche Gleichberechtigung erfahren, stellt Kelly eine hierarchische Sichtweise vor. Dies ist nach Ansicht des Autors ein reduktionistischer und, aufgrund der hierarchischen Sichtweise, verfälschender Ansatz.

b) Qumer und Henderson-Sellers

Wie der zuvor vorgestellte Ansatz von Kelly gehen auch Qumer und Henderson-Sellers von der Beeinflussung der SSE durch verschiedene andere Disziplinen aus, vermischen ihren Ansatz, im Gegensatz zu dieser Arbeit, allerdings zu stark mit der SSE nach Boehm und Turner.[136] Durch diese Vermischung kann eine softwareneutrale Definition von Agilität nicht erarbeitet werden.

c) Conboy

Conboy definiert Agilität in einem dem hier gewählten Vorgehen vergleichbaren Ansatz einer geschichtlichen Fortentwicklung aus dem „agile manufacturing", dem Management sowie der Erforschung des Verhaltens in Organisationen.[137] Conboy zufolge sind deswegen „Leanness" und „Flexibility" die echten Quellen der Agilität.

Sicherlich erzeugt Conboy eine aus wissenschaftlicher Sicht korrekt hergeleitete Definition von Agilität, lässt aber andere, weiter unten vorgestellte Einflussfaktoren außer Acht und liefert somit eine unvollständige und deswegen reduktionistische Sicht auf Agilität.

d) Owen und Koskela

Owen und Koskela greifen wie Kelly und Conboy verschiedene, auch in dieser Arbeit behandelte Einflussfaktoren auf.[138] Allerdings verstehen die Autoren Agilität als eine historische Fortentwicklung, beginnend mit dem Lean Manufacturing in Japan, welche wiederum durch den Statistiker Deming beeinflusst war. Genau diese geradlinige Entwicklung ist zu bezweifeln. Auch wenn der Begriff „Agile" schon vor der Veröffentlichung des agilen Manifests bekannt war, liegt der Ausgangspunkt des agilen Manifests nicht im „agile manufacturing", sondern in der gleichzeitigen Veröffentlichung verschiedener agiler EM.

e) Nerur et al.

Ein aktueller Aufsatz aus dem Jahr 2010 untersucht die „conceptual underpinnings" [139] der ASE. Die Fragestellung der „konzeptionellen Untermauerung" deutet eine ähnliche Richtung wie die vorliegende Arbeit an und wählt mit dem Ansatz der „soziotechnischen Systeme" eine Mischung der Komplexitätsthe-

[136] Qumer/Henderson-Sellers (2006) beziehen sich in ihrem Artikel auf Boehm/Turner (2003).
[137] Vgl. Conboy (2009), S. 334.
[138] Vgl. Owen/Koskela (2006).
[139] Nerur/Cannon/Balijepally et al. (2010).

orie und der technischen Aspekte der SSE. Der gewählte Ansatz unterscheidet sich folglich vom hiesigen Vorgehen, welches technische Aspekte außer Acht lässt, und greift zudem, wie die Autoren selbst feststellen, durch die Nichtbeachtung anderer Einflussfaktoren, zu kurz.[140] Dennoch zeigt sich deutlich: Auch zehn Jahre nach dem Erscheinen des agilen Manifests ist die Definition von Agilität ein aktuelles Thema, das noch keine endgültige Klärung erfahren hat.

3.4 Neuartigkeit und wissenschaftlicher Beitrag

Der hier vorgestellte Ansatz ist aus mehreren Gründen neuartig:

1. Eine systematische Isolation der Einflussfaktoren agiler SSE anhand der grundlegenden agilen EM wurde bislang noch nicht durchgeführt.
2. Auch die auf Basis dieser Einflussfaktoren durchgeführte systematische Untersuchung der ASE im Gegensatz zur TSE, insbesondere entlang des V-Modells 97, ist neu.
3. Die anschließende Anwendung dieser aus dem Softwarekontext erarbeiteten Definition von Agilität auf PM ist, wie sich anhand der vorgestellten bestehenden Ansätze zeigte, ebenfalls neuartig.
4. Zudem stellt die Fundierung agilen PMs aus einer neu gewonnenen Definition von Agilität ein geschlossenes Vorgehen dar, das in dieser Synthese bislang noch nicht vorgestellt wurde.

Der wissenschaftliche Beitrag dieser Arbeit liegt deswegen in:

1. der Untersuchung und Aufzählung der Einflussfaktoren der ASE,
2. einer neuen Definition von Agilität,
3. einer neuen Definition agilen Projektmanagements,

[140] Vgl. Nerur/Cannon/Balijepally et al. (2010), S. 26 f.

4. einer Untersuchung der Anwendbarkeit agilen Projektmanagements außerhalb der SSE.

3.5 Einflussfaktoren

3.5.1 Auswahl und Sammlung der Einflussfaktoren

Im Zentrum des hier verfolgten Ansatzes steht die Untersuchung agiler EM. Dessen These besteht darin, dass die Autoren agiler EM Einflussfaktoren nennen, die außerhalb des SSE-Kontext zu verorten sind. Genau diese externen Faktoren (zu Beginn von Kapitel 3.1 dargelegt und durch Fowler als „different ideas" bezeichnet) stellen den Dreh- und Angelpunkt der hier aufgezeigten Linsen-Argumentation dar. Der Verfasser ist der Ansicht, dass sich die TSE durch die Aufnahme der externen Einflüsse zur ASE weiterentwickelte. In diesem Kapitel werden diese deswegen vorgestellt und näher untersucht.

Wesentliches Kriterium für die Auswahl einer im Folgenden als „Einflussfaktor" bezeichneten Größe ist dessen explizite Erwähnung in Erstbeschreibungen der in Kapitel 2.2 referenzierten und in Anhang 3 näher vorgestellten agilen EM. Diese Veröffentlichungen, die als „Agiler Primärtext" bezeichnet werden, schränken die Nennung von Einflussfaktoren ein. Dies wird absichtlich vorgenommen, um agiles PM aus einem Satz an Entwicklungsmethoden zu fundieren, die ungefähr zur gleichen Zeit entstanden und deren Autoren sich, wie überprüft werden konnte, kannten. Darüber hinaus soll ein Einflussfaktor im Rahmen dieser Arbeit nur dann näher untersucht werden, wenn er von mindestens zwei Autoren hervorgehoben wird. Diese Auswahlkriterien ermöglichen eine Konzentration auf Einflussfaktoren, zu denen gewissermaßen ein impliziter Konsens unter mehreren Verfassern besteht.

Eine detaillierte Literaturanalyse führt zu den in Anhang 4 detailliert aufgelisteten 25 Verweisen auf externe Einflussfaktoren. Es wird deutlich, dass die Fowler'schen „different ideas" tatsächlich quantifiziert werden können. In der Tat existieren verschiedene Konzepte wie die Komplexitätstheorie oder Lean Management, welche die Entwicklung nicht nur einer, sondern mehrerer agiler EM beeinflussten. Die Fowler'sche Vermutung „spreading ideas around“ erweist sich daher als korrekt.

Insgesamt werden 10 Einflussfaktoren, beispielsweise die „Broken Window Theory“ oder die „Big M Theory“, in den analysierten Quellen nur einmalig genannt; sie genügen demnach nicht der Vorgabe mindestens zweier Nennungen und werden deswegen nicht weiter berücksichtigt. Die verbleibenden, in folgender Tabelle dargestellten 15 Nennungen können zu fünf grundlegenden Einflussfaktoren zusammengefasst werden.

Einflussfaktor	Nennung
Komplexitätstheorie	5
Deming'sche Qualitätslehre	2
Engpasstheorie	2
Lean	2
Bildung und Weitergabe von Wissen	4

Tabelle 3: Einflussfaktoren agiler SSE nach Häufigkeit.
Quelle: Eigene Darstellung

Diese fünf nun komprimierten Einflussfaktoren können auf die in Abbildung 6 in Kapitel 3.2 gezeigten unterschiedlichen Linsen übertragen werden. Sie sind genau die Einflüsse, die die SSE in ihrer Evolution veränderten.

In Abbildung 8 sind diese Einflüsse detaillierter dargestellt. Auf dem oberen Zeitstrahl wird in Grün verdeutlicht, wann die soeben in Tabelle 3 vorgestellten Beeinflussungen, auf die sich agile EM berufen, publiziert wurden. Der untere Zeitstrahl setzt den oberen Zeitstrahl fort und ordnet die Veröffentlichung agiler EM zeitlich ein. Pfeile verdeutlichen die Beeinflussung einer agilen EM durch einen genannten Einflussfaktor.

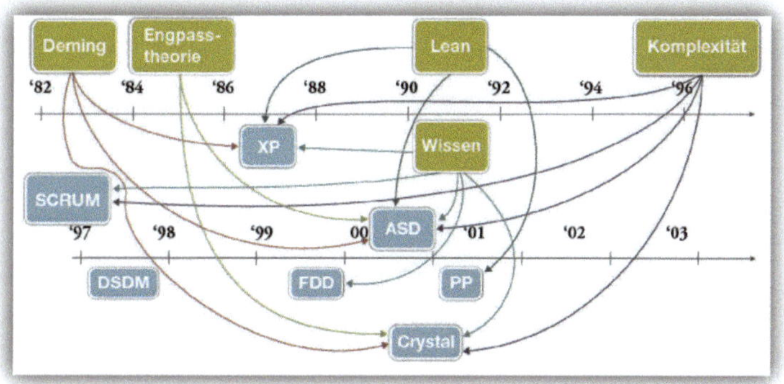

Abbildung 8: Graphische Darstellung der in agilen EM erwähnten externen Beeinflussungen[141].

Betrachtet man die externen Beeinflussungen agiler EM, werden folgende Aspekte deutlich:

1. Tatsächlich lässt sich eine deutliche zeitliche Beeinflussung erkennen.
2. Die Komplexitätstheorie verfügt über die meisten Nennungen. Dies könnte darauf zurückzuführen sein, dass sie zeitlich (referenziert wird das von John Holland 1995 veröffentlichte *Hidden Order*) am nächsten an der Veröffentlichung der genannten agilen EM (ab 1997) liegt.
3. Die agile EM Dynamic Systems Development Method (DSDM) (vgl. Anhang 3) erwähnt zwar Einflussfaktoren wie RAD, Boehms Spiralmodell oder Prototyping, keiner der Einflussfaktoren ist jedoch einem Gebiet außerhalb der SSE zuzuordnen. In Abbildung 8 steht DSDM deswegen allein.

[141] Aufgrund der Darstellungskomplexität der vielen Beeinflussungen seien die einzelnen Elemente mit Verweis auf die Bibliographie hier etwas ausführlicher dargestellt:

Einflussquellen	**Einflussnehmer**
Deming (1986)	Scrum: Schwaber (1995)
Engpasstheorie: Goldratt (1994)	DSDM: Stapleton (1997)
Lean: Womack/Jones (1991)	XP: Beck (1999)
Komplexität: Holland (1996)	FDD: Coad/Lefebvre / Luca (1999)
Wissen: Senge (1990)	ASD: Highsmith (2000)
	PP: Hunt (1999)
	Crystal: Cockburn (2000)

4. Feature Driven Programming (FDD) und Pragmatic Programming (PP) nennen wenige Einflussfaktoren. Während dies bei Letzterem darauf zurückzuführen ist, dass weniger die ausführliche Auseinandersetzung mit den Hintergründen als vielmehr die praktischen Techniken im Vordergrund stehen, ist die Kürze der FDD-Veröffentlichung der knappen Ausführung in nur einem Buchkapitel geschuldet.
5. Das weiter oben genannte „Agile Manufacturing" tritt nicht in Erscheinung. Trotz der namentlichen Verwandtschaft wird es nur von Highsmith genannt.

Fazit

Nachdem die einzelnen Einflussfaktoren, welche auf die TSE gewirkt haben, nun freigelegt sind, folgt gemäß dem in Kapitel 3.2 vorgestellten Vorgehen eine detaillierte Untersuchung der einzelnen Einflussfaktoren. Dies ist notwendig, um ein genaues Verständnis ihrer charakteristischen Eigenschaften zu schaffen. Schließlich wurden genau diese Eigenschaften, die Kerneigenschaften, im hier verfolgten Forschungsansatz als elementar erkannt. Genau sie werden den Ausgangspunkt bilden, von dem aus sich eine Veränderung der TSE im Gegensatz zur ASE nachweisen lassen soll.

3.5.2 Komplexitätstheorie

Worin liegt der Zusammenhang der Komplexitätstheorie mit agiler SSE und warum wird diese Theorie als Kerneigenschaft zur Erklärung agilen PMs verwendet? Ausschlaggebend für die Untersuchung ist die Erwähnung des System- und Chaosgedankens in nahezu allen gängigen agilen EM. So finden sich Verweise auf den Chaosforscher Christopher Langton bereits in Schwabers Erstaufsatz zu Scrum aus dem Jahre 1995.[142] In Becks *Extreme Programming Explained* sind jeweils drei Werke zur Chaostheorie und zur Systemtheorie aufgeführt.[143] Highsmith bringt im gleichen Jahr ein eigenes VM heraus, welches das Wort

[142] Vgl. Schwaber (1995).
[143] Vgl. Beck (1999).

„Komplexität“ schon im Untertitel trägt („A collaborative approach to managing complex systems“), und wird daraufhin von Cockburn in der Beschreibung der Crystal Methodology zitiert.[144] Die Komplexitätstheorie war den Autoren agiler SSE demnach offenkundig bekannt und wird aller Voraussicht nach auch Einfluss auf diese genommen haben. Deutlich zeigt sich dies bei Beck, der in einem Interview, auf die Komplexitätstheorie angesprochen, feststellt: „Well, it's the only way to make sense of the world“[145].

Die Komplexitätstheorie befasst sich mit der Interaktion vieler Elemente als System und der Anpassung dieses Systems an die Umwelt. Das Wort System selbst ist griechischen Ursprungs. Es wird übersetzt als „Bildung, Gebilde, Abteilung, Gruppe, Verfassung“.[146] Das Langenscheidt'sche Fremdwörterbuch erklärt es als „eine aus Einzelteilen bestehende funktionale Einheit, die zur Ausführung einer bestimmten Aufgabe oder einer Reihe von Aufgaben dient“.[147] Die Erforschung von Systemen, woraus sich zu Beginn des 20. Jahrhunderts eine eigene wissenschaftliche Disziplin entwickelte, wurde zunächst durch die Erkenntnis revolutioniert, dass ein umfassendes Verständnis vieler Systeme inklusive der Vorhersagbarkeit nicht möglich sei.[148] Es wurde schließlich anerkannt, dass das Verhalten eines Systems so komplex werden kann, dass es nicht mehr vorhersagbar ist. Ziel der so entstandenen Systemtheorie ist daher statt der genauen Vorhersage eines Systems die Beschreibung der in ihm ablaufenden Mechanismen zur Stabilisierung und Selbsterhaltung.[149] Die auf den Biologen Ludwig von Bertalanffy zurückgehende „allgemeine Systemtheorie“ beschränkte sich deswegen nicht mehr auf „geschlossene“ Systeme, das heißt Systeme, die keinen Umwelteinflüssen ausgesetzt sind, sondern bezog die Betrachtung sogenannter „offe-

---

[144] Vgl. Highsmith (2000) bzw. Cockburn (2005). Cockburn (2000), S. xix bezeichnete bereits früher SSE als ein komplexes, „kooperatives Spiel von Software und Kommunikation“.
[145] Highsmith (2002), S. 48.
[146] Vgl. Gemoll/Vretska (2006) zur Übersetzung des altgriechischen Wortes τὸ σύστημα.
[147] Langenscheidt (2013), o. S.
[148] Vgl. Capra (1997), S. 30.
[149] Vgl. Dooley (1997), S. 71.

ner“ Systeme ein.[150] Mit „offen“ ist gemeint, dass die Systeme nicht wie in der physikalischen Sicht der Thermodynamik ohne Fremdeinwirkung sind, sondern mit der Umwelt interagieren. Bertalanffy konnte auf diese Weise nicht nur das Verhalten einfacher technischer Systeme, sondern auch von Lebewesen in Ökosystemen oder sogar Gesellschaften erklären. Er legte somit den Grundstein der Ausweitung und Anwendung systemtheoretischer Kenntnisse weit über naturwissenschaftliche Szenarien hinaus. Im Folgenden werden systemtheoretische Grundlagen, die laut Cicmil et. al bereits einen Bezug zum Thema PM darstellen, erläutert.[151] Dabei handelt es sich um:

1. Emergenz
2. Sensitive Dependence on Initial Conditions
3. Interaktion
4. Selbstorganisation
5. Anpassung
6. Kybernetische Regelkreise

Ad 1) Emergenz

David Rouelle zeigte mit seiner als ‚seltsamen Attraktoren‘ bezeichneten Beobachtung auf, dass in scheinbar chaotischen Systemen Muster entstehen können.[152] Ihm zufolge sind derartige Systeme deswegen nicht chaotisch, sondern komplex. Komplex bedeutet im Gegensatz zu chaotisch, dass im System durchaus Regeln vorhanden sind, diese aber in ihrer zigfachen Interaktion nicht mehr berechnet werden können. In komplexen Systemen können deswegen vollkommen

---

[150] Inzwischen wird nach der von Luhmann geprägten „autopoietischen Wende“ auch die Auffassung vertreten, dass Systeme per se gar nicht offen mit der Umwelt interagieren, sondern sich immer nur von innen heraus reproduzieren und fortentwickeln. Wichtig im Rahmen dieser Arbeit ist jedoch nur die Interaktion per se, weswegen im Folgenden keine weitere Betrachtung des Begriffs Autopoiesis vorgenommen wird. Siehe hierzu Reese-Schäfer (1996).

[151] Die Auswahl der systemtheoretischen Grundlagen folgt der Aufstellung von Cicmil/Cooke-Davies/Crawford et al. (2009), S. 19-32.

[152] Vgl. Ruelle/Takens (1971).

unerwartet Muster entstehen, beispielhaft seien die von Prigogine in Flüssigkeiten entstehenden Hexaeder-förmigen Kanäle zum Ausgleich von Temperaturunterschieden[153] genannt.

Christopher Langton greift die seltsamen Attraktoren im Kontext der Untersuchung künstlicher Intelligenz auf und beweist, dass seltsame Attraktoren in einem Zustand, den er als „edge-of-chaos" bezeichnet, entstehen. „Das edge-of-chaos" ergibt sich nicht zufällig, sondern findet statt, wenn sich ein System intelligenter Akteure gerade am Übergang zwischen Ordnung und Chaos befindet.[154] Genau in diesem Zwischenzustand sind Systeme in der Lage, sich an wandelnde Umweltbedingungen anzugleichen,[155] sie zeigen unerwartetes, „emergentes" Verhalten.[156] Im organisatorischen Kontext können seltsame Attraktoren und Emergenz unter Berücksichtigung folgender Aspekte entstehen.

1. Ordnung stiftende Kräfte bestehen in der Aufstellung und Forcierung weniger, einfacher Regeln.
2. Chaos induzierende Kräfte bestehen in Freiheit, Initiative und Experimentieren.
3. Neues, Innovatives, Kreatives entsteht genau in einem Umfeld, das sich zwischen Ordnung und Chaos, zwischen „Anarchie" und „Konformität", „Angst" und „Angstfreiheit" sowie „Legitimation" und „Symbolfreiheit" bewegt.[157] Genau dies ist der „edge-of-chaos".[158]

Ad 2) Sensitive Dependence on Initial Conditions

Edward Lorenz entdeckte in den 1960er Jahren die sogenannte „Sensitive Dependence on Initial Conditions". Dieser Effekt wurde plakativ als „Schmetter-

[153] Vgl. Nicolis/Prigogine (1977).
[154] Vgl. Waldrop (1993), S. 296.
[155] Vgl. Remington/Pollack (2008), S. 11: „[…] high level of creativity and diffuse sensitivity for the environment, whilst maintaining sufficient coherence and internal consistency to survive".
[156] Goldstein (1999), S. 49 definiert Emergenz als „[…] the arising of novel and coherent structures, patterns, and properties during the process of self-organization in complex systems."
[157] Vgl. Stacey (1996), S. 171.
[158] Vgl. Kauffman (2000), S. 166 sowie Miller (2007), S. 130: „Thus it is only on the edge between these two behaviors where a system can undertake productive activity."

lingseffekt“ bezeichnet[159] und zeigt, dass geringfügige Veränderungen in Anfangsbedingungen enorme Auswirkungen auf die spätere Entwicklung von Systemen nach sich ziehen. In ihrer Untersuchung „Path Dependence, Lock-In, and History“ zur Erklärung der Persistenz von Fehlentscheidungen im organisatorischen Rahmen beschreiben Liebowitz und Margolis, dass die SDoIC auch in Organisationen Anwendung finden.[160] Geringfügigste Veränderungen beobachteter Werte der Vergangenheit und deren Interpolation auf die Zukunft können immense Auswirkungen auf das zukünftige Handeln verursachen.[161] Stacey schlägt deswegen vor, eine Organisation mithilfe qualitativer Ziele zu entwickeln.[162] Er legt die Beobachtung zugrunde, dass sich Zufriedenheit und Motivation zwar aus intrinsischen Motiven ableiten, andererseits aber auch gezielt von außen beeinflusst werden können. Indem das Management sogenannte Strategielücken aufzeigt, fühlen sich Menschen im aktuellen „schlechten“ Zustand unwohl und streben den gewünschten „guten“ Zustand an.[163] Um den Zielzustand aufzuzeigen, muss eine sogenannte „Shared Vision“ entwickelt werden. Diese gemeinsame Vision beschreibt ein von allen Beteiligten anerkanntes Ziel als Orientierungspunkt und lässt eine Anpassung der Vorgehensweise und Zwischenziele zu.

Ad 3) Interaktion mit der Umwelt

Verhalten der Umwelt, beispielsweise die Reaktion von Kunden auf ein Produkt, werden von Systemen in Abweichung zum erwarteten Ergebnis interpretiert und verarbeitet. Interessant ist in diesem Kontext die von Stacey beobachtete Tendenz, dass Systeme im Verlauf der Zeit Verbindungen zur Außenwelt reduzieren, diese Kanäle allerdings stärker ausbauen. So wird die Komplexität vieler kommunizierender Akteure mit der Umwelt begrenzt.[164]

[159] Vgl. Lorenz (2000), S. 91.
[160] Vgl. Liebowitz/Margolis (1995), S. 210 und Dooley (1997), S. 90.
[161] Vgl. Pich/Loch/Meyer (2002).
[162] Vgl. Stacey (2003), S. 224.
[163] Dooley (1997), S. 90: „An organizational member's satisfaction is partially determined by gaps, teleological, and dialectic in nature.“
[164] Vgl. Stacey (2003), S. 389.

Ad 4) Selbstorganisation

Selbstorganisation bedeutet, dass ein System ohne externe Steuerung koordinierte Aktionen durchführt. So organisiert sich ein Vogelschwarn in V-Formation, um beim Fliegen möglichst wenig Energie zu verbrauchen. Selbstorganisation findet auch in Organisationen fern von Arbeitsanweisungen oder Rollenbeschreibungen statt und vollzieht sich parallel zur formellen Aufbauorganisation.[165] So erklären sich Schattenhierarchien, die unabhängig von der formalen Hierarchie gerade dort emergieren, wo ansonsten keine Regelungen vorhanden sind.

Ad 5) Anpassung

In der Interaktion mit der Umwelt bauen Elemente eines Systems eine Strategie in Form einfacher „Wenn-Dann"-Regeln auf. Durch das Bilden von Hypothesen und die Überprüfung, inwiefern sich eine Aktion tatsächlich auf die anderen Agenten oder die Umwelt auswirkt, entsteht ein Regelsystem. Das erlernte Regelsystem wird durch Erfahrung ständig angepasst und somit präziser.[166] Im Zusammenspiel von Agentengruppen, sogenannten Meta-Agenten, ergeben sich Meta-Regeln, die das Verhalten von Gruppen untereinander regeln. Meta-Agenten erzeugen folglich einen Satz von Meta-Verhaltensregeln, die als Schemata bezeichnet werden.[167] Regeln und Schemata wirken demnach wie eine automatische Kontrollinstanz auf das System, Abweichungen werden wie in der kybernetischen Homöostase durch Gegensteuerung überwacht.

Ad 6) Kybernetik

Die von Norbert Wiener entwickelte Kybernetik geht auf Untersuchungen im militärischen Bereich der Flugabwehrsteuerung zurück.[168] Benannt nach dem griechischen Wort κυβερνήτης (*kybernétes* – der Steuermann) untersucht sie, wie Systeme sich regulieren. Ein spezielles Augenmerk wird dabei auf Regelkreise gelegt. In diesen untersucht ein Element die Konsequenzen seiner Handlungen, um sich

[165] Vgl. Griffin/Shaw/Stacey (1998), S. 331.
[166] Vgl. Gell-Mann (1994), S. 318 und Cicmil/Cooke-Davies/Crawford et al. (2009), S. 27.
[167] Vgl. Dooley (1997), S. 85.
[168] Vgl. Capra (1997), S. 52; Wiener (1969).

einer bestimmten Zielgröße anzunähern. Wiener erkannte bereits, dass Regelkreise auch in menschlichen Handlungen auftreten. So dient der sogenannte homöostatische Regelkreis dem Halten der Körpertemperatur.[169] Auch im bewussten Handeln von Menschen ist der Hang zur Wiederholung, zur Schaffung eines Rhythmus biologisch-evolutionär verankert. Entwicklungswissenschaftler erklären diesen Hang zu einem „Rhythmus" nicht mit dem Hang zu Wiederholung per se, sondern mit der Erwartung und Vorwegnahme zukünftiger Zustände.[170] Eine Illustration auf organisatorischer Ebene ist die Vereinbarung von Zielen: Um beispielsweise ein ambitioniertes Umsatzziel zu erreichen, testet die Organisation verschiedenartige Vertriebs- Marketings und Fakturierungsmethoden aus, überprüft, ob der Umsatz auf die Maßnahmen reagiert und passt darauf die Methoden an.[171]

Zusammenfassung

Die Kerneigenschaften der Komplexitätstheorie bestehen zusammenfassend in folgenden Elementen:

1. Emergenz: Komplexe Systeme bilden im Zustand zwischen Ordnung und Chaos neue, unerwartete Muster.
2. Sensitive Dependence on Initial Conditions: Komplexe Systeme sind stark von ihren Anfangsbedingungen abhängig und können in ihrer Entwicklung nicht vorhergesehen werden.
3. Interaktion: Die Teile des Systems interagieren mit der Umwelt.
4. Selbstorganisation: Elemente eines Systems organisieren sich ohne Fremdeinwirkung untereinander.
5. Anpassung: Komplexe Systeme passen sich der Umwelt an.

[169] Vgl. Capra (1997), S. 62.
[170] Vgl. You (1994), S. 363.
[171] Vgl. Wiener (1969), S. 7. Weitaus komplexere Regelkreise stellen nicht-lineare Systeme dar, vgl. dazu beispielsweise Holland (1996), S. 17.

6. Kybernetische Regelkreise: Steuerimpulse werden auf die Umwelt ausgeübt (Actio). Die Steuerimpulse werden anschließend je nach Reactio der Umwelt angeglichen.

3.5.3 Bildung und Weitergabe von Wissen

In diesem Kapitel wird das Konzept der Bildung und Weitergabe von Wissen untersucht. Die Untersuchung wird vorgenommen, da das Konzept von mehreren Autoren agiler Primärtexte als softwarefremdes Konzept genannt wurde. Derartige Konzepte, so die These dieser Arbeit, beeinflussten die agile SSE so deutlich, dass sie in ihr wiedererkannt werden können.

In prominenter Weise trifft das auf eine Untersuchung zur Produktentwicklung von Ikujirô Nonaka und Hirotaka Takeuchi zu.[172] Die zur Verdeutlichung der japanischen Produktentwicklung verwendete Metapher Scrum übernahmen Schwaber und Sutherland als Namensgeber für die heute verbreitetste agile EM.[173] Die Beeinflussung der ASE durch Takeuchi und Nonaka liegt folglich auf der Hand. Worin genau diese liegt und ob außer Scrum auch andere agile EM beeinflusst wurden, wird in diesem Kapitel erörtert.[174] Insbesondere wird dabei auch die von Beck referenzierte spätere Veröffentlichung von Takeuchi und Nonaka zur „Organisation des Wissens" berücksichtigt.[175]

Im Gegensatz zu der im vorhergehenden Kapitel eindeutigen Referenzierung eines Einflussfaktors berufen sich die Autoren verschiedener agiler EM auf unterschiedliche Konzepte der Bildung und Weitergabe von Wissen. Während Beck

---

[172] Vgl. Beck (1999), S. 174; Schwaber (1995), S. 22 zu *The knowledge-creating company* und Schwaber (1995), S. 23 zu „The New New Product Development Game" (sic!).

[173] Sutherland (2011), o. S.: „Scrum for software was directly modeled after 'The New New Product Development Game' by Hirotaka Takeuchi and Ikujirô Nonaka published in the Harvard Business Review in 1986".

[174] Die Übertragung des „New Product Development Game" wurde von Gloger bereits ausführlich behandelt, allerdings nicht in systematischer Art und Weise. Vgl. Gloger (2008) beispielsweise S. 10, 27 f., 41 f. Die Vermutung, dass auch andere agile EM durch Takeuchi und Nonaka beeinflusst wurden, liegt nahe, da auch Beck eine spätere Veröffentlichung von Takeuchi und Nonaka zur „Organisation des Wissens" (Nonaka (1997) bzw. in der englischen Originalveröffentlichung Nonaka/Takeuchi (1995)) referenziert.

[175] Beck (1999), S. 174 zitiert Nonaka (1997) bzw. in der englischen Originalveröffentlichung Nonaka/Takeuchi (1995).

und Schwaber Takeuchi/Nonaka nennen, referenzieren Highsmith, Cockburn und wiederum Schwaber Peter Senges *The Fifth Discipline.*[176] Dies ist interessant, da Senges Ansatz große Ähnlichkeit mit den Überlegungen von Nonaka/Takeuchi aufweist.[177] Die Untersuchung beider Einflussfaktoren in getrennten Kapiteln würde in der Folge zu einer starken Redundanz führen. Aus diesen beiden Gründen werden in diesem Kapitel

1. *The Fifth Discipline* von Peter M. Senge,
2. „The New Product Development Game“ von Takeuchi/Nonaka sowie
3. The knowledge-creating company der selben Autoren

auf ihre Kerneigenschaften untersucht. Bei dieser Untersuchung wird eine Konsolidierung der Ansätze zur Zusammenführung konzeptioneller Ähnlichkeiten durchgeführt.

1. Peter Senge – The Fifth Discipline

Peter Senge beschreibt in *The Fifth Discipline* ein Konzept zur Etablierung der lernenden Organisation.[178] Senge untersucht, welche Faktoren das nachhaltige Lernen in Organisationen begünstigen.[179] Wie der Titel nahelegt, bespricht der Autor fünf praktische Empfehlungen zur Etablierung einer lernenden Organisation.

[176] Cockburn (2000), S. 221 und Highsmith (2000), S. 15, 147, 344 referenzieren Senge (1994). Nicht in der Primärveröffentlichung, jedoch vor der Veröffentlichung des agilen Manifests auch Schwaber/Beedle (2002), S. 12, 121.

[177] Nonaka/Takeuchi (1995), S. 45 nehmen Bezug auf Senges Fifth Discipline: „[...] affinity with our thinking [...]“.

[178] Faulstich (1998), S. 164 gibt an, dass der Begriff von Herbert Simon bereits 1971 verwendet, jedoch erst durch Senges *The Fifth Discipline* zum Modewort wurde.

[179] Vgl. Kluge/Schilling (2000), S. 179.

Diese sind:

a) Personal Mastery
b) Mental Models
c) Shared Vision
d) Team learning
e) System Thinking

Ad a) Personal Mastery

Die erste Disziplin liegt in der Beschreibung der geistigen Einstellung eines meisterhaft lernenden Individuums. Die Aufgabe besteht in der immerwährenden Weiterentwicklung zur Erreichung eines objektiven Bilds der Realität. Das Leben versteht sich als fortdauernder Lernprozess. Dem wahren Meister gelingt es, durch Reflexion innere Wünsche zu verstehen und die eigene Entwicklung so zu lenken, dass die ausgeübte Tätigkeit mit ihnen harmoniert.

Ad b) Mental Models

Grundlage der Mental Models ist das im Jahr 1978 von den Autoren Argyris und Schön vorgestellte Konzept des Double-loop-learning. Das interessanterweise auch von Highsmith in der agilen EM ASD referenzierte Konzept[180] fußt auf der Vorstellung einer gemeinsamen, kognitiven Basis aller Organisationsteilnehmer.[181] Diese kann entstehen, indem alle Organisationsteilnehmer eine gemeinsame Auffassung in Bezug auf die Umwelt, die Organisation und die auszuübenden Handlungen teilen. Vereinfacht formuliert stellt dieser Konsens eine Sicht auf die Welt, eine Philosophie dar. Alle Akteure der Organisation können in der Folge ihre persönlichen Anschauungen an der allgemein anerkannten Grundsicht der Dinge verankern. Es entsteht eine einvernehmliche subjektive Realität, in der In-

[180] Vgl. Highsmith (2000), S. 145.
[181] Vgl. Argyris/Schön (1978), S. 17.

formationen leichter ausgetauscht werden können.[182] Ausdruck der gemeinsamen kognitiven Basis sind „kulturelle Artefakte“,[183] wie Akronyme, Stellenbezeichnungen, Vorschriften oder Verantwortungsbereiche. Organisationales Lernen besteht alsdann in der Veränderung dieser gemeinsamen kognitiven Basis. Das doppelschleifige Lernen (double-loop-learning) besteht aufbauend auf dem homöostatischen Regelkreis nicht nur in der Anpassung von Handlungen aufgrund erhaltenen Feedbacks, sondern auch in der Hinterfragung der Grundannahmen, auf denen die Handlungen basierten. In der geistigen Tradition Argyris und Schöns beschreibt Senge die „Mental Models“ als „tief verwurzelte Annahmen, Verallgemeinerungen, oder sogar Bilder und Abbildungen, die beeinflussen, wie wir die Welt verstehen und handeln.“[184] Die Aufgabe der zweiten Disziplin besteht deswegen in der Sichtbarmachung und dem Verstehen der mentalen Modelle.

Ad c) Shared Vision

Die Fähigkeit zur Lenkung einer gesamten Organisation schreibt Senge der Übertragung einer persönlichen Vision auf die Organisation zu. Nur ein „Personal Master“ ist in der Lage, das persönliche Bild der Zukunft so auf die Organisation zu übertragen, dass es als Leitlinie aller Teilnehmer fungieren kann. Durch die Vorgabe dieser gemeinsamen Vision anstatt von Detailvorgaben kann Eigenverantwortung und kreatives Einbringen gefördert werden. Nicht zufällig stellt die Shared Vision eine exakte Kongruenz zu der in Kapitel 3.5.2 im Kontext der Kerneigenschaft 3 festgestellten Strategielücke zur Erzeugung extrinsischer Motivation dar.

---

[182] Argyris/Schön (1978), S. 58 bezeichnen diese als „organisationel maps“, organisationale Landkarten. Den Begriff Landkarte wählt Senge, um deutlich zu machen, dass eine Landkarte aus der Neutralität des unbeteiligten Beobachters sowohl erklärt, wie die Welt ist (Bekenntnistheorie), als auch darlegt, welcher Weg gewählt werden muss, um zu einem Ziel zu gelangen (Handlungstheorie). Angemerkt sei an dieser Stelle, dass Nonaka/Takeuchi (1995), S. 45 das double-loop-learning kritisieren: Es zeige sich der kartesianische Gedanke des reinen Wissens: Beim Double-loop-learning muss eine übergelagerte, weise Instanz festlegen, wann genau der zweite Loop zu beginnen hat. Das funktioniert laut Nonaka in Ermangelung dieser Instanz nicht.

[183] Kluge/Schilling (2000), S. 185.

[184] Senge (1994), S. 8: „Mental models are deeply ingrained assumptions, generalizations, or even pictures and images that influence how we understand the world and how we take action.“

Ad d) Team Learning

Das wichtigste Mittel des gemeinsamen Lernens ist der unvoreingenommene und friedliche Dialog. Unter Verzicht der Verteidigung eigener Standpunkte und der Durchsetzung persönlicher Sichten auf die Welt kann eine Wahrnehmung der mentalen Modelle anderer Menschen erreicht werden.[185] Durch diese Aufnahme erhöht sich die Wissensbasis aller Teilnehmer – es findet kollektives Lernen statt.

Ad e) System Thinking

Das Denken in Systemen, die fünfte Disziplin und damit auch Namensgeber von *The Fifth Discipline*, stellt Senge als die wichtigste, alle anderen zusammenfassende Disziplin dar. Es gelte zu verstehen, dass Organisationen Systeme sind und der Einzelne stets nur einen Ausschnitt, nie aber die systematische Gesamtheit wahrnehmen könne. Das insbesondere in Organisationen auftretende Phänomen ist der in Kapitel 3.5.2 beschriebene homöostatische Regelkreis: Kurzfristige, symptomatische Interventionen werden von der Organisation aufgenommen und zur Selbsterhaltung des Status quo ausbalanciert, sprich eliminiert. Veränderungen können deswegen nur in Kenntnis zweier systemtheoretischer Umstände erfolgen:

a. Statt die direkte Actio und Reactio zu suchen, müssen die Kommunikationskanäle des Systems identifiziert werden.
b. Statt isolierte Ereignisse zu betrachten, müssen temporale Veränderungsmuster erkannt und genutzt werden.

2. Ikujirô Nonaka und Hirotaka Takeuchi – „The New New Product Development Game“

Der 1986 veröffentlichte Artikel „.The New New Product Development Game“[186] beschreibt die Vorgehensweise japanischer Elektronikunternehmen bei Forschung und Entwicklung. An dieser Stelle sei angemerkt, dass die Produktentwicklung japanischer Unternehmen in Kapitel 3.5.5 zur Beschreibung des Lean Develop-

[185] Vgl. Senge (1994), S. 10.
[186] Takeuchi/Nonaka (1986).

ment in aller Ausführlichkeit dargestellt ist. Warum sollte das Konzept deswegen doppelt angegangen werden? Die Erklärung liefert Sutherland, einer der Urheber der agilen EM Scrum.[187] Ihm zufolge verwenden Takeuchi/Nonaka niemals den Begriff „Lean", sondern stellen ein eigenes Konzept „ba" als den Keim ihrer Überlegungen dar.[188] Als „ba" kann ein gemeinsamer Raum in einer lokalen oder geistigen Ausprägung verstanden werden. Der gemeinsame Raum dient dem Austausch zum Zweck der Generierung von Wissen und stellt Nonakas Ansicht zufolge keine andere Sichtweise auf die japanische Produktentwicklung, sondern vielmehr deren Fundierung dar. Das Konzept „Lean" wird in Sutherlands Worten somit zu einer Beobachtung der Effekte von „ba", nicht aber zur Beschreibung der Grundlagen. Deswegen ist zu erwarten, dass die Lean-Beeinflussung der ASE ausgehend von den anglophonen Autoren Womack und Jones eine andere Richtung nimmt als die von den japanischen Autoren Takeuchi und Nonaka aufgestellten Thesen. Das „The New New Product Development Game" zeichnet sich Takeuchi/Nonaka zufolge durch sechs charakteristischen Eigenschaften aus:[189]

a) Instabilität
b) Selbstorganisierende Projektteams
c) Überlappende Entwicklungsphasen
d) Multi-Lernen
e) Subtile Kontrolle
f) Transfer des Erlernten

Ad a) Instabilität

Durch die Vorgabe eines ambitionierten Zieles, welches nur grob umrissen ist, wird dem Team statt klarer Vorgaben nur eine ungefähre Richtung vorgegeben. Weiterhin sollen die Teammitglieder durch die Separierung von der restlichen Linienorganisation aus gewohnten Denkmustern gerissen werden.

[187] Vgl. Sutherland (2011), o. S.
[188] Nonaka/Konno (1998).
[189] Vgl. Takeuchi/Nonaka (1986), S. 139-145.

Ad b) Selbstorganisierende Projektteams

Projektteams weisen 3 Eigenschaften auf:

- Sie sind interdisziplinär zusammengesetzt.
- Sie genießen Autonomie.
- Sie sind transzendent. Durch die Verbindung von Autonomie und Interdisziplinarität spornt sich das Team zu Höchstleistungen und zur Realisierung vorher als unmöglich geglaubter oder widersprüchlicher Ziele an.

Ad c) Überlappende Entwicklungsphasen

Der von den Autoren als „Sashimi“ bezeichnete Ansatz entfernt das in der westlichen Welt angesehene Ideal sequentiellen Vorgehens, indem Entwicklungsphasen zeitweise parallel zueinander ausgeführt werden. So wird Zeit gespart und Verständnis und Wissen aufgebaut, indem streckenweise auch Aufgaben und Verantwortlichkeiten anderer Teams wahrgenommen werden.

Ad d) Multi-Lernen

Lernen wird in mehreren Dimensionen praktiziert. So zielt das „multilevel learning“ darauf ab, Lernen auf individueller Ebene, im Team und der gesamten Organisation zu praktizieren. „Multifunctional learning“ findet statt, wenn Teammitglieder Wissen in fachfremden Umgebungen einbringen.

Ad e) Subtile Kontrolle

Subtile Kontrolle erfolgt durch die Gewährung von Freiheit im Gegenzug zur Akzeptanz geregelter Überprüfungen. Statt unter inhaltlichen Druck gesetzt und ständig kontrolliert zu werden, präsentiert das Team zu bestimmten Zeitpunkten die Ergebnisse gemeinsam und wird folglich auch als Team belohnt.

Ad f) Transfer des Erlernten

Nach der Beendigung des Entwicklungsprojekts sollen Lerneffekte an die Organisation zurückgespiegelt werden. So können erfolgreiche Methoden und Abläufe als zukünftiger organisatorischer Standard festgelegt oder Teammitglieder als Botschafter in andere Teams entsandt werden.

3. Ikujirô Nonaka und Hirotaka Takeuchi – *The knowledge-creating company*

Die beinahe zehn Jahre nach Veröffentlichung des Artikels „New New Product Development Game" herausgegebene *The knowledge-creating company* setzt die Untersuchung zur Weitergabe von Wissen fort. Takeuchi und Nonaka beschäftigen sich nun mit der Frage, wie Wissen in Organisationen überhaupt entsteht. Sie verweisen dabei auf *The Fifth Discipline*, kritisieren aber, dass Senge zwar den Aspekt des Lernens, nicht aber a priori die Entstehung von Wissen untersuche.[190] Nach Auffassung der Autoren ist dieser Aspekt notwendig, um auch das Phänomen des Lernens besser zu verstehen. Sie untersuchen deswegen die Entstehung von Wissen, indem sie zwei Konzepte von Wissen – explizites und implizites – unterscheiden.[191]

Explizites Wissen besteht in formalen und systematischen Festlegungen. Diese können in Form von Handbüchern, Arbeitsanweisungen, Spezifikationen, Diagrammen oder Schemata vorliegen.[192] Explizites Wissen ist konservierbar und kann über Gruppen- und Organisationsgrenzen hinweg transportiert werden.

Implizites oder auch stillschweigendes Wissen hingegen kann nicht in schriftlicher Form transportiert werden. Es besteht nur im Kontext der persönlichen, subjektiven Realität und ist somit ein Ausdruck des persönlichen Weltbildes, der persönlichen Erfahrung, dessen, was wir für selbstverständlich halten. Zusätzlich zu den rein geistigen Umständen besteht es auch in Fingerfertigkeit, handwerklicher Geschicklichkeit und Geschwindigkeit. Implizites Wissen ist eine „persönliche Qualität".[193] Eine Übertragung des Wissens ist in den Worten von Peter Drucker deswegen nur durch „Apprenticeship and experience"[194] realisierbar.

---

[190] Vgl. Nonaka/Takeuchi (1995), S. 45.
[191] Vgl. Nonaka (1994), S. 16.
[192] Vgl. Nonaka (2007), S. 165.
[193] Vgl. Nonaka/Takeuchi (1995), S. 8; Nonaka (1994), S. 16.
[194] Nonaka/Takeuchi (1995), S. 43. „Apprenticeship and Experience" – Lehre und Erfahrung bezieht sich hier direkt auf die im deutschen Sprachraum praktizierte Ausbildung in Form von Lehre und praktischer Ausübung zur Erlangung des Meistertitels.

Der kritische Erfolgsfaktor für Firmen besteht genau darin, beide Arten von Wissen weiterzugeben und ineinander zu konvertieren.[195] Hierzu stellen die Autoren die in Abbildung 9 dargestellte SECI-Spirale zur Übertragung von Wissen vor. Die SECI-Spirale und damit die Weitergabe von Wissen besteht in einem stetig fortlaufenden, zyklischen Prozess.[196]

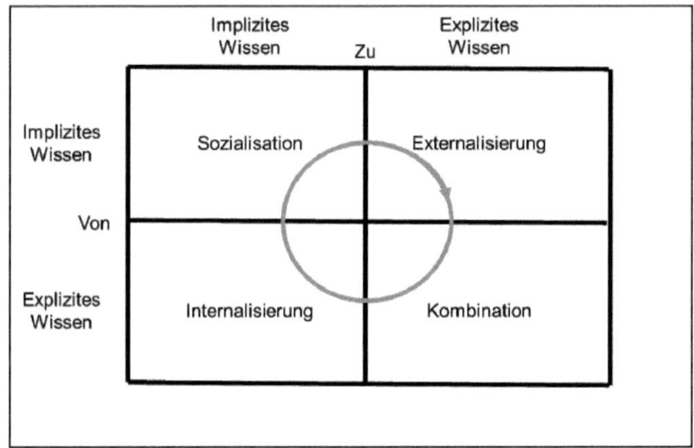

Abbildung 9: Das SECI-Modell.
Quelle: Modifiziert übernommen von Nonaka (1994), S. 19

I. Sozialisation ist die Übertragung impliziten Wissens von einer zu einer anderen Person. Diese erfolgt durch Erfahrungsaustausch, Coaching oder schlicht Zusehen. Sozialisation führt in der Organisation zu einer kognitiven Synchronisation, in Senges Worten zu einem „shared mental model"[197].

II. Externalisierung kann durch zwei Hilfstechniken unterstützt werden:[198]

    a. Metaphern: Durch die Zuhilfenahme einer Metapher erfolgt der Transport impliziter Information vor dem Hintergrund des persönlichen Er-

[195] Vgl. Dahm/Haindl (2009), S. 38.
[196] Vgl. Nonaka/Takeuchi (1995), S. 18.
[197] Die Autoren referenzieren Senge explizit und stellen Ähnlichkeiten ihrer Ansätze fest: Nonaka/ Takeuchi (1995), S. 45.
[198] Vgl. Nonaka (1994), S. 20 f.

fahrungsschatzes. Eine in der gemeinsamen, organisationalen kognitiven Basis verankerte Metapher dient in ihrer Abstraktheit als Brücke zwischen den subjektiven Realitäten zweier Individuen.

b. Analogien: Analogien sind Takeuchi zufolge expliziter als Metaphern und dienen bei der Kommunikation mit Metaphern der Prüfung der gemeinsamen Auffassung. So können unterschiedliche Verständnisse aufgedeckt werden, wenn verschiedene Teilnehmer zu einer Metapher gänzlich unterschiedliche Analogien aufstellen. Analogien sind somit eine Brücke zwischen Metapher und expliziter Information.

III. Mehrere Quellen externalisierten Wissens können durch Kombination zusammengeführt werden. Dies kann beispielsweise durch die Beschäftigung mit dokumentierten Produktionsvorgängen anderer Unternehmen erfolgen.

IV. Als Internalisierung wird der Prozess des Aufbaus impliziten Wissens bezeichnet. Er erfolgt im Üben, dem Learning by Doing und dem Vergleich der erreichten Ergebnisse mit einer Referenzvorgabe. Genau hierin, in der Internalisierung, und in nichts anderem besteht Nonaka zufolge „Lernen".

Die Aufgabe der Organisation besteht darin, die Schaffung von Wissen zu begünstigen.[199] Diese bestehen in deutlicher Anlehnung an das „New New Product Development Game" in folgenden Erweiterungen:

1. Instability wird zu „Fluktuation" und „Creative Chaos"

Das zuvor als „instabil" bezeichnete Umfeld, dem ein Team absichtlicherweise ausgesetzt wird, ist nun „kreatives Chaos". Ergänzt wird dieses durch eine gewollte Fluktuation, eine „Strategic Rotation", innerhalb der Organisation, um als Person Aufgabenstellungen aus verschiedensten Blickwinkeln betrachten zu können.

2. Selbstorganisierende Projektteams werden zu „Autonomy"

Takeuchi/Nonaka weisen nach, dass instabile Umgebungen nur dann nicht in Chaos ausarten, wenn das Team in der Lage ist, auftretende Widersprüche zu re-

[199] Vgl. Nonaka (1994), S. 34; Nonaka/Takeuchi (1995), S. 74 bezeichnen dies als „Enabling Conditions for Knowledge Creation".

flektieren und zu transzendieren. Dieser sich in Selbstorganisation entfaltende Prozess kann nur auf Basis gegenseitigen Vertrauens und der Autonomie des Teams entstehen.[200]

3. Überlappende Entwicklungsphasen werden zu „Redundanz“

Wissen muss an mehreren Orten, sprich Abteilungen und Personen, und zu mehreren Zeiten, das heißt Phasen, verfügbar sein.[201] Konsequenz ist deswegen eine aktive Verteilung von Wissen durch das sogenannte Cross-Leveling: Wissen wird durch Externalisierung aus einem bestimmten Kontext in anderen Situationen bereitgestellt, um dort situativ angewendet zu werden.

4. Multi-Lernen wird zu „Requisite Variety“

Das Prinzip der erforderlichen Variabilität, der „Requisite Variety“, wurde bereits in Kapitel 2.2 erklärt; es besagt, dass ein System mindestens ebenso komplex sein muss, wie das Problem, das es beherrschen soll. In Fortsetzung des „multilevel“ und des „multifunctional“ learning empfehlen Takeuchi und Nonaka die Etablierung einer flachen, ständig umzubauenden Organisation mit vielen Informationswegen.

5. Subtile Kontrolle wird zu „Intention“

Das Prinzip der subtilen Kontrolle erhält einen Strategiebezug, indem das zu erreichende Ziel, die Intention, dem Team gegenüber deutlich zum Ausdruck gebracht wird. Auf diese Weise können sich Team und Organisation an dem zu erreichenden Ziel ausrichten.

6. Transfer des Erlernten wird zu „SECI“

Den Transfer des Erlernten über das Projekt hinaus erklärt Nonaka in der SECI-Wissensspirale ausführlicher und weitreichender, insbesondere auch im Hinblick auf die Teilung von Wissen über Organisationsgrenzen hinweg.

---

[200] Vgl. Nonaka (1994), S. 18, 24.

[201] Nonaka (2007), S. 168: „The fundamental principle of organizational design at the Japanese companies I have studied is redundancy – the conscious overlapping of company information, business activities, and managerial responsibilities.“

Zusammenfassung der Kerneigenschaften

Im Hinblick auf die vergangenen Ausführungen kann die durch den Verfasser in der Einleitung dieses Kapitels vermutete Redundanz zwischen Senge und Takeuchi/Nonaka affirmiert werden. Aus diesem Grund werden in der folgenden Tabelle verwandte Elemente einander gegenübergestellt. Somit werden alleinstehende Konzepte, wie die „Personal Mastery" in Element 7 nicht eliminiert, gleichzeitig aber Gemeinsamkeiten zusammengeführt.

#	**Senge:** *The fifth discipline*	**Takeuchi/Nonaka** *The new new product development game*	**Takeuchi/Nonaka** *The knowledge-creating company*
1	–	Instabilität Selbstorganisation	Creative Chaos und Fluktuation Autonomie
2	Mental Models		Vertrauen
3	Team Learning	Multi Functional Learning	SECI: Sozialisation SECI: Kombination
4		Transfer of Learning Multi Level Learning	Redundanz SECI: Externalisierung SECI: Internalisierung
5	Shared Vision	Subtle Control	Intention
6	System Thinking	–	Requisite Variety
7	Personal Mastery	–	–

Tabelle 4: Zusammenfassung der Kerneigenschaften der Bildung und Weitergabe von Wissen.

1. Das erste gemeinsame Konzept besteht darin, ein Team einem ambitionierten Ziel auszusetzen, durch die absichtliche Schaffung eines instabilen Umfelds das Team zur Überschreitung unbewusst gesetzter Schranken herauszufordern und schließlich ohne Eingriff des Managements Selbstorganisation zu schaf-

fen. Dieses Konzept wird hier nicht weiter verfolgt, da es bereits in der fünften Kerneigenschaft der Komplexitätstheorie behandelt wurde

2. Senges Schaffung einer gemeinsamen kognitiven Basis in Anlehnung an Argyris/Schön spiegelt sich in Takeuchis/Nonakas Betonung von Vertrauen wider. Auch Senge erkennt Vertrauen als Voraussetzung zur Etablierung eines Dialogs zur Offenlegung der eigenen Weltsicht an. **Die erste zusammengefasste Kerneigenschaft besteht deswegen im Einnehmen einer gemeinsamen Geisteshaltung.**

3. Einen direkten Konsens weisen Takeuchi/Nonaka und Senge in Bezug auf das Lernen auf. Lernen als das Weitergeben von Wissen auf persönlicher Ebene beschreibt Senge als „team learning“, Takeuchi und Nonaka greifen den teaminternen Lernaspekt im Multi-Functional Learning sowie in der Sozialisation und der Kombination auf. **Die zweite Kerneigenschaft besteht deswegen im Lernen im Team.**

4. Eine über das Lernen im Team hinausgehende Aktivität ist die von Takeuchi/Nonaka geforderte Weitergabe von Wissen in die Organisation und über sie hinaus. Ferner wird die Wissensspirale durch Externalisierung und Internalisierung erweitert. **Die dritte Kerneigenschaft besteht deswegen im Lernen über Teamgrenzen hinweg.**

5. Die Vorgabe eines Ziels als Senge'sche Shared Vision wird auch in der *The knowledge-creating company* in Form der „intention“ und im Product Development Game als „subtle control“ aufgenommen. **Die vierte Kerneigenschaft besteht deswegen in der Vorgabe eines gemeinsamen Ziels.**

6. Senges Denken in Systemen wird von Takeuchi und Nonaka nur in *The knowledge-creating company* aufgegriffen. Die sehr indirekte Form bei der Beschreibung der „Requisite Variety“ spricht zwar für die Kenntnis der Komplexitätstheorie, jedoch wird hier nicht das Denken in Systemen vorgeschrieben, sondern ein Phänomen des Systemdenkens als Vorschrift für den Aufbau einer Organisation verwendet. Die Zusammenführung dieser Faktoren führt folglich zu keiner eindeutigen Übereinstimmung. Da das Komple-

xitätsdenken allerdings in Kapitel 3.5.2 ausführlich beschrieben wird, ist eine Aufnahme dieser Kerneigenschaft nicht notwendig.

7. Die Senge'sche Personal Mastery wird von Takeuchi und Nonaka nicht aufgegriffen. Zwar beschreiben die Autoren die Weitergabe impliziten Wissens, erklären aber gleichzeitig, dass das japanische Lebensideal nicht im Erreichen persönlicher Höchstleistung besteht. Vielmehr bestehe es darin, eine stabile Gemeinschaft zu bilden. **Die fünfte und letzte Kerneigenschaft besteht deswegen im Senge'schen Erreichen von „Personal Mastery"**[202].

3.5.4 Qualitätslehre nach Deming

Entscheidend für die Aufnahme der Qualitätslehre nach William Edwards Deming als Einflussfaktor, der die agile SSE mit beeinflusst hat, ist die Nennung durch Beck und Schwaber.[203] Bei näherer Betrachtung der referenzierten Textstellen wird deutlich, dass die von Deming vertretene Sicht auf Qualität und Management die agilen Primärtexte auf unterschiedliche Weise beeinflusst hat. So nennt Beck den menschlichen Aspekt der Deming'schen Managementlehre, während Schwaber den „PDCA-Zyklus" hervorhebt.[204] Letzteren bezeichnen Glazer als „Eckpfeiler"[205] agiler SSE.

Die Deming'sche Qualitätslehre und die daraus entstandene Total-Quality-Management Bewegung (TQM) ist auf den Mathematiker Walter Shewhart zurückzuführen.[206] In dem 1939 erschienenen Artikel „Statistical method from the

[202] Der Begriff der „Personal Mastery" wird beibehalten, da auch die deutsche Übersetzung von Senge diesen Begriff verwendet.

[203] Vgl. Beck (1999), S. 172 und Schwaber (2004), S. xii.

[204] Anzumerken ist, dass Schwaber nicht in seiner 2002 erschienenen Erstveröffentlichung mit Beedle Deming als Einflussfaktor nennt, sondern erst 2004.

[205] Larman/Basili (2003), S. 47 nennt den PDCA-Zyklus als Ausgangspunkt iterativer und inkrementeller SSE, Glazer/Dalton/Anderson et al. (2008), o. S. als „Cornerstone". Die Übersetzung erfolgte durch den Verfasser.

[206] Vgl. Zollondz (2009), S. 57. Angemerkt sei hier zudem, dass die Bezeichnung „Total Quality Management" zwar auf Deming und Shewhart zurückgeht, von keinem der beiden aber je als solches bezeichnet wurde.

viewpoint of quality control“[207] prägte Shewhart mit dem Ziel der Qualitätsverbesserung elektronischer Bauteile die „statistische Prozesslenkung“. Im Kern besagt diese, dass die Qualität eines Endprodukts maßgeblich von der Qualität der Einzelteile abhängt.[208] Statt ausschließlich das Endprodukt zu testen und dabei nicht oder zu spät zu erkennen, welche Qualitätsprobleme vorlägen, müsse Qualität durchgängig im gesamten Produktionsprozess aufrechterhalten werden. Nur durch „Quality Control“, die Erringung von Kontrolle über die Qualität sämtlicher Einzelteile, könne die Qualität des Endprodukts maßgeblich gesteigert werden. Hierzu schlug Shewhart in den in der folgenden Abbildung dargestellten Prozess vor. Der später nach ihm benannte Zyklus besteht aus den drei sich wiederholenden Schritten Spezifikation, Produktion und Inspektion:[209]

1. Zunächst werden Qualitätsanforderungen aufgestellt (Specification).
2. Während der Produktion werden Qualitätsmessungen der produzierten Teile durchgeführt und mit den Anforderungen verglichen (Production).
3. Im dritten Schritt werden die Ergebnisse analysiert (Inspection).

[207] Shewhart (1939).
[208] Vgl. Shewhart ([1931] 1980), S. 249-274.
[209] Vgl. Shewhart (1939), S. 47. Das dem Shewhart-Zyklus zugrunde liegende Vorgehensmuster, eine Hypothese aufzustellen, einen Versuch durchzuführen und das Ergebnis anschließend gegenüber der Hypothese zu überprüfen, entspricht der sogenannten wissenschaftlichen Methode. Diese geht auf die Arbeit von Francis Bacon (*Novum Organum*) aus dem 16 Jhdt. zurück, die wiederum auf Überlegungen von Aristoteles basiert.

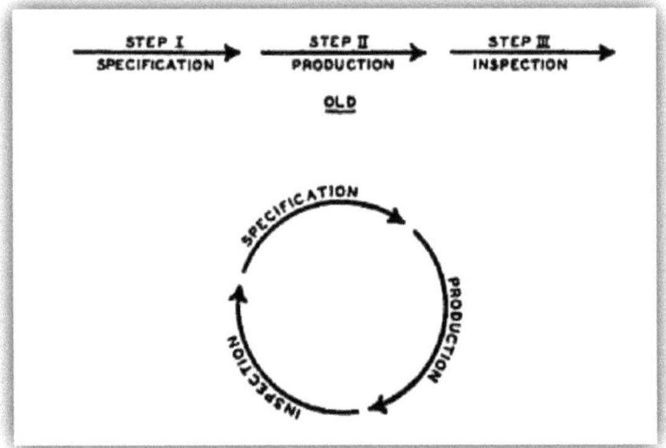

Abbildung 10: Der Shewhart-Zyklus.
Quelle: Shewhart (1939), S. 47

Qualitätsschwankungen der Einzelteile können Shewhart zufolge auf zwei Kernursachen zurückgeführt werden. Sogenannte zurechenbare Ursachen der Variabilität, „assignable causes of variability“, sind beeinflussbare Gründe innerhalb des Produktionsprozesses. Nicht zurechenbare Ursachen, „chance causes“, hingegen stellen zufällig auftretende, nicht beeinflussbare Ereignisse dar.[210] Es gelte, die zurechenbaren Ursachen zu eliminieren, um die Produktionsqualität trotz nicht beeinflussbarer Ereignisse innerhalb einer akzeptablen statistischen Schwankung zu halten.[211]

Shewharts Schüler William Edwards Deming wandte die statistische Prozesslenkung bei der Beratung japanischer Unternehmen zum Aufbau der industriellen Produktion nach dem Zweiten Weltkrieg an. Er wies nach, dass entgegen der herrschenden Meinung, nach welcher Stückkosten mit steigender Qualität steigen, das

[210] Shewhart (1939), S. 47: „By the elimination of assignable causes of variability we make the most efficient use of raw materials, maximize the assurance of the quality of the manufactures product, minimize the cost of inspection, and minimize loss from rejections.“

[211] Als graphisches Hilfsmittel zur Aufzeichnung und Nachverfolgung dieser Schwankungen führte Shewhart bereits 1924 die sogenannte Qualitätsregelkarte, „control chart“, als Hilfsmittel, das bis heute zur Visualisierung von Qualitätsschwankungen im Produktionsprozess eingesetzt wird, ein.

Gegenteil der Fall ist: Aufgrund geringerer Nachbesserungen und Rückrufaktionen fallen die Stückkosten mit steigender Qualität.[212] Deming wird in seinem Wirken in Japan ein nicht unerheblicher Anteil an der Erfolgsgeschichte japanischer Unternehmen, insbesondere an der Lean Production zugeschrieben, die Kapitel 3.5.5 ausführlich behandelt. Die westliche Welt nahm die Deming'schen Standpunkte erst im Zuge des Erfolgs der in Japan praktizierten Lean Production wahr. Die von Deming seit den 1980er Jahren veröffentlichten Werke wurden insbesondere in den USA rezipiert.[213] Deming stellt in seinen Studien 14 Prinzipien auf, wie Organisationen erfolgreich transformiert werden können, um in dem modernen Verdrängungs- und Qualitätswettbewerb zu bestehen.[214] Einige dieser Prinzipien sind sehr deutlich in der von Deming begleiteten Entwicklung des Lean Managements aufgegangen. Sie werden deshalb weiter unten erneut aufgegriffen.[215] Grundlage der 14 Prinzipien stellt laut Deming in *The new economics* das System des profunden Wissens, „the system of profound knowledge“ dar. Es basiert auf vier Kernsätzen, welche die Grundlage der gesamten Deming'schen Managementphilosophie darstellen:

1. Appreciation of a system: Wertschätzung des Systems
2. Knowledge of variation: Wissen über Variation
3. Theory of Knowledge: Theorie des Wissens
4. Knowledge of psychology: Wissen über Psychologie

---

[212] Vgl. Deming (1986), S. 2 sowie Kerzner (2009), S. 892.

[213] Hierzu sei angemerkt, dass in Deutschland bislang zwar eine Auseinandersetzung mit TQM beziehungsweise dem wesensverwandten EFQM stattgefunden hat, eine breite Diskussion der zugrunde liegenden 14 Prinzipien bislang jedoch noch aussteht.

[214] Vgl. Deming (1986), S. 23.

[215] Im Vorgriff auf Kapitel 4.4 sei die Verarbeitung der folgenden Deming'schen Prinzipien genannt:

- Prinzip 5: Stetige Verbesserung (vgl. Linse L-2.c).
- Prinzipien 6 und 13: Ausbildung der am Prozess beteiligten Personen (vgl. Linse L-1.a).
- Prinzip 9: Gemeinsame Entwicklung von Produkten durch mehrere Abteilungen (vgl. Linse L-3.d).

Da Deming in Form der vier Kernsätze die seiner Lehre zugrunde liegenden Gedanken im System profunden Wissens explizit zusammengefasst hat,[216] ist die Erarbeitung eines eigenen Satzes an Kerneigenschaften nicht mehr notwendig. Das System des profunden Wissens und damit die Kerneigenschaften der Deming'schen Qualitätslehre bestehen folglich aus:

D1) Wertschätzung des Systems

Deming beobachtete, dass Qualitätsmanagement in den USA in spezielle Abteilungen verlegt wurde. Auf diese Weise sei das Management nicht mehr selbst für die Qualität verantwortlich[217] und distanziere sich vom Verständnis der Produktionsprozesse. Um Veränderungen vornehmen zu können, muss allerdings das gesamte System der Gütererstellung inhaltlich und sachlich verstanden werden. Manager müssten sich deshalb mit den von ihnen verantworteten Themen auseinandersetzen und verstehen, welche Zusammenhänge innerhalb des Systems vorkommen.

D2) Wissen über Variation

Die von Shewhart geprägten Gründe der Variation wurden von Deming umbenannt. Aus ‚chance cause' wurde in seiner Terminologie der ‚common cause', aus dem ‚assignable cause' der ‚special cause'. Der Grund für die Umbenennung liegt Deming zufolge in der Zuordnung. Während ein „spezieller" Fall auf die Arbeitsebene delegiert werden kann, liegt ein „allgemeiner" Fall in der Verantwortung des Managements. Durch Letzteres müssten Qualitätsbeeinträchtigungen außerhalb des eigentlichen Wertschöpfungsprozesses systematisch analysiert und ausgeschlossen werden. Deming erklärt hierbei auch den Perspektivenwechsel auf Prozesse statt auf den Menschen: Probleme werden nicht mehr auf die am Prozess beteiligten Personen geschoben, sondern sachgerichtet im Ablauf gesucht. So demonstriert Deming beispielsweise, dass ein System, in dem Arbeiter durchgehend zehn Prozent Fehlerquote produzieren, ein stabiles Fehlerproduktionssystem ist,

[216] Vgl. Deming ([1993] 2000), S. xv: „My 14 Points for Management [...] follow naturally as application of the system of profound knowledge [...]".

[217] Vgl. Deming (1986), S. 488 f.

schließlich produziert es stabil zehn Prozent Ausschuss. Folglich kann nur der Prozess das Problem sein und nicht der Mensch.[218]

D3) Theorie des Wissens

Management basiert gemäß Deming auf Vorhersage. Um Vorhersagen treffen zu können, muss sich der Einzelne Wissen über Zusammenhänge aneignen und somit über das kontinuierliche Treffen von Annahmen, deren Überprüfung und der darauf folgenden Anpassung der Annahmen Wissen bilden. Diese Vorgehensweise spiegelt sich in dem von Deming erweiterten Shewart-Zyklus, dem sogenannten PDCA-Zyklus wider[219]: Den nunmehr vierschrittigen Prozess wendet Deming allerdings nicht nur auf die Produktion an, sondern in allgemeinerer Art und Weise[220]: Jedes System könne sich in einer spiralförmigen, wiederholenden Bewegung verbessern.[221] Hierzu wird zu Beginn des Zyklus eine Hypothese aufgestellt („Plan"), umgesetzt („Do"), anhand der Ergebnisse überprüft („Check") und schließlich die Hypothese selber hinterfragt und geändert („Act"). Jedem Zyklus wohnt die Eigenheit inne, stets nur ein Schritt auf dem Weg der gesamten Problemlösung zu sein. Dies bedeutet, dass das Ziel eines Zyklus eine homöostatische Annäherung an den gewünschten Zustand ist. Als Folge ergibt sich eine diesem Vorgehen innewohnende Möglichkeit zum Abbruch, da die Wiederholung aufeinanderfolgender Iterationen erst dann zu Ende ist, wenn die am Prozess beteiligten Elemente, Personen, mathematischen Variablen oder Kennzahlen entscheiden, dass das gewünschte Ziel hinreichend befriedigt ist. Das bedeutet, dass die Anzahl

[218] Vgl. Deming (1986), S. 7. Auch die zusätzliche Feststellung, dass nur 15 % der im Produktions-prozess entstehenden Fehler von den im Prozess befindlichen Arbeitern beeinflusst werden, verschiebt die Aufmerksamkeit weg vom Arbeiter hin zum Prozess und den umgebenden Faktoren. Vgl. hierzu Richardson (2010), S. 275.

[219] Vgl. das 5. (Improve constantly and forever....) und das letzte Deming'sche Management-Prinzip in Deming 1986), S. 49.

[220] Deming (1986), S. 14 zeigt sogar, dass die moderne Massenproduktion entgegen dem klassischen Vorgehen („Design, Make, Try to sell") Feedback vom Markt in das Produkt aufnehmen und das Produkt in der Folge anpassen muss. Es entspricht mit seinem modifizierten Zyklus „Design, Make, Sell, Test" damit eher dem ursprünglichen Verständnis einer direkten Kunden-Lieferanten-Beziehung mit direktem Feedback und kann gleichzeitig günstige Massenware herstellen. Vgl. hierzu Deming (1986), S. 180 f.

[221] Deming (1986), S. 88: „[...] to guide continual improvement [...]".

der zu durchlaufenden Zyklen von Anbeginn an nicht vorhergesagt werden kann, sondern stattdessen Erfolgs- und Abbruchkriterien festgelegt werden müssen.

D4) Wissen über Psychologie

Um einzelne Personen richtig verstehen und fördern zu können, muss Deming zufolge das Management ein Grundverständnis der menschlichen Psyche, besonders der Individualität der Person, ihrer intrinsischen Motivation und der Art und Weise des Lernens, entwickeln. Hierzu gehöre auch die Unterlassung der Ausübung von Furcht auf die Mitarbeiter. Vielmehr müsse die Ausbildung, die Vermittlung von Wissen sowie die Übertragung von Verantwortung gefördert werden. Insbesondere geht damit die Deming'sche Forderung nach Leadership anstatt nach Vorgaben einher: Die Wahrnehmung von Führungsverantwortung, die Unterstützung der im Produktionsprozess involvierten Menschen und deren Ausbildung sei die bessere Strategie zur Erreichung von Qualität als die Etablierung von Zielen und die Delegation von Verantwortung.[222]

Die Kerneigenschaften der Deming'schen Qualitätslehre bestehen in den soeben vorgestellten vier Kernsätzen D1-D4. Somit ist die Betrachtung Demings abgeschlossen, es kann zum nächsten Einflussfaktor, dem Thema „Lean“ übergegangen werden.

3.5.5 Lean

Der Eingang von Lean-Konzepten in die ASE ist sehr offensichtlich. So finden sich in den Urwerken agiler Literatur bereits Verweise auf das Thema „Lean“. Schwaber zitiert im Vorwort von *Agile Project Management with Scrum* einen Aufsatz zum Thema „Lean“, Hunt zitiert „Kaizen“, Highsmith eine Anwendung von Lean, Cockburn verweist auf das Konzept des „Flow“.[223] Beck zitiert Lean Management im Buch *Extreme Programming Explained* zwar erst in der zweiten

[222] Vgl. das 2., 7., 11. und 13. Deming'sche Management-Prinzip.

[223] Vgl. Schwaber (2004), S. xiii; Hunt/Thomas (1999), S. 89; Highsmith (2000), S. 347; Cockburn (2001), S. 60.

Auflage explizit, verweist aber bereits in der ersten eindeutig auf entsprechende Konzepte.[224] Noch deutlichere Parallelen zeigen sich in ersten Überlegungen zu den Grundbestandteilen von SSE, die Beck vor der Veröffentlichung von *Extreme Programming Explained* anstellte. Die dort bereits anklingenden Bezüge zu Lean[225] erkennen Padberg und Tichy auch im Extreme Programming (XP) in Form einer „extremen Verschlankung der SSE mit einer extremen Kundenorientierung und extremen Formen der Qualitätssicherung“[226].

Lean-Produktionstechniken entstanden in den 1940er Jahren in der japanischen Automobilindustrie, konkret beim Unternehmen Toyota aus ökonomischer Not heraus. Da nach dem Zweiten Weltkrieg nicht ausreichend Produktionsmittel zur Verfügung standen sowie nur wenige zahlungskräftige Kunden da waren, wurden Wege gesucht, mit der vorhandenen Ausstattung kostengünstig zu produzieren. Außerdem erkannte der in die USA entsandte Toyota-Produktionsleiter Taiichi Ohno bei der Untersuchung der dortigen Massenproduktion zahlreiche Schwächen, die gegen eine direkte Übernahme des westlichen Systems sprachen.[227] Die Hauptkritik Ohnos bestand in der offensichtlichen Verschwendung von Zeit und Material sowie in der Untätigkeit der am Produktionsprozess beteiligten Arbeiter.[228] Die angestrebte Lösung sollte deswegen einerseits die Fehler der Massenproduktion vermeiden und andererseits alle vor, in und nach dem Produktionsprozess beteiligten Organisationen und Personen, das heißt Zulieferer,

---

[224] Vgl. Beck (1999), S. 174 und Beck/Andres (2004), Kapitel 19.

[225] Vgl. Harvey (2004), o. S.; der Originalverweis auf Becks Überlegungen findet sich hier: Cunningham (2010), o. S. Die Parallelen sind im Einzelnen:

1. Codierung: Ohne ein Programm zu schreiben, gibt es nichts, das von einem Kunden verwertet werden kann. Dies stellt eine Parallele zum Wert-Paradigma in Lean dar.
2. Test: Tests werden verwendet, um zu wissen, wann das Programm in ausreichender Qualität vorliegt. Tests sind damit keine nachgelagerte Aktivität, sondern eine Tätigkeit, die angibt, wann die Produktion abgeschlossen ist: Dies stellt eine Parallele zum TQM in der Lean Production dar.
3. Zuhören: Ohne zu wissen, was der Kunde möchte, weiß man nicht, was codiert werden muss. Dies stellt eine Parallele zur starken Involvierung des Kunden im Lean Management dar.

[226] Vgl. Padberg/Tichy (2007) und Cohen/Costa/Lindvall (2004).

[227] Vgl. Womack/Jones/Roos (1991), S. 51.

[228] Vgl. Dahm/Haindl (2009), S. 50 f.

Arbeiter sowie Händler involvieren.[229] Diese starke Konsensorientierung beruhte nicht auf einer prinzipiell humanzentrierten Einstellung, sondern auf einer gewerkschaftlich erzwungenen lebenslangen Beschäftigung der Mitarbeiter sowie einer vergleichsweise schwächeren Position gegenüber Lieferanten und Händlern.[230] Dennoch stellte dieser Aspekt des „Unternehmens als Gemeinschaft" für die damals tayloristisch orientierte Automobilindustrie eine Revolution dar.[231] Schließlich bedeutete der lebenslange Beschäftigungspakt, dass die Fähigkeiten der einzelnen Arbeiter gefördert werden mussten, anstatt sie von Maschinen oder Computern ersetzen zu lassen.[232] Die Mitarbeiter wurden somit nicht als Kostenfaktor, sondern als Investition gesehen, die es weiterzuentwickeln galt.[233]

Eine systematische Untersuchung der bei japanischen Unternehmen und speziell im Hause Toyota entwickelten Produktentwicklungs-, Herstellungs- und Vertriebsmethoden wurde 1990 von den Autoren Womack & Jones durchgeführt.[234] Die Untersuchung stellt einen Beitrag enormer Tragweite für die Automobilindustrie in Europa und den USA dar.[235] Die Autoren zeigten, dass die unter dem Begriff „Lean Production" zusammengefassten Entwicklungs- und Produktionsprozesse der eigentliche Grund für höhere Qualität bei niedrigeren Kosten waren.[236] Sie prägten in diesem Zusammenhang den Begriff Lean, da ihrer Ansicht nach eine „schlanke" Produktion betrieben wurde. Diese Produktion besteht aus vier verschiedenen Komponenten[237]:

---

[229] Vgl. Dahm/Haindl (2009), S. 50 f.
[230] Vgl. Kieser (2007), S. 374–377.
[231] Vgl. Minssen (1993), S. 39.
[232] Vgl. Minssen (1993), S. 39.
[233] Vgl. Dahm/Haindl (2009), S. 50 f.
[234] Vgl. Womack/Jones/Roos (1991).
[235] Dies gilt selbst in Kenntnis der an den Autoren geübten Kritik, beispielsweise zur Verwendung fragwürdiger Qualitätsstatistiken bei der Darlegung extremer Qualitätsunterschiede, zu begrifflichen Unklarheiten oder zu plakativen Behauptungen bezüglich der Übertragbarkeit auf europäische Unternehmen. Weiter äußert sich Kieser (2007), S. 377 zu Qualiätsstatistiken und stellt fest, dass das Wort „Verbesserungsvorschlag" im Japanischen eine schwächere Bedeutung hat als im Deutschen. Minssen (1993), S. 39 übt Kritik an der Beschreibung der „Gruppe": Was der genaue Inhalt ihrer Arbeit sei, werde nicht beschrieben.
[236] Vgl. Sugimori (1977); Monden (1983).
[237] Vgl. Poppendieck/Poppendieck (2003), S. 12.

1. Produktion (Lean Manufacturing),
2. Produktentwicklung (Lean Product Development),
3. Zuliefererkette (Supply Chain),
4. Kunde (Customer Relations).

Ad 1) Produktion

Das Toyota Production System, TPS, hat das Ziel, „ein System zur absoluten Vermeidung von Verschwendung“[238] bei gleichzeitiger Erreichung höchster Qualität, bei niedrigen Kosten und schnellen Durchlaufzeiten zu sein und gilt nach wie vor als Referenzimplementierung des Lean Manufacturing.[239]

a) Wertevorstellungen

Die grundlegende Vorstellung des TPS besteht in der Schaffung von Wert für Kunden, Lieferanten, Mitarbeiter und die Gesellschaft.[240] Wert für die Gesellschaft besteht in der Schaffung von Arbeitsplätzen, Wert für die Lieferanten in Form vertrauensvoller und langfristiger Partnerschaften und Wert für die Kunden in qualitativ hochwertigen, schnell verfügbaren, wunschgerechten und günstigen Produkten. Der Wert für den Kunden ist genauer definiert als das, wofür der Kunde im Moment bereit ist, zu bezahlen.[241] Wert ist folglich zeit- und kontextabhängig. Zeitabhängig, da der Preis eines aktuell nachgefragten Produkts in der Zukunft unklar ist; kontextabhängig, da ein Produkt in einem Markt durchaus werthaltig ist, in einem anderen Markt unter Umständen jedoch keinesfalls werthaltig ist. Wertschaffend ist demnach eine Aktivität, die den Preis, den der Kunde bereit ist, für das Ergebnis zu bezahlen, erhöht.[242] Ziel der Produktion muss deswegen sein, die wertbringende Arbeit zu maximieren und nicht

[238] Ohno (2008), S. 3-5: „[....] a system for the absolute elimination of waste“. Die erste Beschreibung des TPS lieferten Sugimori (1977).
[239] Eine ausführliche Beschreibung des TPS findet sich bei Monden (1983) oder Ohno (2008).
[240] Vgl. Liker (2009), S. 34.
[241] Vgl. Mascitelli (2002), S. 7.
[242] Vgl. Mascitelli (2002), S. 8.

wertbringende Arbeiten so gering wie möglich zu halten.[243] Aufgrund der starken Individualisierung ergibt sich folglich eine hohe Komplexität.[244]

Eine weitere grundlegende Wertevorstellung des TPS liegt in der stetigen Verbesserung, dem Streben nach Perfektion.[245] Mitarbeiter aller Ebenen sind dazu angehalten, ständig zu reflektieren, wie das Produktionssystem verbessert werden kann.[246] So erhalten gerade die Personen, die den Wert erschaffen, das heißt die Bandarbeiter, regelmäßig Zeit, um in sogenannten Qualitätszirkeln gemeinsam Verbesserungsvorschläge zu erarbeiten.[247] Veränderungen erfolgen gegenüber der Initiierung großer Verbesserungsprojekte in kleinen und kleinsten Schritten. Dieser inzwischen als „kontinuierlicher Verbesserungsprozess" bezeichnete Vorgang trägt im TPS die Bezeichnung „Kaizen", wörtlich übersetzt mit „Veränderung zum Besseren" und soll dazu dienen, „das Perfekte anzustreben".[248]

b) Flow

Um die Durchlaufzeit, englisch „Flow-Time", zu reduzieren und so eine stetige Wertschöpfung zu erreichen, werden die aus der TOC bekannten Engpässe gesucht und aufgelöst. Aufgrund dieser deutlichen Parallelität zwischen Lean und TOC und der bereits erfolgten detaillierten Untersuchung des stetigen Materialflusses im Kontext von TOC wird der Flow hier nicht weiterverfolgt.

c) Pull

Pull bedeutet, dass eine Arbeitsstation die vorherige informiert, sobald neue Teile benötigt werden. Gegenüber einem Weiterschieben der Waren, sobald sie fertig bearbeitet sind, findet damit eine selbstkoordinierende Kommunikation statt.[249] Auch der Nachschub an Verbrauchsmaterialien und Werkstoffen wie Schrauben

---

[243] Pfeiffer/Weiß (1994), S. 69-73 stellen dazu fest, dass bei guten Unternehmen das Verhältnis von wertbringender im Vergleich zu nicht-wertbringender Arbeit bei 1:200, bei schlechten bei 1:10.000 liegt. Aus diesem Grund wird bei Toyota mithilfe der sogenannten Wertstromanalyse überprüft, welche Tätigkeiten nicht wertbringend sind.
[244] Vgl. Pfeiffer/Weiß (1994), S. 3; Poppendieck/Poppendieck (2003), S. 5.
[245] Vgl. Kieser (2007), S. 374-377 und Pfeiffer/Weiß (1994), S. 69-73.
[246] Vgl. Minssen (1993), S. 39.
[247] Vgl. Womack/Jones/Roos (1991), S. 59.
[248] Vgl. Pfeiffer/Weiß (1994), S. 69-73.
[249] Vgl. Toyota Motor Company (März/2004), o. S.

oder Schmierstoffen wurde durch sogenannte „Kanban“-Karten vereinfacht. Geht der Vorrat zur Neige, wird durch die Abgabe eines Kärtchens signalisiert, welche Teile benötigt werden. Dieses Vorgehen vermeidet eine Überbelieferung mit Teilen und reduziert gleichzeitig Lagerbestände, was sich wiederum in einer geringeren Kapitalbindung niederschlägt. Durch Pull wird demnach gleichzeitig die Überarbeitung der beteiligten Menschen verhindert.[250] Sie werden schließlich nicht mit Arbeit überlastet, sondern „ziehen“ (pull) neue Aufträge, sobald es möglich ist.[251]

d) Menschen

Gegenüber der Taylor'schen Auffassung, der Mensch sei Teil des Produktionsprozesses und könne durch mehr Geld zu mehr Leistung motiviert werden, findet in der Lean Production ein „Perspektivenwechsel vom Sachvermögen zum Humanvermögen“[252] statt. Die Vermittlung von Wissen erfolgt in einer Weise, die eine Übertragung des Wissens auf andere Themen sowie das Erkennen von Zusammenhängen ermöglicht.[253] Die Vermittlung von Wissen an Angestellte wird entsprechend einer Investition in Sachkapitel als eine Investition in Humankapital gesehen und ebenso sorgfältig behandelt.[254] Wissen stellt in dieser Sichtweise einen Wettbewerbsfaktor dar, der ausgeschöpft werden muss.[255] Gut ausgebildete Mitarbeiter setzen ihr Wissen und ihre Kreativität deutlich ergiebiger ein als Mitarbeiter, deren Perspektive in der baldigen Ablösung durch eine Maschine besteht. Deutlich zeigt sich dies in der „Delegation von Verantwortung nach unten“, in welcher „die maximale Anzahl an Aufgaben und an Verantwortlichkeiten an die Personen transferiert werden, die tatsächlichen Wert erzeugen“[256]. Statt Entscheidungen aus der Ferne ohne ein detailliertes Wissen der tatsächlichen Prozesse zu treffen, tragen die Personen die Verantwortung, die die Prozesse täglich vollziehen. Dies bedeutet, dass einzelne Personen nicht mehr nur disjunkte Arbeiten ausführen, sondern mehrere Prozessschritte horizontal integrieren und eine Arbeitsgruppe somit für ein Teilergebnis verantwortlich

[250] Vgl. Anderson (2008), o. S.
[251] Vgl. Liker (2009), S. 34.

ist. Dies bezieht die von Taylor als indirekt bezeichneten Vorgänge wie Reinigung und Wartung der Maschinen sowie planende Prozesse zur Verbesserung des Produktionsschrittes mit ein.[257]

Auch die Qualitätssicherung wird zur Aufgabe des Teams gemacht. Das Team übernimmt die Verantwortung, bereits bei der Produktion auf Anhieb erstklassige Qualität zu liefern und sich um eine stetige Verbesserung der Herstellungsprozesse zu bemühen.[258] Auf diese Weise wird ein großer Teil der Qualitätssicherung vom Team selbst übernommen, womit einerseits aufwendige Kontrollen eingespart werden können, andererseits wiederum die Personen Einfluss nehmen können, die den besten Überblick haben.[259] Dieser auf die Einflussnahme von Deming zurückführbare QM-Prozess manifestiert sich am „Stop the Line"-Prinzip[260]: Die lokale Verantwortung wird deutlich, da jeder Arbeiter angehalten ist, bei der Erkennung eines Fehlers die gesamte Produktion ad hoc zu stoppen, um den Weitertransport fehlerhafter Teile zu verhindern und den Fehler an der Wurzel zu beheben.[261]

e) Autonomation

Menschen werden im TPS durch autonome Automation, sogenannte ‚Autonomation'[262], japanisch ‚Jidoka', unterstützt. So reduzieren beispielsweise fehlersichere Kabelverbindungen, automatische Wiegevorgänge oder einfache Warnlampen bei Kurzschlüssen das Auftreten unnötiger Fehler. Arbeiter werden

[252] Pfeiffer/Weiß (1994), S. 73.
[253] Spear/Bowen (1999), S. 99 nennen diese Art der Wissensvermittlung den „sokratischen" Ansatz. Den Angestellten wird nicht vorgeschrieben, wie sie ihre Arbeit zu erledigen haben, sondern es werden Fragen gestellt, beispielsweise wie man die Arbeit noch besser machen kann oder wie man feststellt, ob etwas falsch ist.
[254] Vgl. Pfeiffer/Weiß (1994), S. 155.
[255] Vgl. Dahm/Haindl (2009), S. 39.
[256] Womack/Jones/Roos (1991), S. 99; Pfeiffer/Weiß (1994), S. 133.
[257] Vgl. Womack/Jones/Roos (1991), S. 56; Staehle (1999), S. 721; Pfeiffer/Weiß (1994), S. 129.
[258] Vgl. Kieser (2007), S. 374-377; Liker (2009), S. 36.
[259] Vgl. Kieser (2007), S. 374-377 und Moore/Richardson/Rymer et al., S. 1-15.
[260] Dahm/Haindl (2009), S. 50 f.
[261] Vgl. Ohno (2008), S. 6.
[262] Sic! Der Begriff Autonomation setzt sich aus den Begriffen ‚autonom' und ‚Automation' zusammen.

durch einfache, aber robuste Technik unterstützt und so von quälenden, wiederkehrenden Arbeiten entlastet.[263] Die Wertschätzung des Menschen zeigt sich auch an der Schnittstelle zu Maschinen: Einzelne Personen sollen nicht nur zur Bedienung einer Maschine degradiert werden oder warten müssen, bis eine Maschine ihre Arbeit beendet hat. Vielmehr sollen die Maschinen so weit automatisiert werden, dass eine Person mehrere Maschinen nur noch beaufsichtigt.[264] Schließlich werden wichtige Informationen auf großen Anzeigetafeln, sogenannten Andon-Wänden, für alle am Prozess beteiligten Mitarbeiter bereitgestellt, so zum Beispiel die Restdauer eines Produktionsschritts. Auf diese Weise wird wiederum respektiert, dass Menschen Wesen sind, die Informationen am einfachsten in einer visuellen Aufbereitung wahrnehmen können.

f) Verschwendung vermeiden

Insgesamt unterscheidet das TPS sieben verschiedene Formen von Verschwendung: Überproduktion, unnötige Zwischenprodukte, Nachbearbeitungen, unnötige Transporte, Bewegung von Personen von einem Ort zum nächsten, Wartezeiten und Defekte.[265] Konkrete Techniken, wie Verschwendung vermieden werden kann, sind die Techniken ‚Genchi Genbutsu' sowie die ‚5 Whys'[266]. Genchi Genbutsu bedeutet, dass grundlegende Probleme dort erkannt werden, wo sie entstehen. Dies impliziert, dass Manager Probleme nicht aus der Ferne analysieren und behandeln, sondern sich selbst ein Bild der Lage verschaffen, diese verstehen und anschließend handeln.

Als Zusammenfassung des nun beschriebenen TPS eignet sich das Leitbild der Fahrzeugproduktion bei Toyota: Als Bestrebung gilt es hier, ein Produkt defektfrei, jederzeit lieferbar, in der gewünschten Version, in der Chargengröße 1 in

[263] Vgl. Dahm/Haindl (2009), S. 51-55.
[264] Vgl. Womack/Jones (2003), S. 231. Es sei allerdings angemerkt, dass diese Tätigkeit immer noch reiz- und abwechslungslos ist.
[265] Vgl. Liker (2009), S. 66 f.; Poppendieck/Poppendieck (2007), S. 74.
[266] Vgl. Liker (2009), S. 53.

einer sicheren und angenehmen Arbeitsumgebung verschwendungsfrei zu fertigen.[267]

Ad 2) Produktentwicklung

Das zweite Element der Lean Production bei Toyota stellt die Produktentwicklung mit dem Toyota Product Development System dar. Ein Produktentwicklungsteam setzt sich aus einem interdisziplinären Team zusammen. Der Chefingenieur, Shusa[268], versammelt Experten aus allen bedeutsamen Bereichen wie Marktforschung, Entwicklung, Maschinenbau sowie Produktionsplanung um sich. Dieses Team wird von Beginn an dem Projekt zugeordnet und von Linienaufgaben befreit.[269] Des Weiteren wird die Anzahl involvierter Personen im Laufe des Projekts geringer. Diese Tatsache spiegelt wider, dass beispielsweise Personen aus der Marktforschung und Produktionsplanung gegen Ende nicht mehr benötigt werden, da sie bereits von Anfang an involviert waren. Statt folglich einzelne Funktionen und Abteilungen erst im Laufe des Projekts zu involvieren, werden sämtliche Funktionen von Anfang an voll integriert und im Verlauf des Projekts reduziert. Die Produktentwicklung findet deswegen parallel an mehreren Stellen statt und wird in kurzen Zyklen synchronisiert. Produkt und Produktionsverfahren werden in diesem als „Simultaneous Engineering" bezeichneten Verfahren demnach parallel entwickelt.[270] Ermöglicht wird dies durch anfängliche und in regelmäßigen Abstimmungen verfeinerte Rahmenparameter, innerhalb derer sich die Teilteams frei bewegen können. In obigem Beispiel könnte das Marketingteam die Vorgabe erteilen, eine Fahrzeugtür mit einer Höhe zwischen 80-120 cm zu fertigen. Das Fertigungsteam könnte daraufhin beginnen, verschiedene Stanzformen zu erarbeiten, die Teile der gewünschten Höhe verarbeiten können. Im Verlauf des Projekts werden die Spezifikationen detailliert und schließlich endgültig eingefroren. Durch diese Herangehensweise ist nicht nur die Veränderung

[267] Vgl. Spear/Bowen (1999), S. 105.
[268] Womack/Jones/Roos (1991), S. 112.
[269] Vgl. Kieser (2007).
[270] Vgl. Pfeiffer/Weiß (1994), S. 158.

der Spezifikation innerhalb der gewählten Parameter während des Projekts möglich, sondern auch die Verfolgung mehrerer alternativer Varianten.[271]

Somit können im Verlauf der Entwicklungszeit Informationen zu den Produktionskosten sowie der Zahlungsbereitschaft der Kunden gewonnen und das Produkt bezogen auf Lieferumfang, Preis und Produktionsdatum angepasst werden. Auch hiermit wird Aufwand eingespart, da Änderungen im Design möglich sind und somit das weitaus kosten- und zeitaufwendigere Re-Engineering, das heißt das Verändern vorhandener Konstruktionen, vermieden werden kann. Theoretischer Hintergrund dieses Vorgehens ist die ursprünglich aus der Finanzmathematik stammende und erst später auf die Produktentwicklung übernommene Optionstheorie.[272] Sie besagt erstens, dass Optionen werthaltig sind, da sie zu späteren Erträgen führen können, zweitens, dass Optionen an Wert verlieren, wenn sie nicht rechtzeitig ausgeübt werden, und drittens, dass Optionen erst dann ausgeübt werden sollten, wenn so viele Informationen wie möglich vorliegen. In der Übertragung auf die Produktentwicklung werden demnach verschiedene werthaltige Optionen, Fahrzeugentwürfe, gehalten und erst dann realisiert, das heißt endgültig ein Entwurf gewählt, wenn möglichst viele Informationen, beispielsweise zur Zahlungsbereitschaft des Kunden, bekannt sind.

Ad 3) Zuliefererkette

Pfeiffer beschreibt die praktizierte Integration von Lieferanten in das TPS als ein „integriertes, lernendes Supernetzwerk“[273]. Kennzeichen dieses Netzwerks sei es, nicht in Unternehmensgrenzen zu denken, sondern langfristige Beziehungen zu Lieferanten auszubauen und diese durch einen intensiven Austausch von Informationen in beide Richtungen in die Wertschöpfung mit einzubinden und den Aufbau von Wissen zu fördern.[274] Dabei wird auch der Informationsaustausch sowie eine gegenseitige Beteiligung unter den Lieferanten gefördert. Ziel ist die Umsetzung einer geringen Entwicklungs- und Fertigungstiefe beim Produzenten

[271] Vgl. Morgan (2008), S. 19.
[272] Vgl. Faulkner (1996).
[273] Pfeiffer/Weiß (1994), S. 83.
[274] Vgl. Pfeiffer/Weiß (1994), S. 129.

durch die Verlagerung von Produktionsschritten zum Lieferanten.[275] Dadurch wird Know-how und Verantwortung an wenige Lieferanten übertragen, welche dadurch zu Systemlieferanten werden. Ein Systemlieferant vereinigt mehrere Lieferanten in einem pyramidal organisierten Zulieferernetzwerk.[276] Der Produzent bezieht nur noch wenige vorgefertigte Produkte weniger Lieferanten, welche wiederum von wenigen vorgelagerten Lieferanten beliefert werden.[277] Somit wird nicht nur die Komplexität bei allen Beteiligten reduziert, sondern auch Geld gespart.[278] Dies stellt eine beachtenswerte Parallele zu den in Kapitel 3.5.2 beschriebenen komplexen Systemen dar, die auf höheren Entwicklungsstufen dazu neigen, ihre Kommunikationskanäle zu reduzieren und stattdessen einzelne Kanäle, oder Stellvertreter, intensiver nutzen.

Ad 4) Kunde

Die letzte Säule der schlanken Produktion bei Toyota ist die Beziehung zum Kunden. Das Netzwerk bezieht nicht nur den Produzenten und dessen Lieferanten, sondern auch den Kunden mit ein. Erst wenn der Händler bei einer Kundenbestellung ein Fahrzeug bestellt, wird die Produktion „Just in Time“ begonnen.[279] Der Kunde wird demnach als integraler Bestandteil der Wertschöpfungskette betrachtet und liefert mit seinen Anforderungen und Wünschen die Definition des zu produzierenden „Wertes“[280]. Gegenüber kurzfristig angelegten Rabattaktionen, die schnell viele Kunden bringen, maximieren Lean-Hersteller so den „Customer Lifetime Value“, indem Kunden in jeder Lebenssituation das richtige Produkt angeboten werden kann.[281]

[275] Vgl. Staehle (1999), S. 721.
[276] Vgl. Pfeiffer/Weiß (1994), S. 83.
[277] Vgl. Staehle (1999), S. 725.
[278] Drucker stellt fest, dass in einem derartigen Verbund 25-30 % Kostenvorteile gegenüber der Konkurrenz entstehen. Ein Beispiel hierfür ist die Vereinbarung fallender Kosten bei der längerfristigen Produktion von Teilen: Durch die beim Lieferanten entstehende Lernkurve können Teile günstiger und qualitativ hochwertiger hergestellt werden. Drucker (2007), S. 33.
[279] Vgl. Dahm/Haindl (2009), S. 51-55; Womack/Jones/Roos (1991), S. 67.
[280] Vgl. Womack/Jones/Roos (1991), S. 173.
[281] Vgl. Womack/Jones/Roos (1991), S. 183.

Zusammenfassung

Für die soeben beschriebenen Kerneigenschaften von Lean besteht – anders als dies im vorangegangenen Kapitel bei Deming der Fall war – keine geeignete Gliederung. Aus Sicht des Verfassers bietet sich hierzu ein Mensch-Aufgabe-Technik-System an. Das auch als Tübinger Modell der Wirtschaftsinformatik bezeichnete Modell wird üblicherweise in einem wirtschaftsinformatischen Kontext verwendet, um zu zeigen, dass der Mensch bei der Umsetzung einer Aufgabe durch Technik, konkret Software, in einem organisatorischen Kontext unterstützt wird.[282] Es bietet sich im vorliegenden Kontext an, da es nicht nur die einzelnen Komponenten, sondern auch deren Wechselwirkungen berücksichtigt. So besteht

(1) die Beziehung zwischen Mensch und Aufgabe in der Bewältigung der eigentlichen Aufgabe,

(2) die Beziehung zwischen Aufgabe und Technik in der konkreten Funktionalität, mit der die Technik die Bewältigung der Aufgabe unterstützt und

(3) die Beziehung zwischen Technik und Mensch schließlich in der Benutzbarkeit für den Menschen.

Das Tübinger Modell der WI kann, wie folgende Abbildung 11 zeigt, auch auf das Konzept Lean angewandt werden: Lieferanten, Produktionsmitarbeiter und Entwicklungsbeteiligte (Mensch) müssen die Werterschaffung mit möglichst hoher Verschwendungsvermeidung (Aufgabe) bewältigen. Hierzu werden konkrete Produktions- und Entwicklungstechniken (Technik) bereitgestellt, die den Menschen unterstützen. Die Funktionalität der Lean-Techniken besteht darin, genau die Vorgehensweisen für Produktion und Entwicklung bereitzustellen, um die Aufgabe umzusetzen. Die Benutzbarkeit dieser Techniken liegt darin, sämtli-

[282] Vgl. Jahnke (1997), S. 280-284, der Heinrich (2007), S. 16 aktualisiert.

che Lean-Techniken genau so auszulegen, dass sie Menschen in ihrem Wesen akzeptieren und unterstützen.[283]

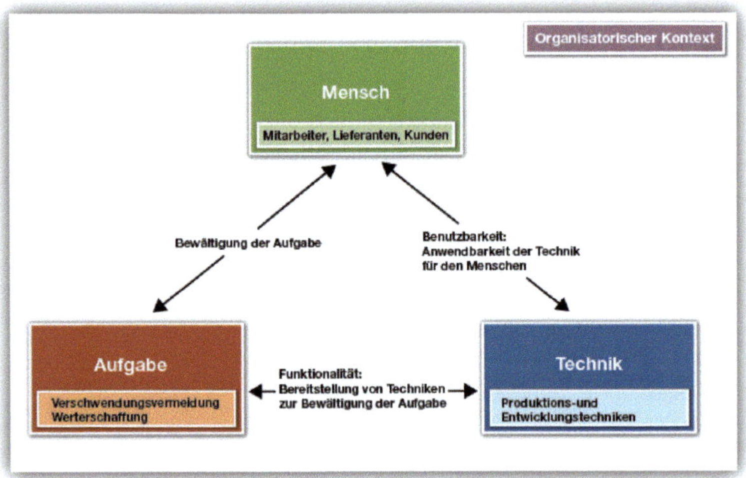

Abbildung 11: Mensch-Aufgabe-Technik-System im Lean-Kontext.
Quelle: Modifiziert übernommen von Jahnke (1997), S. 280-284; Heinrich (2007), S. 16.

Der Verfasser gliedert die gesammelten Kerneigenschaften von Lean deswegen als ein Tübinger Modell der WI wie folgt:

1. Mensch

Der Mensch steht im Mittelpunkt von Lean. Wie weiter oben gezeigt wurde, wird eine höhere Produktivität nicht automatisch durch eine höhere Automatisierung, sondern durch die Befähigung der Prozessbeteiligten erreicht. Die Kerneigenschaften von Lean in Bezug auf Menschen können demzufolge beschrieben werden als:

a) Übertragung von Verantwortung an die wertschöpfenden Personen,

[283] Als Hilfsmittel kann hierzu beispielsweise eine kontrastive Aufgabenanalyse (KABA) mit ihren acht Humankriterien dienen. Diese acht Humankriterien sind Entscheidungsspielraum, Kommunikation, Psychische Belastungen, Zeitspielraum, Variabilität, Kontakt, körperliche Aktivität und Strukturierbarkeit. Siehe hierzu Dunckel (1993), S. 34-60.

b) Einbindung von Kunden und Lieferanten in das Wertschöpfungsnetzwerk,

c) Förderung von Lernen und Wissen.

2. Aufgabe

Die Aufgabe des Menschen besteht in der Übertragung auf das Konzept Lean in der Optimierung des Werts für den Kunden bei gleichzeitiger Vermeidung von Verschwendung. Die Aufgabe besteht folglich in der:

a) Optimierung des Werts für den Kunden,

b) Vermeidung von Verschwendung,

c) Perfektionierung des Systems.

3. Technik

Lean-Techniken stellen genau die Funktionalität bereit, die einerseits menschengerecht ist und andererseits die Aufgabe der Wertsteigerung bei Vermeidung von Verschwendung verfolgt. Die Techniken sind deswegen[284]:

a) Pull,

b) Schaffen von Qualität auf Anhieb,

c) Sinnvolle und visuelle Unterstützung durch Technik,

d) Optionstheorie: so spät wie möglich entscheiden.

Die Betrachtung des Konzepts Lean ist nun mit der Feststellung von insgesamt zehn maßgeblichen Kerneigenschaften abgeschlossen. Somit kann zur Betrachtung des letzten vermeintlichen Einflussfaktors der agilen SSE, der „Theory of Constraints“ übergangen werden.

[284] Einige Lean-Techniken, die im Kontext des TPS von immenser Wichtigkeit und von Autoren wie Black oder Liker als Kernteile des TPS bezeichnet sind, werden in dieser Arbeit nicht weiterverfolgt, da sie zu speziell im Kontext Fahrzeugentwicklung verwurzelt sind. Zu diesen Techniken gehören beispielsweise der „Single Minute Die Exchange“ wie auch die Standardisierung der Aufgaben in der Produktion. Vgl. hierzu Liker (2009); Black (2008).

3.5.6 Theory of Constraints

Die „Theory of Constraints“, abgekürzt TOC[285], schließt als fünftes Konzept den Kreis der zu Beginn von 3.5 festgestellten Konzepte außerhalb der SSE. Gleich mehrere Urheber agiler Primärtexte nennen sie als Einflussquelle. So führt Cockburn im Jahr 2000 die TOC durch Verweis auf das Buch *The Goal* erstmals auf[286] und bezeichnet sie im Folgetext 2001 als „closely related“[287]. Highsmith verweist ebenfalls auf *The Goal*.[288] Auch die Autoren der im Anschluss an das agile Manifest entstandenen „Lean-Methoden“ verweisen auf die TOC.[289] Zu beobachten ist, dass sämtliche Referenzen nicht auf die TOC im Allgemeinen, sondern einzig auf *The Goal* verweisen.

Eine besonders exponierte Erwähnung der TOC erfolgt bei Anderson in Form der Veröffentlichung von *Kanban*. Diese im Jahr 2010 veröffentlichte agile EM beruft sich nicht nur auf die TOC, sondern versteht sich als deren direkte Anwendung auf die SSE.[290] Bereits im Titel *Kanban* klingt ein Begriff des Lean Managements an, welchen Anderson ebenso aufnimmt wie Konzepte der Deming'schen Qualitätslehre.[291] Kritisch könnte jetzt festgestellt werden, dass Anderson mit *Kanban* einen dieser Arbeit ähnlichen Ansatz wählt, indem mehrere Einflussfaktoren zu einem Gesamtkonzept zusammengeführt werden. Bei näherer Betrachtung von *Kanban* zeigt sich allerdings, dass Anderson keinen dieser Arbeit ähnlichen Ansatz wählt, sondern die TOC explizit auf die SSE überträgt. Schließlich besteht die hiesige Hypothese darin, dass agile EM-Autoren bestimmter Einfluss-

[285] Die „Theory of Constraints“ wird im Deutschen fälschlicherweise als Engpasstheorie übersetzt, schließlich sind mit dem Begriff „Constraint“ Einschränkungen in einem allgemeineren Sinne gemeint. Anstatt den sperrigen Begriff „Einschränkungstheorie“ zu verwenden wird im Folgenden das englischsprachige Original als „TOC“ abgekürzt.

[286] Cockburn (2000), S. 219.

[287] Cockburn (2001), S. 156: „It is closely related to Elihu [sic] Goldratt's ideas as expressed in The Goal (Goldratt 1992) and The Theory of Constraints (Goldratt 1990)“.

[288] Vgl. Highsmith (2000), S. 337.

[289] Charette (2003), S. 5, 8 bezeichnet die TOC als Methode zur Durchbrechung systemischer Beschränkungen. Ebenso Poppendieck/Poppendieck (2003), S. 82.

[290] Vgl. hierzu einen Blog-Beitrag von David Anderson, dem Schöpfer der Methode „Kanban“, aus Anlass des Tods von Eliyahu Moshe Goldratt. Anderson legt dar, dass „Kanban“ die direkte Anwendung der Prinzipien der TOC auf die SSE darstellt: Anderson (2011), o. S.

[291] Vgl. Anderson (2011), S. 201 f.

faktoren gewahr waren und diese in einer intuitiven Transformation auf die SSE anwendeten.

Zur Entwicklung der Theory of Constraints

Der israelische Physiker Eliyahu M. Goldratt formulierte die Grundlagen der TOC bereits in den 70er Jahren des vergangenen Jahrhunderts.[292] Das ursprünglich zur Optimierung von Produktionsabläufen gedachte Konzept entwickelte sich im Verlauf von nur zwanzig Jahren über die Produktion hinaus zu einem Managementkonzept der systematischen Aufdeckung und Lösung organisatorischer Probleme.[293] Dessen Kern liegt in der Behauptung, dass in jedem vernetzten System mindestens eine Beschränkung, ein Engpass, vorliegt. Eine Verbesserung kann erreicht werden, wenn die Beschränkung gefunden und so lange optimiert wird, bis ein anderes Glied der Kette zum Engpass wird.

Die Entwicklung der TOC vollzog sich gemäß Watson in mehreren Phasen, welche stets durch die Veröffentlichung einer ausführlichen Abhandlung von Goldratt geprägt waren. Zusätzlich zu theoretisch-wissenschaftlichen Abhandlungen veröffentlichte Goldratt Wirtschaftsromane und erlangte vor allem mit *The Goal* (deutsch „das Ziel") breite Wahrnehmung.[294] Die einzelnen Entwicklungsphasen sind[295]:

1. Optimized Production Technology
2. Vorstellung der TOC in *The Goal*
3. Entwickeln eines Kennzahlensystems in *The Haystack Syndrom*
4. Erklärung der Denkprozesse in *It's not luck*
5. Projektmanagement in *Critical Chain*

---

[292] Vgl. Boyd/Gupta (2004), S. 351; Goldratt (1988), S. 444.

[293] Vgl. Davies/Mabin (2009), S. 9; Schragenheim (1999), S. 1.

[294] Neben *The Goal* (1983) folgen auch *It's not Luck* (1994), *Critical Chain* (1997) *und Neccessary but not sufficient* (2000) in Romanform.

[295] Die hier aufgeführte Auflistung orientiert sich an Watson, übernimmt diese aber nicht vollständig, da der Artikel einerseits nur Veröffentlichungen bis 2004 berücksichtigt und andererseits zudem aus Sicht des Verfassers wichtige Konzepte zusammenlegt.

Ad 1) Optimized Production Technology

In Unkenntnis gängiger Produktionsoptimierungskonzepte entwickelte Goldratt die Software OPT (Optimized Production Technology). OPT verbreitete sich im US-amerikanischen Markt rasch und setzte sich gegen marktbeherrschende Softwarelösungen durch.[296] Ronen und Starr zeigen, dass die in OPT eingegangenen Denkweisen keineswegs revolutionär waren, in der Integration aber einen in der Branche neuartigen Ansatz darstellten.[297] Am Rande sei angemerkt, dass die Feststellung, die Elemente seien nicht neu, aber deren Zusammenführung führe zu neuartigen Denkweisen, interessanterweise auch in Bezug auf die ASE wiederholt vorgebracht wird.[298]

Ad 2) Vorstellung der TOC in *The Goal*

Im Wirtschaftsroman *The Goal* (das Ziel)[299] macht Goldratt die in OPT eingegangenen Ideen und Lösungsansätze einem breiten Publikum zugängig[300] und stellt bereits 1984 nahezu alle Elemente der erst 1990 als „TOC" bezeichneten Theorie vor.[301] *The Goal*, das Ziel einer Firma besteht laut Goldratt darin, Geld zu verdienen. Mit dieser offenkundig banal formulierten Forderung wendet sich Goldratt gegen die zur damaligen Zeit vorherrschende kostenstellenorientierte Erfolgssicht.

---

[296] Goldratt (1988), S. 443 f. Goldratt zufolge bestand der Erfolgsgrund gerade in seiner Unkenntnis gängiger Lösungsansätze. Dies waren MRP (Material Requirements Planning, im deutschen Materialbedarfsplanung) sowie MRP II (Material Resource Planning). MRP ist eine materialorientierte Planung und generiert aus einem prognostizierten Auftragseingang Stücklisten, die an den beteiligten Arbeitsstationen zu einem bestimmten Zeitpunkt bereitgehalten werden müssen. MRP II berücksichtigt begrenzte Kapazitäten, erzeugt aber einen starren und, da auf festen Durchlaufzeiten basierend, unrealistischen Produktionsplan. Vgl. hierzu Hansmann (2006), S. 248 f.; Wöhe (1996), S. 574 und 580.

[297] Vgl. Ronen/Starr (1990), S. 598 f. Diese Kernelemente sind:
1. Die Reduktion von Durchlaufzeiten, die Reduktion des Bestands und die Ausbeutung von Engpässen.
2. Der „Drum-Buffer-Rope"-Ansatz.

[298] Vgl. beispielsweise Boehm/Turner (2003), S. 18: „The key is that they are applied in mutually reinforcing ways to the development cycle".

[299] Goldratt/Cox (1984).

[300] Angesichts von 2 Millionen verkauften Exemplaren und über 114 veröffentlichten wissenschaftlichen Artikeln (Stand 2008) zeigt sich eine deutliche Verbreitung in Wissenschaft und Praxis. Vgl. Leach (2000), S. xv sowie Kim/Mabin/Davies (2008).

[301] Goldratt (1990). Elemente der TOC wie die „5-Steps of Focusing", der „Drum-Buffer-Rope", die sokratische Methode und die „Evaporating clouds" werden zwar nicht als solche bezeichnet, aber bereits vorgestellt. Vgl. hierzu Watson/Blackstone/Gardiner (2007), S. 391.

Statt der Verbesserung des Gesamtsystems induziere die Fokussierung auf isolierte Kenngrößen nicht nur lokale Optima, sondern fördere sogar Missstände wie eine zu hohe Lagerhaltung.[302] Wichtiger sei die Schaffung eines stetigen Materialflusses durch den gesamten Produktionsprozess. In der Folge müssten Maßnahmen durchgeführt werden, die eine Reduktion statistischer Schwankungen genau an den Produktionsengpässen bewirkten. Ein Engpass ist nach Goldratt genau das Element, welches die Gesamtleistung des Systems in Hinblick auf das Ziel begrenzt.[303] Jedes System verfügt über mindestens einen Engpass, dessen Beseitigung die Gesamtleistung des Systems erhöht.[304] Diese Anschauungsweise hat zur Folge, dass

a) Engpässe gefunden und behoben werden müssen, und

b) alle anderen Produktionselemente mithilfe des „Drum-Buffer-Rope“ mit dem Engpass synchronisiert werden müssen.

Ad a) Auffinden und Beheben von Engpässen mithilfe der „5 Steps of Focusing“

In deutlicher Verwandtschaft zum bereits vorgestellten Deming'schen PDCA-Zyklus stellt Goldratt die „5 Steps of Focusing“ vor. Der zyklische Prozess wird mittlerweile „Process of Ongoing Improvement (POOGI)“[305] genannt. Im Gegensatz zu Deming, der eine Verbesserung der Qualität mit der „wissenschaftlichen Methode“ durch Hypothese und Verifizierung sucht und zu Lean-Kaizen, bei dem Mitarbeiter kleine Verbesserungsvorschläge vorbringen, fokussiert der POOGI ausschließlich auf den Engpass.[306] Die fünf Schritte sind:

---

[302] Vgl. Goldratt (1990), S. 45.
[303] Blackstone (2001), S. 1053: „Anything that limits the performance of a system relative to its goal“.
[304] Vgl. Rahman (1998), S. 337. Watson/Blackstone/Gardiner (2007), S. 391 unterscheiden drei Arten von Einschränkungen: physische Einschränkungen, Markteinschränkungen und Richtlinien-einschränkungen.
[305] Watson/Blackstone/Gardiner (2007), S. 391.
[306] Vgl. Goldratt (1990), S. 5-9.

I. Auffinden des Engpasses,
II. Entscheiden, wie dieser voll ausgenutzt werden kann,
III. Synchronisieren aller abhängigen Elemente mit dem Engpass mithilfe des Drum-Buffer-Rope,
IV. Steigern der Kapazität des Engpasses,
V. Fortführung von IV, bis ein anderes Element zum Engpass wird.

Analog zu Deming soll der POOGI aufgrund seines zyklischen Charakters nicht nur einmal vollzogen werden, sondern eine Kultur der ständigen Verbesserung initiieren.[307] Die Anwendung des POOGI auf die SSE erfolgt in der bereits vorgestellten Methode „Kanban". Deren Autor Anderson schreibt in einem Blogbeitrag anlässlich des Todes von Eliyahu Moshe Goldratt im Juni 2011: „I was inspired by Eli's [Goldratt] «5 Focusing Steps» and the incremental evolutionary approach to change inherent in TOC"[308]. Interessanterweise verwirft Anderson die spätere Entwicklung der TOC und stellt fest, dass die Fokussierung der TOC-Gemeinde von der ursprünglichen Anwendung der POOGI hin zu anderen Themen geht und Erstere „eine vergessene Kunst"[309] geworden ist.

Ad b) Die Synchronisierung aller Produktionselemente mit dem Engpass

Der „Drum-Buffer-Rope" (DBR), 1984 in *The Goal* vorgestellt und 1986 in *The Race* ausführlich thematisiert,[310] dient der Synchronisierung des Engpasses mit dem gesamten System.[311] Gemäß der Überzeugung, dass das gesamte Produktionssystem nicht mehr oder schneller produzieren kann als das schwächste Glied einer Kette, werden sämtliche nicht-einschränkenden Arbeitsstationen der einschränkenden angeglichen. Der Engpass gibt gleich der Trommel auf einer Galeere den Takt vor, in dem das gesamte Produktionssystem arbeiten muss. Der DBR spannt von der Engpassressource ein gedankliches Seil zur Materialausgabe und

[307] Vgl. Blackstone (2001), S. 1057; Goldratt (2010), S. 7.
[308] Anderson (2011), o. S.
[309] Anderson (2011), S. 199.
[310] Goldratt (1986).
[311] Blackstone (2010), S. 146; Goldratt (1988), S. 455. In der deutschen Übersetzung wird DBR als „Trommel-Pufferspeicher-Seil" bezeichnet. Im Folgenden wird weiter von dem Begriff „Drum-Buffer-Rope" die Rede sein, um den etwas sperrigen deutschen Ausdruck zu vermeiden.

signalisiert damit im Takt der Abarbeitung, wann Material freigegeben werden darf.[312] Eine direkte Konsequenz dieser Synchronisation ist eine Begrenzung der in Arbeit befindlichen unfertigen Erzeugnisse, schließlich entspricht die in einem Zeitabschnitt in das System aufgenommene und auch ausgegebene Materialmenge genau der Kapazität des Engpasses.

Ad 3) Entwickeln eines Kennzahlensystems in *The Haystack Syndrom*

Die TOC kritisiert die Steuerung von Unternehmen aufgrund von Kennzahlen der Kostenrechnung. Problematisch an diesen sei, die buchhalterische, haftungsgerichtete, vergangenheitsbezogene, den Fertigungsalltag nicht wiedergebende Denkweise.[313] So ist beispielsweise die Produktion unfertiger Güter bilanziell gesehen neutral und trägt durch die Vollauslastung weniger Arbeitsstationen durch Skaleneffekte zur Verringerung der internen Verrechnungskosten bei. Goldratt zufolge ist dieser Vorgang allerdings weder neutral noch positiv, sondern eine grobe Fehlsteuerung.[314] Schließlich bindet die Herstellung großer Stückzahlen an einzelnen Arbeitsstationen Kapital,[315] das dem Produktionsprozess nicht mehr zur Verfügung steht, und führt zusätzlich zu Lagerkosten und zu Abschreibung. Lokale Optimierungen ergeben damit aus Sicht des „Ziels“ suboptimale Entscheidungen und stehen im Widerspruch zur TOC, die Vollauslastung nur für Engpässe fordert und sogar den Stillstand von Nicht-Engpässen zugunsten niedriger Bestände akzeptiert. Als Gegenentwurf zur Kostenrechnung entwickelt Goldratt in *The Haystack Syndrom* ein eigenes Kennzahlensystem, genannt „Throughput Accounting“.

Ad 4) Erklärung der Denkprozesse in *It's not luck*

Ausgehend vom POOGI zur Auffindung und Optimierung physischer Einschränkungen der Produktion erweitern die „Denkprozesse“ die TOC um ein erkenntnis-

[312] Vgl. Rahman (1998), S. 339.
[313] Vgl. Watson/Blackstone/Gardiner (2007), S. 393.
[314] Vgl. Goldratt (1990), S. 115.
[315] Vgl. Goldratt (1980) sowie Goldratt (2010), S. 4. Goldratt argumentiert hier ähnlich wie der Erfinder der Lean Production Taiichi Ohno, nach dem die Produktion hoher Stückzahlen nicht nur Verschwendung ergibt, sondern zudem Inflexibilität und Variationsarmut mit sich bringt.

theoretisches Modell zur Durchführung von Veränderungen auf organisatorischer Ebene.[316] Goldratt erklärt deren Notwendigkeit aus der Begrenzung der Leistungsfähigkeit einer Organisation durch ineffiziente Strukturen, Prozesse oder Gewohnheiten.[317] Erst durch diese Erweiterung zur Erkennung, Analyse und Lösung genereller organisatorischer Probleme konnte die TOC in anderen Branchen angewendet[318] und zudem auf weitere Anwendungsgebiete, wie die hier untersuchte SSE, ausgedehnt werden.

Ad 5) Projektmanagement in *Critical Chain*

Nachdem die TOC bereits in anderen Branchen aufgegriffen worden war, realisierte Goldratt selbst die Transformation der bis dato materiellen, produktionsorientierten TOC auf die immaterielle Disziplin des PM. Dies erfolgte zwar bereits 1990, verbreitete sich aber erst 1997 mit dem Erscheinen von *Critical Chain.*[319] Die Limitierung des Flusses der Projektarbeit durch das PM-System besteht nicht mehr in Maschinen oder in fehlendem Material, sondern in der Knappheit von Mitarbeitern und in den Abhängigkeiten zwischen Aufgaben und den Projektzielen.[320] Bedeutung und Akzeptanz des CCPM zeigen sich in der Verankerung in nationalen und internationalen PM-Standards. So wird die Technik der kritischen Kette in der vierten Edition des PMBoK als „Scheduling Technique" zugelassen[321] und auch in der deutschen Übernahme der ICB 3.0 als Planungstechnik anerkannt.[322]

---

[316] Vgl. Drews (2005), S. 27; Watson/Blackstone/Gardiner (2007), S. 396. Können in der Produktion keine Engpässe mehr gefunden werden, muss der Markt den Engpass darstellen. Dies ist beispielsweise dann der Fall, wenn nicht genügend Aufträge vorliegen. Das Produktionssystem steht still, da nicht genügend Nachfrage herrscht. Aufgabe muss es folglich sein, den Engpass zu beheben, indem mehr Aufträge akquiriert werden. Vgl. hierzu Rahman (1998), S. 341; Goldratt (2010), S. 6.

[317] Vgl. Watson/Blackstone/Gardiner (2007), S. 395.

[318] Vgl. Davies/Mabin (2009), S. 10 und für eine Anwendung der TOC außerhalb der Produktion Scheinkopf (1999).

[319] Vgl. Watson/Blackstone/Gardiner (2007), S. 396 f.; Wysocki (2009), S. 369 sowie Goldratt (1997).

[320] Vgl. Bea/Scheurer/Hesselmann (2011), S. 422.

[321] Siehe hierzu beispielsweise den PMBoK des Project Management Institute (2008), S. 155.

[322] Vgl. Kapitel 1.23 des „Kompetenzbasierten Projektmanagements", welches die deutsche Adaptierung der ICB 3.0 darstellt: Gessler (2009).

Zusammenfassung der Kerneigenschaften

Auch zum Ende dieses Kapitels müssen die nun vorliegenden Kerneigenschaften gegliedert werden. Entgegen der im vorangegangenen Kapitel erarbeiteten Gliederung nach dem Tübinger Modell der WI erfolgt in diesem Kapitel eine Orientierung an Goldratt selbst. Goldratt platziert in *The Goal* Hervorhebungen in Form des wiederkehrenden Coachings durch „Jonah", einer Personifizierung seiner selbst. Diese Hervorhebungen stellen genau die Eigenschaften dar, auf die Goldratt großen Wert legte. Es sind:

1. Die Verfolgung des Ziels

Das Ziel einer Unternehmung besteht nicht darin, sich auf kostenrechnerische Kennzahlen zu fokussieren, sondern den Ertrag zu steigern. Jegliche Anstrengung sollte auf diese Aktivität ausgerichtet werden. Von Personal, Projekten oder Kennzahlen, die das Ziel nicht fördern, sollte Abstand genommen werden.

2. Die Schaffung eines stetigen Materialflusses

In Kenntnis statistischer Fluktuationen muss ein stetiger Materialfluss erreicht werden. Hierzu gehörten die genaue Untersuchung und Optimierung des Materialflusses durch das Produktionssystem sowie die Steigerung der Kapazität im Verlauf der Produktionskette, um statistische Fluktuationen hinter dem Engpass einzuschränken.

3. Der Drum-Buffer-Rope

Der Drum-Buffer-Rope besteht in der Synchronisierung des gesamten Produktionssystems mit dem Engpass. Auf diese Weise werden vorhandene Kapazitäten genutzt und wird gleichzeitig kein Überschuss produziert.

4. Die Schaffung eines Kennzahlensystems auf der Basis von Durchsatz und Bestand

Anstatt Kosten nach historischen Erfahrungswerten auf einzelne Fertigungsbereiche umzulegen, untersucht „Throughput Accounting", wie hoch der Beitrag einer Ressource zur Schaffung von Ertrag für das gesamte System ist.

5. Der Process of Ongoing Improvement

Der POOGI besteht in der Aufdeckung von Engpässen, deren Beseitigung und der anschließenden erneuten Suche. Er entspricht dem Deming'schen PDCA-Zyklus und ist auch mit Lean-Kaizen vergleichbar. Neu ist jedoch, dass mit den „5 steps of focusing“ der Engpass gezielt gesucht wird.

6. Die Denkprozesse und das Änderungsmodell

Indem mithilfe der Denkprozesse grundlegende, als allgemeingültig akzeptierte Themen offengelegt und hinterfragt werden, können gänzlich neuartige Lösungswege gefunden werden.

Kritische Abschlussbemerkung zur TOC

Das Konzept des Engpasses ist in der Wissenschaft, beispielsweise in der linearen Programmierung, einem Verfahren der Operations Research, seit Langem bekannt.[323] Goldratts Verdienst liegt deswegen nicht in der Erfindung, sondern in der Verbreitung des Konzepts.[324] Obwohl die TOC von einer recht sendungsbewussten und lautstarken Gefolgschaft kritiklos als die einzige, beste Theorie propagiert wird,[325] liegen ausgewogene Auseinandersetzungen wie beispielsweise die von Balakrishnan et al., Pinto oder Raz et al. vor. Interessanterweise besteht hier sogar eine gewisse Parallele zwischen der TOC und der ASE. Deren Vertreter erwecken vereinzelt ebenso den Eindruck, die einzige Wahrheit gefunden zu haben – ein weiterer Grund, weshalb auf eine detaillierte Analyse, wie sie in dieser Arbeit versucht wird, nicht verzichtet werden darf.

---

[323] Vgl. hierzu beispielsweise Berndt (2005), S. 352, der die lineare Programmierung zur Sortimentsplanung im Handel einsetzt.

[324] Vgl. Balakrishnan/Cheng/Trietsch (2008), S. 99.

[325] Vgl. Balakrishnan/Cheng/Trietsch (2008), S. 107. Zu nennen sind beispielsweise auch die in diesem Kontext bereits zitierten Autoren Blackstone und Newbold.

4 Konstruktion von Agilität

Nachdem sämtliche Grundlagen vorgestellt, der Forschungsansatz erarbeitet und dessen Fundament, die 5 unterschiedlichen Einflüsse, bekannt sind, kann der erste entscheidende Schritt ausgeführt werden – die Konstruktion einer neuen Definition von Agilität. Hierzu wird in den folgenden Kapiteln überprüft, ob sich die insgesamt 33 Kerneigenschaften der 5 Einflüsse (Komplexitätstheorie, Bildung und Weitergabe von Wissen, Qualitätslehre nach Deming, Lean und TOC) in der ASE im Gegensatz zur TSE nachweisen lassen. Im positiven Fall wird eine Linse geformt. Agilität, und genau darin besteht die schrittweise Konstruktion dieser Definition, wird schließlich aus der Summe genau dieser Linsen etabliert.

4.1 Komplexitätstheorie und Agilität

Die Untersuchung erfolgt in gleicher Auflistung wie die in Kapitel 3.5 vorgestellten Einflussfaktoren. So werden anfangs die in Kapitel 3.5.2 erkannten Kerneigenschaften der Komplexitätstheorie 1. Emergenz, 2. Sensitive Dependence on Initial Conditions, 3. Interaktion, 4. Selbstorganisation, 5. Anpassung und 6. Kybernetische Regelkreise wieder aufgegriffen. Sie stellen das Gerüst dar, anhand dessen überprüft wird, ob mehrere Autoren agiler EM Erkenntnisse der Komplexitätstheorie aufnahmen.

1. Emergenz

Die Entwicklung von Software besteht nach Meinung der agilen Befürworter nicht in der Abarbeitung einer Spezifikation, sondern ist ein kreativer Prozess.[326] Wie sich zeigte, wird die Entwicklung von Kreativität allerdings in einem Zustand

[326] Nicht ohne Grund stellt Cockburn fest, dass in der ASE während des gesamten Projekts überdurchschnittlich talentierte Entwickler anwesend sein müssen, während dies in der TSE nur zu Beginn des Vorhabens der Fall ist. Vgl. Boehm/Turner (2003), S. 55

im „edge-of-chaos“ begünstigt. Sollte der Gedanke der Emergenz im „edge-of-chaos“ tatsächlich in die ASE aufgenommen worden sein, müsste entlang der zuvor festgestellten Voraussetzungen gewährleistet sein, dass agile EM versuchen

a) Chaos induzierende Kräfte mit

b) Ordnung stiftenden Kräften

c) ins Gleichgewicht zu bringen.

Ad a) Zulassung Chaos induzierender Kräfte

Die agilen EM Scrum und ASD bieten dem Team mit dem „*Task Volunteering*“[327] die Möglichkeit, sich selbst für die Abarbeitung der nächsten Aufgabe zu entscheiden.[328] Entgegen der Befolgung vorgegebener Pläne der TSE entbindet die ASE die Projektteilnehmer somit von exakter Fremdsteuerung und überlässt dem Team Entscheidungen. Dies zeigt sich auch in der Forderung des Extreme Programmings „*Mut*“[329] zu zeigen, im Zulassen des Ausprobierens im „*Gold Rush*“[330] der agilen EM Crystal sowie in der Übertragung von Entscheidungsgewalt in der Anweisung „*DSDM Teams must be empowered to take decisions*“[331]. All diese Elemente tragen Züge in sich, die dem Team Freiheiten gewähren, die es in der TSE nicht hätte.

Ad b) Ordnung stiftende Kräfte

Agile EM verlangen im Gegenzug zu diesen Freiheiten gewisse Regeln, die einzuhalten sind. Der Satz an Regeln ist überschaubar. Dies zeigt sich am Vergleich des V-Modells mit der agilen EM Extreme Programming: Während das V-Modell für den Bereich SSE alleine 37 Regelungen vorsieht, sind es bei XP gerade einmal

[327] Sämtliche Techniken agiler EM werden im Folgenden zur deutlicheren Hervorhebung in Anführungszeichen kursiviert.
[328] Vgl. Larman (2003), S. 263.
[329] Vgl. Beck (1999), S. 33.
[330] Vgl. Cockburn (2001), S. 204, 218.
[331] Vgl. Stapleton (2003), S. 15.

vier Regelungen.[332] Genannt sei beispielsweise die Verpflichtung zur Präsentation funktionierender, fertiger Softwareergebnisse nach jeder Iteration. Da diese in der Regel kürzer als ein Monat ist, erhält der Kunde im Gegensatz zur TSE frühzeitig Ergebnisse und kann somit ein Feedback geben. Ebenso sind teaminterne zyklische Meetings, beispielsweise das Daily-Scrum-Meeting einzuhalten. Schließlich trägt jedes Teammitglied Ergebnisverantwortung: Dies ist nicht zwangsläufig ein Kontrast zur TSE, zeigt aber doch einen Aufbruch des Ebenendenkens des V-Modells: Ein Entwickler, der im V-Modell nur in der Codierung auftritt, muss in der ASE das Ergebnis bis zum Kunden tragen und präsentieren.

Ad c) Ordnung und Chaos im Gleichgewicht

Agile EM tragen keine Anweisung zur Schaffung eines Gleichgewichts zwischen Ordnung und Chaos vor, deutlich tritt jedoch die Akzeptanz der Veränderung in den Vordergrund. So wird dem Team beispielsweise im Prinzip „*change tolerant*“[333] in ASD, in DSDM mit „*All changes during development are reversible*“ sowie im „be *a Catalyst for Change*“[334] von Pragmatic Programming (PP) veranschaulicht, dass Instabilität zu akzeptieren ist. Statt die strikte Abfolge eines vorher festgelegten Plans abzuarbeiten, heben agile EM folglich hervor, dass Teams flexibel sein müssen. Genau hierzu muss eine geistige und technische Flexibilität unter Beibehaltung gewisser Grundregeln gegeben sein. Die beteiligten Menschen werden im Gegensatz zur TSE somit genau in den in der Komplexitätstheorie benannten Zwischenzustand von Ordnung und Chaos, Sicherheit und Unsicherheit, Klarheit und offenen Ergebnissen sowie zu klaren Zeitstrukturen bei unklarem Inhalt geführt. Die in dieser Arbeit geführte Herleitung einer neuen Definition von Agilität beruht auf folgenden Annahmen:

I. Annahme: Die Verfasser agiler EM wurden bei der Erarbeitung von bestimmten software-externen Faktoren beeinflusst.

---

[332] Vgl. hierzu auch Coplien/Harrison (2004), S. 241. Zusätzlich sei erwähnt, dass gerade in XP die Regel „Simplicity“ – Einfachheit besonders hervorgehoben wird.
[333] Vgl. Highsmith (2000) S. 89.
[334] Vgl. Hunt/Thomas (1999), S. 16, 18.

Fazit: In Bezug auf die Komplexitätstheorie wurde diese Annahme in 3.5 bestätigt.

II. Annahme: Nach der Zerlegung der beeinflussenden Disziplin in einzelne Kerneigenschaften lässt sich deren Aufnahme in die ASE nachweisen.
Fazit: Die Überlegungen der vergangenen Absätze belegen dies. Es lässt sich tatsächlich nachvollziehen, dass agile EM Freiheiten gewähren, dabei aber wenige Regeln vorgeben.

III. Annahme: Ferner stellt die Aufnahme des Einflusses der Ermergenz einen Kontrast zur TSE dar.
Fazit: Auch dies konnte in Bezug auf die Emergenz nachgewiesen werden.

Der in Kapitel 3.2 dargestellte Ansatz erweist sich folglich als tragfähig. Aus diesem Grund kann in Konsequenz zu der in Abbildung 5 gezeigten Linsenmetapher nun die erste Linse agiler Einflüsse auf die SSE konstruiert werden. Sie besteht in **Komplexitäts-Linse K-1, die besagt, dass die agile Veränderung der Komplexitätstheorie darin liegt, wenige Regeln aufzustellen und die Beteiligten in einen instabilen Zustand zwischen Ordnung und Chaos zu führen.**

2. Sensitive Dependence on Initial Conditions

Dass die SDoIC einen Einfluss auf Softwareprojekte per se haben, liegt daran, dass im Kontext der SSE kleinste Abweichungen der Anfangsbedingungen zu starken Variationen im Endergebnis führen können.[335] Deswegen ist die genaue Auftragsklärung von jeher ein Teil der TSE und wird durch die Ausarbeitung einer Spezifikation sekundiert. Agile EM wie ASD und DSDM gehen hier anders vor: Statt eine detaillierte technische Spezifikation der umzusetzenden Anforderungen zu erarbeiten, werden Themen bewusst offengelassen. Dafür wird zu Beginn des Projekts eine gemeinsame Vereinbarung der Erwartungen des Kunden sowie der Projekt-Ziele in Form einer gemeinsamen Vision erzeugt sowie regel-

[335] Dies ist mithin ein Grund, warum die unklare Zieldefinition als eine Ursache des Scheiterns von Projekten erkannt worden ist. Vgl. hierzu beispielsweise Johnson (2006).

mäßig überprüft, hinterfragt und angepasst.[336] Deutlich zeigt sich die Vision bei XP in Form der „*Metaphor*“[337]: Das Projektziel wird abstrakt in Form einer für alle Team-Teilnehmer verständlichen Metapher festgehalten. Diese Metapher ist präzise, bietet jedoch noch genügend Freiheitsgrade, um Detailziele im laufenden Projekt neuen Erkenntnissen anzugleichen. Somit wird gegenüber traditionellen Vorgehensweisen eine weniger starre, das heißt flexible Zielausrichtung ermöglicht und die „*Shared-Vision*“[338] tatsächlich erarbeitet. Auch die Betonung der „*Änderungstoleranz*“ in den agilen EM ASD, DSDM sowie PP[339] nimmt die Problemstellung der SDoIC auf – wenn kleine Fehler in den Anfangsbedingungen starke Auswirkungen auf das spätere Projekt haben, muss der Kurs im laufenden Projekt als Reaktion auf Fehlentwicklungen angepasst werden können, anstatt die ursprüngliche, falsche Richtung beizubehalten.

Die zum Ende von Linse K-1 ausführlich dargestellte Argumentation gilt somit auch für die SDoIC. Auch sie haben die TSE beeinflusst und führen uns in ihrer Aufnahme in die ASE zur **Linse K-2, die darin besteht, die SDoIC zu berücksichtigen, indem zu Beginn des Vorhabens eine gemeinsame Vision erstellt und stetig angepasst wird.**

3. Interaktion und Kommunikation der Akteure mit der Umwelt

Es wäre falsch zu behaupten, dass in der TSE keine Kommunikation stattfände. Interessant ist zunächst allerdings, dass Interaktion innerhalb des Teams in sehr vielen Grundprinzipien agiler EM wie beispielsweise dem Daily Scrum Meeting, dem „*Planning Game*“[340] von XP oder aber dem „*kollaborativen und kooperativen*“[341] Ansatz des DSDM festgehalten wurde. Der interessantere Kommunikationsaspekt agiler EM liegt jedoch in der Interaktion mit der Umwelt. So besteht

[336] Vgl. Highsmith (2000), S. 62; Stapleton (2003), S. xxiv, 46; Beck (1999), S. 71.
[337] Vgl. Beck (1999), S. 56.
[338] Vgl. Dooley (1997), S. 91 und Dyer/Ericksen (2008), S. 24.
[339] Gemeint ist das Prinzip „change tolerant“ in ASD, „All changes during development are reversible“ in DSDM sowie „Be a Catalyst for Change“ in PP.
[340] Vgl. Beck (1999), S. 83.
[341] Vgl. Stapleton (2003), S. 19.

das Ziel agiler EM nicht darin, viele Kommunikationskanäle in die umgebende Organisation und zum Kunden hin zu öffnen. Vielmehr wird ein externer Vertreter in das Team involviert.[342] Interessanterweise ist dieser Leitgedanke einerseits ein deutliches Abkommen von der TSE. Schließlich definiert das V-Modell in den Rollen Projektmanager, Projektleiter und Projektadministrator bereits drei Rollen, die die Koordination des Projekts verantworten. Die Kommunikation mit dem Kunden erfolgt zudem über den Systemanalytiker sowie den Systemdesigner[343]. Andererseits steht diese Reduktion der Kommunikationsvertreter in Übereinstimmung mit der von Stacey beobachteten Tendenz komplexer System, Verbindungen zur Außenwelt zu reduzieren, um die Kommunikationsvielfalt zu reduzieren und Störungen zu reduzieren.[344] Von diesem Blickwinkel aus gesehen besitzen agile Teams mit einem Kundenvertreter, der zudem ständig verfügbar ist, einen reduzierten, jedoch breiten und störungsarmen Kommunikationskanal. Ein derartiges Muster lässt sich in der TSE tatsächlich nicht beobachten.

An dieser Stelle läßt sich erstmals eine gewisse Unschärfe erkennen. Ob die Autoren agiler EM nun tatsächlich über Staceys Beobachtungen komplexer Systeme informiert waren oder aber aus der Praxis heraus beobachteten, dass die Kommunikation durch den externen Stellvertreter vereinfacht wird, kann nicht geklärt werden. Dennoch ist die Parallelität der Phänomene deutlich erkennbar und führt deswegen zur Linse K-3. **Deren agile Veränderung traditioneller SSE durch Einflüsse der Komplexitätstheorie besteht in der Reduktion von Kommunikationswegen mit der Umwelt durch die Internalisierung eines Vertreters.**

4. Selbstorganisation

Gegenüber der TSE, in der das Team geleitet durch den PL zu kleinteiliger Arbeit angehalten ist, wird in der ASE Selbstorganisation eingefordert. Dies zeigt sich

342 Vgl. Highsmith (2000), S. 160; Beck (1999), S. 69.
343 Bundesrepublik Deutschland (1997) Teil 4 – Rollen, o.S.
344 Vgl. Stacey (2003), S. 389.

erneut an dem in Scrum und ASD[345] praktizierten „*Task Volunteering*“[346] sowie dem „*Planning Game*“[347] in XP, bei dem Teammitglieder sich selbst Aufgaben heraussuchen und diese verantwortlich bis zu Ende führen. Während der Iteration soll ein agiles Team von der umgebenden Organisation entkoppelt werden und folglich auch keinen externen Entscheidungsgewalten ausgesetzt sein. Ferner soll es sich selbst organisieren, wie es auch in der Forderung von DSDM „*teams must be empowered to make decisions*“[348] oder dem Grundsatz „*No Interference, No Intruders, No Peddlers*“[349] von Scrum deutlich wird. Im Gegensatz zu gängigen Mustern der Weisungsbefugnis erhält das agile Team somit Entscheidungsfreiheiten. Wie schon bei der Emergenz oben festgestellt wurde, müssen dafür im Gegenzug zur autonomen Verwaltung in kurzen und regelmäßigen Abständen Ergebnisse präsentiert werden.

Hieraus entwickelt sich Linse K-4, die sich aus der Forderung nach Selbstorganisation des Teams gegenüber einer weisungsbefugten Führung etabliert.

5. Anpassung

Eine Wiedergabe des Anpassungsprinzips der Komplexitätstheorie findet sich in agilen EM auf vier Ebenen wieder:

I. In Form der gemeinsamen Reflexion in Bezug auf gewählte Vorgehensweisen. Hierzu stellen agile Methoden Reflexions- und Anpassungstechniken wie Scrum das „*Sprint Review meeting*“[350] oder Crystal „*Revision and Review*“[351] bereit.

II. In Form von Kundenfeedback in Bezug auf den Inhalt. Durch die Zusammenarbeit mit dem Kundenstellvertreter und die regelmäßige Präsentation von Ergebnissen kann sich die teaminterne Wahrnehmung weiterentwi-

[345] Vgl. Highsmith (2000), S. 283; Schwaber (2004), S. 28.
[346] Vgl. Larman (2003), S. 263.
[347] Vgl. Beck (1999), S. 83.
[348] Vgl. Stapleton (2003), S. 13
[349] Vgl. Schwaber/Beedle (2002) S. 51.
[350] Vgl. Schwaber/Beedle (2002), S. 15, 54.
[351] Vgl. Cockburn (2000), S. 43, 92.

ckeln. Somit können die wirklichen Ziele und Wünsche des Kunden besser vorhergesehen werden.

III. Meta-Regeln können in der agilen EM im Gegensatz zur TSE beobachtet werden. So formuliert Extreme Programming abseits konkreter Methoden und Prinzipien vier Grundwerte (Einfachheit, Feedback, Mut und Kommunikation), die nicht als konkrete Anwendungsregeln, sondern als übergeordnete, regelnde Instanz verstanden werden können. ASD gibt fünf Grundwerte vor, DSDM neun.[352]

IV. Die Fähigkeit, auf Änderungen zu reagieren und damit in Bezug auf genauen Umfang und Fertigstellungszeitpunkt nicht auskunftsfähig zu sein, zeichnet agile EM in Einklang mit der Nicht-Vorhersagbarkeit komplexer Systeme aus.

Genau auf diesen Ebenen stellen agile gegenüber traditionellen EM eine deutliche Veränderung dar. Bei Letzteren ist weder eine Anpassung der linearen Vorgehensweise noch der Inhalte im laufenden Projekt möglich. Agile EM entwickeln in einem evolutionären Ansatz Methoden und Regeln und verfeinern diese im Verlauf der Zeit. Sie sind demnach in der Darwin'schen Sichtweise „fitter", das heißt anpassungsfähiger an sich ändernde Umweltzustände.

Hieraus kann folglich Linse K-5 in Form des stetigen Infragestellens und Anpassens von Vorgehen und Inhalt konstruiert werden.

6. Kybernetische Regelkreise

Die Ausbildung eines homöostatischen Regelsystems auf der Basis von Hypothese und Überprüfung gilt insbesondere für das Feedback von Kunden in Bezug auf das präsentierte Ergebnis. Ein Projekt durchläuft nicht eine einmalige Abfolge von Planung über Durchführung bis zum Abschluss, sondern „iteriert"[353] in kur-

[352] Vgl. Beck (1999), S. 29-36; Highsmith (2000), S. 81-90; Stapleton (2003), S. 13-22.
[353] Lat. iterare: wiederholen.

zen Zeitabschnitten mehrere identisch strukturierte „Mini-Projekte“[354], die durch das Feedback des Kunden homöostatisch geregelt werden. Diese Vorgehensweise führten allerdings nicht erst agile Methoden ein.[355] Dass das zyklische Vorgehen aber als wichtige Grundeigenschaft agiler SSE genannt wird,[356] dabei aber trotzdem Wege außerhalb der TSE geht, liegt an der Vereinigung der Iteration und des Inkrements.[357] Cockburn und Schwaber erklären, dass lauffähige Programme früh und häufig an den Kunden geliefert werden müssen[358] – jede Iteration entspricht

[354] Bittner/Spence (2007), S. 6.

[355] Das inkrementelle Boehm'sche Spiralmodell entstand bereits 1988. Zudem wird im V-Modell 97 das „Inkrement“ zwar nur am Rand aber dennoch deutlich genug erwähnt, um festzustellen, dass iterative und inkrementelle Vorgehensweisen keine Erfindung agiler EM sind. Vgl. Boehm (1988); Bundesrepublik Deutschland (1997).

Es sei an dieser stelle noch einmal festgehalten, dass in dieser Arbeit unter der traditionellen SSE genau dieses V-Modell 97 mit seiner linearen Sichtweise verwendet wird. Zwar liegt inzwischen mit dem V-Modell XT ein deutlich überarbeitetes und iterativeres V-Modell vor. Dennoch sollen die Unterschiede zwischen der AEM und der TEM anhand der nahezu gleichzeitigen Erscheinung des V-Modells 97 und der agilen EM herausgearbeitet werden.

[356] Vgl. Cohen/Costa/Lindvall (2004), S. 28. Zudem werden Selbstorganisation und Emergenz genannt – vgl. hierzu Kapitel 3.5.2.

[357] Vgl. Cauwenberghe (2005), S. 80 f. Der grundsätzliche Unterschied der Begriffe „iterativ“ und „inkrementell“ besteht in der Auslieferung eines Ergebnisses, das von der Zielgruppe verwendet werden kann.

Ein Inkrement zerteilt ein Projekt in mehrere logische Abschnitte. Bereits Boehms Spiralmodell kann als eine inkrementelle Strategie angesehen werden, in der in regelmäßigen Abständen Ergebnisse an die Zielgruppe geliefert werden. Die Dauer eines Inkrements entspricht einem vorher festgelegten Zeitraum. Die Zeiträume können unterschiedlich lang sein und, wie in Boehms Musterprojekt des Spiralmodells, über mehrere Monate bis zu Jahren andauern. Vgl. hierzu Boehm (1988), S. 66. Cockburn (2001), S. 49 beschreibt „Inkrementell“ deswegen als eine Auslieferungsstrategie ohne festen Zeitplan, indem Projekte in Sub-Projekte zerteilt werden. Der Begriff „evolutionär“ ist eine Abwandlung des inkrementellen Vorgehens und soll, zurückgehend auf die von Gilb (2005), S. 294 vorgestellte Methode Evolutionary Project Management verdeutlichen, dass sich die Anforderungen zwischen den Iterationen verändern können.

Iterativ bedeutet, dass ein Projekt in mehrere kleinere Zeiteinheiten unterteilt wird, ohne an das Ende jeder Zeit-Einheit ein Ergebnis zu stellen. Das „in sich geschlossene Mini-Projekt“ (Bittner/Spence (2007), S. 6) setzt einen Teil des gesamten Projektumfangs um, muss im Gegensatz zum Inkrement jedoch keine neue Funktionalität hervorbringen, sondern kann auch nicht-funktionale Aspekte wie Test oder Installation umfassen. Vgl. Larman (2003), S. 10. Im Umkehrschluss kann ein Inkrement deswegen auch aus einer oder mehreren Iterationen bestehen. Cockburn (2001), S. 49 beschreibt die Iteration deswegen als ein Planungsinstrument zur Strukturierung von Projekten. Iterationen werden oft als „timeboxes“ charakterisiert. Vgl. z.B. Oestereich/Weiss/Lehmann et al. (2008); Cohn (2006), S. 24; Seibert (2007), S. 43. Der Gedanke besteht darin, eine Iteration immer zum gewünschten Zeitpunkt enden zu lassen, unabhängig davon, ob das gewünschte Ziel bereits erreicht wurde. Die Dauer von Iterationen im Projekt sollte deswegen gleich sein und richtet sich in ihrer Dauer an der Kritikalität des Projektes aus. So beschreibt Larman (2003), S. 11 die Iterationsdauer moderner, agiler Methoden auf 1-6 Wochen; Pikkarainen/Mäntyniemi, S. 126 stellt fest, dass in kritischen Projekten Iterationsdauern von 2 Wochen angemessen sind.

[358] Vgl. Cockburn (2000), S. 208; Schwaber/Beedle (2002), S. 51.

folglich auch einem Inkrement.[359] Im Gegensatz zum Prototyping, einem SSE-Ansatz, der ebenfalls schnell fassbare Ergebnisse produziert, bezeichnet man ASE als „*production prototyping*“[360], da der Prototyp nicht nur zur Verifizierung von aufgestellten Theorien dient, sondern produktiv verwendet werden kann, um Rückmeldung aus dem Echtbetrieb zu geben. Genau in dieser Feedbackschleife besteht gemäß Jain und Meso die Besonderheit der ASE gegenüber der TSE.[361]

Auch im Detail wie dem stetigen Abwechseln der Rollen beim „*Pair Programming*“[362], dem Beck'schen Zyklus des „*Test-Code-Refactor*“[363] des Test Driven Development oder dem täglichen Zusammentreffen zur kurzen Besprechung des Tags zeigt sich neben der regelmäßigen Kundenpräsentation die Verankerung rhythmischer Muster im Kleinen.[364]

Somit ergibt sich Linse K-6 als die Etablierung und der Aufrechterhaltung sich wiederholender, homöostatischer Rhythmen.

Fazit

Die Betrachtung der ASE aus dem Blickwinkel der Komplexitätstheorie zeigt, dass die Kerneigenschaften der Komplexitätstheorie nachgewiesen werden können. Bevor zum nächsten Schritt, der Anwendung dieser Komplexitätslinsen auf das Thema PM, übergangen wird, werden im Folgenden zunächst die weiteren Einflussfaktoren untersucht. Der Grund hierfür liegt darin, dass so eventuelle Überschneidungen früher erkannt und somit vermieden werden können. Erst in Kapitel 5.1 werden die sechs Komplexitäts-Linsen dann auf das Thema PM angewendet.

---

[359] Vgl. Cauwenberghe (2005), S. 81.
[360] Vgl. Wysocki (2009), S. 391.
[361] Vgl. Jain/Meso (2004), S. 1664.
[362] Vgl. Beck (1999), S. 54.
[363] Vgl. Beck (2002), S. 198
[364] Vgl. Beck (1999), S. 54 und Lui/Chan (2008), S. 274.

4.2 Bildung und Weitergabe von Wissen und Agilität

Auch im Kontext der Bildung und Weitergabe von Wissen müssten sich, so die Erwartung des Verfassers, in agilen EM Ansätze von Takeuchi/Nonaka und Senge nachweisen lassen. Im Folgenden werden deswegen die in Kapitel 3.5.3 erkannten Kerneigenschaften 1. Einnehmen einer gemeinsamen Geisteshaltung, 2. Lernen im Team, 3. Lernen über Teamgrenzen hinweg, 4. Vorgabe eines gemeinsamen Ziels, 5. Erreichen von „Personal Mastery" betrachtet. Sollte sich herausstellen, dass sie sich tatsächlich in agilen EM im Gegensatz zur TSE nachweisen lassen, werden die nächsten Linsen konstruiert.

1. Einnehmen einer gemeinsamen Geisteshaltung

Die Voraussetzung einer gemeinsamen Geisteshaltung sind Vertrauen und Autonomie.[365]

a) Vertrauen

Wie sich zeigte, ist gegenseitiges Vertrauen die Grundvoraussetzung für das Einnehmen einer gemeinsamen Geisteshaltung. Dieses Vertrauen wird in der TSE in Form des V-Modell 97 nicht aufgegriffen. Allenfalls die „Vertrauenswürdigkeit" gegenüber einem Ergebnis tritt in Erscheinung. Im Gegensatz hierzu ist der Begriff in agilen EM nahezu omnipräsent.[366] Beck formuliert es in *Extreme Programming* so: „Die beste Umgebung zeichnet sich durch gegenseitiges Vertrauen aus."[367]

b) Autonomie

Wie sich gerade in Linse K-4 zeigt fordert die ASE genau die Entkoppelung des Teams von der sie umgebenden Organisation, um Selbstorganisation entstehen lassen zu können.

---

365 Vgl. Nonaka (1994) S. 18,24.

366 Beispielsweise in Cockburn (2000), S. 70, 149, 170; Stapleton (2003), S. 20, 58, 222; Highsmith (2000), S. 130, 141, 172, 212, 215, 266, 291, 324.

367 Beck (1999), S. 87: „The best environment is one of mutual trust."

Beide Voraussetzungen sind in der ASE somit erfüllt. Eine weitere Eigenheit, die in der ASE im Gegensatz zur TSE hervorgehoben wird, ist die Gemeinsamkeit im Team. Während die TSE von der klaren Zuordnung von Arbeitspaketen an einzelne Personen ausgeht, arbeitet ein Scrum-Team immer als Ganzes an einer Aufgabe. Im *Extreme Programming* besteht in Form des „*Planning Game*“[368] das Ziel darin, ein gemeinsames Verständnis von Umfang und Komplexität der umzusetzenden Anforderungen zu erhalten. Das „*Planning Game*“ wird deswegen so lange durchgeführt, bis alle Teammitglieder eine einhellige Meinung vertreten. Auffällig ist in diesem Kontext auch die Forderung des „*Overall Modells*“[369] durch Palmer in *FDD*: Auch wenn sich der Autor nicht auf Senge oder Takeuchi/Nonaka beruft, beschreibt er doch eine Technik, die eine gemeinsame Denkweise verankert und von ihr ausgehend das gemeinsame Verständnis stärkt und die Kommunikation vereinfacht.[370] Auch Hunt betont in *The pragmatic programmer* die Wichtigkeit eines gemeinsamen Verständnisses zwischen Team und Kunde.[371] Der von Cockburn hierzu als „osmotische Kommunikation“[372] bezeichnete Austausch dient genau der Herstellung dieser gemeinsamen Basis. Auch in Form der „*Co Location*“[373] lernen sich die Teammitglieder kennen und verstehen. Die jeweiligen Hintergründe, Implikationen und Referenzen können in einer stetigen Zusammenarbeit zu einem gemeinsamen Verständnis zusammengeführt werden. Nicht nur aus diesem Grund ging sicherlich der Satz „*Business people and developers must work together daily throughout the project*“[374] in das agile Manifest ein.

Wie sich zeigt, ist eine direkte Zitation der gemeinsamen Geisteshaltung nicht in die ASE eingeflossen. Eine Übernahme dieses Elements kann demnach nicht festgestellt werden. Im Gegensatz dazu kann allerdings eine deutliche Aufnahme

---

[368] Vgl. Beck (1999), S. 83.
[369] Vgl. Palmer (2002), S. 105-133.
[370] Vgl. Palmer (2002), S. 105-132.
[371] Hunt/Thomas (1999), S. 206 „[...] we need to work with them [the customer] to come to a common understanding of the development process and the final deliverable, along with those expectations they have not yet verbalized.“
[372] Cockburn (2001), S. 81 f.
[373] Vgl. z.B. Stapleton (2003), S. 143; Highsmith (2000), S. 277.
[374] Vgl. Beck et al. (2001) o. S.

der Elemente „Vertrauen" und „gemeinsames Verständnis" in der ASE als Kontrast zur TSE ausgemacht werden. Aus diesem Grund ergibt sich die erste Linse der Bildung und Weitergabe von Wissen wie folgt: **Die Linse Wissens-Linse W-1 liegt im Schaffen eines vertrauensvollen Miteinanders und dem Aufbau eines gemeinsamen Verständnisses der zu bewältigenden Aufgabe.**

2. Lernen im Team

Wie zu erwarten war, referenziert Schwaber den Begriff des impliziten Wissens sehr deutlich: Sollte externalisiertes Wissen nicht vorhanden sein, wird auf implizites Wissen der Teammitglieder zurückgegriffen, es wird per „trial and error" experimentiert und somit gelernt.[375] Eine an das „Multi-Functional Learning" angelehnte Sichtweise lässt sich in Form der „*Feature Teams*" in ASD und FDD erkennen[376]: Personen eines spezifischen Fachhintergrunds sollen in anderen Kontexten eingesetzt werden.

Die Betonung impliziten Wissens wird in der ASE insbesondere in der SECI-Sozialisation deutlich: Wissen soll nicht externalisiert und in Dokumentationsform aufbereitet, sondern in Besprechungen ausgetauscht, in Form des Quellcodes widergespiegelt oder in kurzen Festlegungen festgehalten werden. Eine zur Sozialisation von Wissen in der ASE praktizierte Vorgehensweise ist das XP-„*Pair Programming*"[377] oder das Crystal-„*Day Care*"[378]. Das Miteinanderarbeiten, das Abschauen, das gegenseitige Feedback stehen in deutlicher Affinität zu dem von Nonaka und Drucker referenzierten deutschen handwerklichen Lernsystem vom Lehrling bis zum Meister. Ebenso ist die nicht-schriftliche Kommunikation zu bewerten. Deutlich wird dies in DSDM mit der Forderung nach einem „*collaborative and cooperative approach*", in der „*holistic diversity*" von Crystal sowie in Highsmiths Anmerkungen zur Wichtigkeit von „*face to face*"-Besprechungen.[379]

[375] Vgl. Schwaber (1995), S. 124.
[376] Vgl. Highsmith (2000), S. 269; Palmer (2002), S. 46-49.
[377] Vgl. Beck (1999), S. 54.
[378] Vgl. Cockburn (2000) S. 232.
[379] Vgl. Stapleton (2003), S. 19; Cockburn (2000), S. 214; Highsmith (2000), S. 281.

Der Verweis auf Nonaka wird hier deutlich: „*Dialogue, in the form of face-to-face communication between persons [...]*“[380]. Cockburn belegt zudem, dass der Verzicht auf die ständige Aktualisierung externalisierter Wissensdatenbanken und die Betonung impliziten Team-Wissens zu einer schnelleren Reaktionsfähigkeit des Teams führen.[381]

Auch die SECI-Kombination kann in der ASE in Form der Präsentation der Ergebnisse und des Einholens von Feedback durch den Kunden nachgewiesen werden. Anforderungen des Kunden werden nicht in abstrakten Diagrammen, sondern als „*Story-Cards*“ oder „*User Stories*“ erfasst. Diese Erfassung lehrt nicht nur dem Entwicklungsteam die Weltsicht des Kunden, sondern auch den Kunden die Sicht der Entwicklung. Indem in regelmäßigen Abständen Rückmeldung gegeben wird, kann das Team fremde Sichtweisen des Kunden mit den eigenen externalisierten Ergebnissen kombinieren und daraufhin Inhalt und Vorgehensweise anpassen.[382] Auch an dieser Stelle zeigt sich ein Unterschied der ASE zur TSE: Agile Teams lernen in genauer Übereinstimmung mit Takeuchi/Nonaka in der regelmäßigen Internalisierung externen Wissens, das in Kombination mit den eigenen Ergebnissen zusammengeführt wird.

Somit kann festgestellt werden, dass der Aspekt des Lernens im Team in Fortführung der Sichtweise von Takeuchi/Nonaka und Senge in der ASE aufgegriffen wurde. Da in der TSE keine der hierzu beschriebenen Vorgehensweise verwendet wird, kann in der Folge eine weitere Linse festgestellt werden. **Linse W-2 dient der Weitergabe impliziten Wissens im Team durch persönliche Kommunikation sowie das regelmäßige Einholen externen Feedbacks.**

---

380 Nonaka (1994), S. 24.

381 Cockburn (2002), S. 7 „[...] not having to update the external knowledge base means they [team] can make many changes in a short time“.
Es soll an dieser Selle nicht unerwähnt bleiben, dass die direkte Kommunikation auch nachteilige Aspekte aufweisen kann. Insbesondere persönliche Abneigungen, Animositäten oder eine kulturell bedingte Distanziertheit können den direkten Austausch so negativ beeinflussen, dass die Zwangs-Externalisierung von Wissen insgesamt einen größeren Wissensaustausch erreicht.

382 Vgl. Elssamadisy (2009), S. 109.

3. Lernen über Teamgrenzen hinweg

In Fortsetzung der SECI-Spirale kann in Bezug auf das Lernen über Teamgrenzen hinweg festgestellt werden, dass Beck die zur Externalisierung von Wissen verwendeten Metaphern in Form der XP-„*Metaphor*" überdeutlich aufgreift.[383] Allerdings verwendet Beck diese, wie sich in Linse K-2 (gemeinsame Vision) zeigte, nur zur Versinnbildlichung des Projektziels. Die Metapher symbolisiert somit das vom Entwicklungsteam zu produzierende Ergebnis, die Software – als Träger von Wissen kann dieses Ergebnis allerdings nicht angesehen werden.

Das Lernen über Teamgrenzen hinweg ist ein Umstand, der in agilen EM in keinen weiteren Anweisungen betont wird. Ganz im Gegensatz zur TSE, die das Thema Wissensmanagement in aller Ausführlichkeit in Form des eigenen Methodenteils Knowledge Management (KM) betont, tritt in diesem Fall ein interessanter Unterschied hervor: Die geringe Auseinandersetzung mit dem Wissensmanagement im Gegensatz zur TSE offenbart ein Manko agiler EM. Da implizites Wissen nach Beendigung eines Projekts und Auflösung des Teams nicht weitergegeben werden kann, geht Wissen verloren. Dies trifft auch auf die Skalierung agiler Methoden hinsichtlich der Teamgröße zu. Die begrenzende Barriere scheint das implizite Wissen zu sein: Nur in überschaubaren Teams kann dieses auf einem gleichbleibenden Niveau gehalten werden.

Dass die ASE der Externalisierung von Wissen entgegentritt, kann nicht explizit festgestellt werden. So berichten Schwaber und Beedle von erfreulichen Effekten durch die Nutzung einer Datenbank zur Erfassung wichtiger Projektaspekte,[384] Highsmith erwähnt dasselbe als sinnvolle Unterstützung eines Teams.[385] Eher ergibt sich der Eindruck, dass agile EM ausschließlich auf die Beschreibung von Mechanismen im laufenden Projekt fokussieren und projektumgebende Umstände

[383] Ebenso deutlich wird die Übernahme der von Nonaka als „östliche Sichtweise" bezeichnete Weitergabe von Wissen gerade durch die von Beck im Zusammenhang mit der Metapher zitierten Autoren Lakoff und Johnson, die genau wie Nonaka Wissen in der Einheit von Körper und Geist beschreiben. Vgl. hierzu Lakoff (2011) mit dem Buchtitel *The embodied mind and its challenge to Western thought.*

[384] Vgl. Schwaber/Beedle (2002), S. 103.

[385] Vgl. Highsmith (2000), S. 279.

außer Acht lassen. In der Folge kann deswegen weder ein Gebot noch ein Verbot der Wissensexternalisierung und folglich keine Linse festgestellt werden.

4. Vorgabe eines gemeinsamen Ziels

Die Vorgabe eines gemeinsamen Ziels wurde in Linse K-2 bereits erkannt und aus diesem Grund hier nicht weiter verfolgt. Es ist allenfalls anzumerken, dass die von Senge beschriebene „*Shared Vision*" von Highsmith mit direktem Verweis auf Senge in *Agile Project Management* übernommen wurde: Mithilfe der Shared Vision verstehen die Teammitglieder nicht nur die niedergeschriebenen Worte, sondern genau die „[...] Annahmen, Vermutungen, Stärken, Schwächen, Definitionen und Alternativen [...]"[386], die nicht explizit formuliert wurden.

5. Erreichen von „Personal Mastery"

Das Erreichen von Meisterschaft lässt sich in der ASE allenfalls bei Hunt in PP mit „*Care about your craft*"[387] erkennen. Ein Aufruf zur persönlichen Fortbildung, um Systemstrukturen zu erkennen, lässt sich allerdings weder hierin noch in anderen agilen EM in „Senge'schem" Ausmaß nachweisen. **Folglich ergibt die Kerneigenschaft W5 keine weitere Linse.**

Fazit

Zusammenfassend kann festgestellt werden, dass Einflüsse der Bildung und Weitergabe von Wissen durch die Autoren Senge und Takeuchi/Nonaka in der ASE im Gegensatz zur TSE festgestellt werden konnten. Ergebnis der Analyse sind die nun vorliegenden weiteren beiden Linsen W-1 (Schaffen eines vertrauensvollen Miteinanders) und W-2 (Weitergabe impliziten Wissens), die in Kapitel 5.2 auf PM angewendet werden. Es ist interessant, dass sich die im vorhergehenden Kapitel erreichte volle Anwendbarkeit aller sechs Kerneigenschaften der Komplexitätstheorie in diesem Kapitel nicht fortsetzte. Dies war gerade aufgrund der deutli-

---

[386] Highsmith (2000), S. 148: „A development team with a shared vision understands not only the words of the project objective statement, for example, but its members also understand the assumptions, beliefs, strengths, weaknesses, word definitions, and alternatives discussed in arriving at that project objective statement."

[387] Vgl. Hunt/Thomas (1999), S. 7.

chen Referenzierung von Schwaber mit der Übernahme der Bezeichnung Scrum nicht zu erwarten. Dennoch stützt die Beobachtung den hiesigen Forschungsansatz und lässt entgegen der in Kapitel 2.3.1.3 als „anekdotisch" bezeichneten Fundierung eine belastbare und durchgehend begründete Definition von Agilität erwarten. Um diese zu vervollständigen, wird das folgende Kapitel die dritte Einflussquelle agiler EM, die Deming'sche Qualitätslehre, untersuchen.

4.3 Die Deming'sche Qualitätslehre und Agilität

Im Folgenden werden die in Kapitel 3.5.4 festgestellten Kerneigenschaften der Deming'schen Qualitätslehre (1. Wertschätzung des Systems, 2. Wissen über Variation, 3. Theorie des Wissens, 4. Wissen über Psychologie) betrachtet. Auch diese müssten sich nach Meinung des Verfassers in agilen EM nachweisen lassen.

1. Wertschätzung des Systems

Deming fordert das Durchschauen und Verstehen aller im System wirkenden Komponenten per se und in Interaktion. In Anwendung auf die SSE müsste folglich

a) der mit der Koordination beauftragte PL auch mit inhaltlichen Themen vertraut sein,

b) der Prozess ständig reflektiert und optimiert werden,

c) das gesamte Team und insbesondere die Führungsebene ein besseres Verständnis des Prozesses der SSE entwickeln, um Fehlerursachen außerhalb des Entwicklungsprozesses zu beseitigen,

d) Qualität in Einzelteilen entwickelt werden, um die Gesamtqualität zu steigern.

Ad a) Fachlichkeit des PL

In Bezug auf die fachliche Einbeziehung des PL kann keine Aussage getroffen werden. So erweckt die TSE im V-Modell durch die Trennung der SSE- von den PM-Aufgaben zwar den Eindruck, dass PL und Team getrennte Entitäten darstellen, eine Anweisung liegt hierzu jedoch nicht vor. Die agile EM Scrum sieht eine deutliche Trennung zwischen Fachlichkeit (Product Owner) und Prozess (Scrum Master) vor, andere Agile EM machen jedoch keine Vorgaben. Folglich kann auch nicht behauptet werden, dass das Management aus fachlichen Entscheidungen ausgeschlossen sein muss. Ein deutlicher Unterschied kann aufgrund dieser Unklarheiten nicht gefunden werden.

Ad b) Ständige Reflexion des Prozesses

Eine Änderung des prozessualen Vorgehens sieht das V-Modell 97 in Form des Taylorings zu Beginn des Projekts vor. Im Gegensatz zu agilen EM, die, wie weiter oben in Linse K-5 (Anpassung), methodische und prozessuale Veränderungen auch im laufenden Projekt vornehmen, ist die Anpassung des Vorgehens nur einmalig möglich, Lerneffekte können dementsprechend nur in Folgeprojekten aufgegriffen werden.

Ad c) Verantwortung auf das Team

Agile EM gehen dazu über, Verantwortung an das gesamte Team zu übertragen – die Deming'sche Forderung der Wertschätzung des Systems zeigt sich in diesem Verantwortungsübergang in Vereinigung mit Demings 14. Forderung „[...] everyone will see what he can do [...]“[388]. In der organisatorischen Entkoppelung, im „*collective code ownership*“[389] von XP oder im Prinzip der „*Accountability*“[390] in ASD zeigt sich diese Übertragung der Verantwortung der ASE gegenüber der TSE. Allerdings widersprechen dieser Verantwortungsübernahme Prinzipien wie „*Owner per deliverable*“ aus Crystal, die „*class owners*“ aus FDD oder die Tech-

[388] Deming (1986), S. 90.
[389] Vgl. Beck (1999), S. 99 f.
[390] Vgl. Highsmith (2000). S. 82.

nik *„sign your work"* des PP.[391] In der Folge kann in der ASE per se keine Einigkeit und deswegen auch kein Gegensatz zur TSE festgestellt werden.

Ad d) Qualität bereits in Einzelteilen

Da ebenso wie in der industriellen Produktion die Kosten der Fehlerbehebung steigen, je später sie erkannt werden, wurden in der SSE von Anbeginn an verschiedenartige Qualitätsmanagementansätze verfolgt, um Funktionsfähigkeit, Stabilität und Wartbarkeit zu gewährleisten. Auch in agilen EM wird das Thema Qualität betont: Gegenüber der Aufteilung eines Entwicklungsteams in Entwickler und Tester oder der zeit- und aufwandsintensiven Durchführung von Software-Inspektionen am Ende der Entwicklung verfolgen agile EM allerdings andere Ansätze. Anstatt die Software herzustellen und anschließend zu testen, werden Fehler sofort behoben. Deutlicher tritt diese Denkweise in den folgenden Techniken im Gegensatz zur TSE hervor:

I. In der Methode Scrum arbeiten alle Entwickler während des Sprints alle Anforderung gemeinsam und Stück für Stück ab. Die nächste Anforderung kann erst begonnen werden, wenn sämtliche Tests zur Zufriedenheit abgeschlossen wurden. Da sich somit alle Teammitglieder mit jeder Anforderung auskennen, wird das gesamte Team für die qualitativ hochwertige Auslieferung verantwortlich gemacht. Ähnliche Prinzipien finden sich in DSDM und PP in Form der grundlegenden Prinzipien *„Never mind the quality?"*[392] beziehungsweise *„Design to Test"*.[393]

II. In der agilen EM Extreme Programming wird die genannte *„Test-First"*-Methode[394] verfolgt. Bevor das eigentliche Programm geschrieben wird, wird ein Programm zum Testen desselben erstellt. Dieses Test-Programm stellt von Anbeginn an sicher, dass die entwickelte Software den geforderten Spezifika entspricht. Jede Implementierung eines Programmteils muss

[391] Vgl. Cockburn (2000), S. 191; Palmer (2002), S. 29; Hunt/Thomas (1999), S. 207.
[392] Vgl. Stapleton (2003), S. 65-72.
[393] Vgl. Hunt/Thomas (1999), S. 158.
[394] Vgl. Beck (1999), S. 118.

dem Testprogramm standhalten. Gleichzeitig werden manuelle Testaufwände durch diese Automatisierung der Modul- und Systemtests eingespart. Kritisiert wird an diesem Vorgehen, dass der dadurch entstehende Test-Code per se Verschwendung darstellt, da er an sich keinen Wert verkörpert – eine Argumentation, die allerdings ignoriert, dass die Automatisierung von Testaufgaben ein Vielfaches an manuellen Testaufwänden eliminiert.[395] Eine ähnliche Auffassung verfolgt PP mit den Prinzipien „*Make Quality a Requirements Issue*" beziehungsweise „*Test Your Software, or Your Users Will*".[396]

III. In XP wird ebenso „*Pair Programming*"[397] praktiziert. Bei dieser Technik teilen sich zwei Entwickler eine Konsole und entwickeln das Programm gemeinsam. Während ein Entwickler codiert, wird dessen Arbeit ständig vom zweiten überprüft. Auf diese Weise wird die Qualität des Erzeugnisses auf Anhieb bei der Entstehung überprüft und verbessert.

Qualität entsteht in der ASE demnach nicht nur in der methodischen Reflexion, sondern sofort bei der Produktion. Die Integration von Produktion und Qualitätskontrolle in einem Schritt ist ein Aspekt, der später auch im Kontext der Lean Production beobachtet werden wird und sich hier bereits abzeichnet. Zusammenfassend betrachtet lassen sich deswegen zwei deutliche Abweichungen der TSE von der ASE feststellen:

a) Die regelmäßige Reflexion über Inhalt und Prozess. Diese wurde allerdings bereits in Linse K-5 betrachtet.

b) Die starke Betonung des Qualitätsaspekts führt zur **Konstruktion von Deming-Linse D-1, die sich durch die Erzeugung von Qualität durch die Integration von Produktion und Qualitätskontrolle in einem Schritt auszeichnet.**

---

[395] Vgl. Padberg/Tichy (2007), S. 165.
[396] Vgl. Hunt/Thomas (1999), S. 18, 162.
[397] Vgl. Beck (1999), S. 54.

2. Wissen über Variation

Dass Variationen in der SSE auftreten, weisen Yilmaz und Chatterjee nach.[398] Genau aus diesem Grund können Ziele in Form terminlicher Fristen oder numerischer Vorgaben zur Steuerung des Systems nicht sinnvoll sein. Vielmehr müssten die im Prozess beteiligten Akteure mit den Freiheiten ausgestattet werden, prozessuale Probleme zu beheben und eine tatsächliche Verbesserung zu erwirken, statt sich an extern vorgegebenen Kennzahlen zu orientieren. Wenn dieses Verhalten in der ASE aufgenommen wurde, muss sich konsequenterweise die von Deming geforderte systematische Behebung der „common“ und der ‚special causes‘ in der ASE im Gegensatz zur TSE nachweisen lassen.

Konkret müsste dies bedeuten, dass

a) das Team von der Linienorganisation getrennt wird,

b) Fehlerursachen aufgrund von ‚common causes‘[399] in der Verantwortung des Managements lägen,

c) Fehlerursachen aufgrund von ‚special causes‘ durch die am Prozess beteiligten Personen selbst erkannt und gelöst werden müssten.

Ad a) Trennung des Teams von der Linienorganisation

Auf die TSE trifft die Trennung der Verantwortung nur teilweise zu, da die strikte Kompetenztrennung zwischen der organisatorischen Linienverantwortung und dem Projektteam aufrechterhalten wird. Der PL muss zur Eliminierung eines erkannten ‚common cause‘ eine Abstimmung mit den Linienverantwortlichen herbeiführen. Da Linienverantwortliche zwar in das Projekt ‚hineinregieren‘ und somit die Verantwortung für ‚special causes‘ übernehmen könnten, gleichzeitig aber keine Qualitätsverantwortung im Projekt tragen, treten die aus der Matrixorganisation bekannten Konflikte in Form unklarer Verantwortung, Kompetenzüber-

[398] Vgl. Yilmaz/Chatterjee (1997), S. 54 f.
[399] Die Anwendung der common und special causes folgt Lantzy (1992), S. 114.

schneidung und der Mehrfachunterstellung auf.[400] Agile EM verfolgen stattdessen einen anderen Weg: Sie entkoppeln das Team von umgebenden organisatorischen Einflüssen und etablieren die in Linse K-3 beschriebenen Kommunikationskanäle. Auf diese Weise adressieren agile EM das Lösen von ‚common causes' durch das Management, indem das Team entkoppelt von der es umgebenden (Matrix-) Organisation ‚special causes' löst.

Die Entkoppelung findet durch spezielle Rollen statt. So besteht die Aufgabe des „Scrum Masters" darin, *„Hindernisse"*[401] zu entfernen, die außerhalb des Einflusses des Projektteams liegen. Eine ähnliche Rolle kommt in XP dem *„Big Boss"*[402] zu, während DSDM, ASD und FDD diese Rolle weiterhin *„Project Manager"* nennen. Durch die regelmäßig mit den externen Stakeholdern stattfindende Kommunikation wird gleichzeitig ein Bewusstsein inner- und außerhalb des Projekts für ‚common causes' geschaffen. Auch zur Kommunikation mit der „Außenwelt" wählen agile EM einen eingeengten Kommunikationskanal. Diesen nimmt in XP der *„Onsite-Customer"*, in Scrum der *„Scrum-Master"* und in DSDM der *„Ambassador User"* wahr.[403]

Durch Entkoppelung und enge Kommunikationskanäle wird tatsächlich realisiert, dass das Team eingebettet in einem eigenen, von ‚common causes' befreiten „Herrschaftsbereich" behebbare Qualitätsprobleme, ‚special causes', beseitigen kann.

Ad b) Verantwortung von ‚common causes' durch das Management

Die Integration des Managements und die Schaffung eines Problembewusstseins kulminiert in agilen Methoden am Ende von Iterationen in der Runde aller Projekt-Stakeholder. Hier werden nicht nur Ergebnisse präsentiert, sondern es wird Rückmeldung eingeholt. Dieses Feedback fließt nicht nur in Richtung des Teams, sondern auch zurück – die Abkapselung des Teams wird durchbrochen und ein breiter Kommunikationskanal wird geöffnet. Durch die kurzfristige Wiederholung

---

[400] Vgl. Staehle (1999), S. 711; Bea/Scheurer/Hesselmann (2011), S. 409.
[401] Schwaber/Beedle (2002) S. 44 bezeichnen diese Hinternisse als „impediments".
[402] Vgl. Beck (1999), S. 147.
[403] Vgl. Beck (1999), S. 60; Schwaber/Beedle (2002), S. 6; Stapleton (2003), S. 36.

dieses Vorgehens am Ende jeder Iteration erreichen agile EM ein Bewusstsein für das Team umgebende ‚common causes' bei den betroffenen Stakeholdern. Zudem erhalten die umgebenden Stakeholder und Manager wiederholten Einblick in den Prozess und können somit eine „Wertschätzung des Systems" entwickeln. In der Folge können Gründe für Variabilität verstanden und Änderungen nicht nur durch das Projektteam, sondern auch durch das Management herbeigeführt werden. Schließlich bestehen Deming zufolge 94 % der feststellbaren Fehlerursachen in ‚common causes', also Ursachen für welche nicht das Projektteam verantwortlich gemacht werden kann.[404] In der TSE findet diese Integration der Stakeholder zu den fest vorgelegten Übergabezeitpunkten bestimmter Ergebnisse und somit seltener statt. Verständnis für das Vorgehen kann somit zwar entstehen – im Verlauf des Prozesses auftretende Probleme können jedoch nur durch Ausnahmeinterventionen zwischen dem PL und dem Management geregelt werden.

Ad c) Verantwortung von ‚special causes' durch die Teammitglieder

Die TSE folgt der Qualitätsauffassung von Philip Crosby. Dieser gibt mit einem ursprünglich fertigungsorientierten Fokus vor, dass das Ergebnis eines Produktionsprozesses in „Conformance to Specification"[405], spezifikationskonform, sein muss. Es lässt sich feststellen, dass agile EM hier einen anderen Weg beschreiten: In geistiger Übereinstimmung mit den Deming'schen Grundsätzen werden keine Zielvorgaben, Quoten und Bewertungen vorgegeben (Deming: 10-12. Satz), sondern wird die ständige Verbesserung (Deming: 13. Satz) betont. Somit kann eine eigenständige Weiterentwicklung des Produktionsprozesses und folglich eine höhere Qualität im Sinn des Kunden nicht im Sinn der Spezifikation erreicht werden. Gleichzeitig werden durch die Involvierung des Teams die handwerklichen Fähigkeiten (Deming: 11. Satz) respektiert.

[404] Vgl. Leach (2000), S. xvi.
[405] Kerzner (2009), S. 880.

Zusammenfassend kann festgestellt werden, dass in agilen EM tatsächlich eine Trennung der Qualitätsverantwortung über mehrere Ebenen erfolgt. Folglich ist das Wissen über Variation in ASE-Methoden verarbeitet worden. Aus diesen Betrachtungen der **Kerneigenschaft D2 konstruiert sich folglich Linse D-2, die darin besteht, eine Teilung der Qualitätsverantwortung zwischen dem Team und den externen Parteien herbeizuführen.**

3. Theorie des Wissens

Die dritte Kerneigenschaft der Deming'schen Qualitätslehre besteht in der Theorie des Wissens. Wissen ergibt sich, wenn Vorhersagen über zukünftige Ergebnisse aufgestellt und überprüft werden und das Vorhersagesystem anschließend angepasst wird, um zukünftige Ereignisse noch präziser vorherzusagen. Umgesetzt wird dies durch den PDCA-Zyklus, der in der Aufstellung und Verifizierung von Hypothesen und der dadurch folgenden spiralförmigen Annäherung an das zu erreichende Ziel besteht. Dieses Vorgehen kann im Vergleich zwischen agiler und traditioneller SSE anhand folgender Hinweise festgestellt werden.

Plan: Zu Beginn eines Zyklus werden verschiedene Annahmen getroffen. Diese finden im Gegensatz zur TSE wiederkehrend statt. Beispiele sind das *„Sprint-Planning-Meeting“*[406] von Scrum, das *„Planning Game“*[407] von XP, die Anweisung *„Develop iteratively“*[408] von DSDM oder die *„Early and Regular Delivery“*[409] von Crystal.

Do: Innerhalb des Zyklus wird konzentriert gearbeitet, das Team wird nicht gestört. Allenfalls PM-Techniken wie das *„Monitoring Progress“*[410] in Crystal oder das FDD-*„progress tracking“*[411] begleiten das Team.

Check: Die Präsentation der Ergebnisse und der Austausch von Informationen mit dem Kunden werden am Ende des Zyklus durchgeführt. Hier wird Feedback

[406] Vgl. Schwaber/Beedle (2002), S. 47-50.
[407] Vgl. Beck (1999), S. 83.
[408] Vgl. Stapleton (2003), S. 17 f.
[409] Vgl. Cockburn (2000) S. 204.
[410] Vgl. Cockburn (2000) S. 92.
[411] Vgl. Coad/Lefebvre/Luca (1999), S. 199.

gesammelt, das anschließend zu Veränderungen im prozessualen Vorgehen führen kann.

Act: Abschließend erfolgt ein methodischer Review mit einer gleichzeitigen Planung des nächsten Zyklus (Act).[412] Das „*Revision and Review*"[413] von Crystal oder das „*Sprint Review Meeting*"[414] setzen diese reflexive Denkweise um.

Mit der Befolgung des PDCA-Zyklus geht die Abbrechbarkeit einher. Entgegen dem traditionellen Vorgehen, Software genau passend zur Spezifikation zu erzeugen, verfolgt die ASE das Leitbild, die Entwicklung zu beenden, wenn die Zielgruppe mit dem Ergebnis zufrieden ist. Auf diese Weise kann verhindert werden, dass Funktionalitäten entwickelt werden, die später gar nicht verwendet werden. Gleichzeitig werden die aus Sicht der Anwender wichtigen Funktionalitäten zuerst entwickelt. Dieses Vorgehen wirkt Entwicklungen der Praxis entgegen, nach denen auf der einen Seite über die Hälfte der spezifizierten Softwarefunktionalitäten nicht genutzt und auf der anderen Seite wichtige Funktionalitäten überhaupt nicht entwickelt werden.[415] Demzufolge versuchen sich agile EM an einer Pareto-optimalen Verwendung der Aufwände, nach denen 80 % der Funktionalität mit 20 % des Aufwands umgesetzt werden können.

Aus diesen Beobachtungen kann abgeleitet werden, dass die Einflüsse der Deming'schen Qualitätslehre tatsächlich einen Einfluss auf die TSE genommen haben und sich in agilen Methoden manifestieren. Aus Kerneigenschaft D3 kann somit **in Ergänzung zur Linse K-5 (Etablierung eines Rhythmus) die Linse D-3 konstruiert werden. Sie besteht in der Etablierung eines sich wiederholenden PDCA-Zyklus, der sich dem gewünschten Ziel in einem spiralförmigen Vorgehen annähert.**

[412] Vgl. hierzu die folgenden Techniken: Crystal Clear: Revision and Review; Scrum: Sprint Retrospective.
[413] Vgl. Cockburn (2000), S. 43, 92.
[414] Vgl. Schwaber/Beedle (2002), S. 15, 54.
[415] Vgl. The Standish Group International (2009), o. S.

4. Wissen über Psychologie

Da der Aspekt des „Leaderships“ bereits in Kapitel 4.1 genannt wurde, werden hier die übrigen Forderungen von Deming in Bezug auf das Wissen über Psychologie untersucht. Deming fordert:[416]

1. die Abschaffung einer Bevormundung der Mitarbeiter im Austausch zu einer Wertschätzung der Arbeit und Förderung des Stolzes des Einzelnen („12. Remove barriers that rob the hourly worker of his right to pride of workmanship“),
2. die Abschaffung von Vorgaben („11. Eliminate Work standards“),
3. die Ausbildung und Weiterentwicklung der Beteiligten („13. Institute a vigorous program of education and self-improvement“).

Interessanterweise zeichnen sich genau diese Forderungen in agilen EM im Gegensatz zur TSE ab. So wird

Ad 1) in agilen Methoden der Stolz in der handwerklichen Kunstfertigkeit (craftsmanship) der SSE gefordert.[417] Ein Muster, das in der TSE nicht aufzufinden ist.

Ad 2) die Fähigkeit der Anpassung auf Änderungen verankert.[418] Statt extern vorgegebene Marken wie Fertigstellungstermine, Geschwindigkeiten oder sonstige Kennzahlen zu erreichen, konzentriert sich ein Team auf die schnelle Bereitstellung von Wert für den Kunden. Diese Eliminierung externer Vorgaben stellt erneut einen starken Kontrast zur TSE dar.

Ad 3) in agilen EM zwar die Aus- und Weiterbildung der Mitarbeiter betont –[419] allerdings kann hier kein Kontrast zur TSE, die explizite Aktivitäten zur Einarbeitung und Schulung der Mitarbeiter vorschreibt, erkannt werden.

---

[416] Vgl. Deming (1986), S. 23 f.

[417] Die Betonung der Handwerklichkeit zeigt sich im „Care about your Craft“ des PP in Hunt/ Thomas (1999), S. xix.

[418] Vgl. die Erklärungen zur Änderungstoleranz im Kontext von Linse K-1.

[419] Vgl. z.B. Cockburn (2000), S. 132; Highsmith (2000), S. 41.

Somit kann eine weitere Einflussnahme der ASE festgestellt und somit **Linse D-4 konstruiert werden. Sie besteht in einer Betonung der fachlich-handwerklichen Fähigkeiten und der Abschaffung externer Vorgaben.**

Fazit

Wie eingangs vermutet wurde, konnte erneut die Beeinflussung der ASE durch eine weitere Einflussquelle, die Deming'sche Qualitätslehre, festgestellt werden. Die deutliche Übernahme des spiralförmigen Vorgehens in die ASE ist dabei eine Erkenntnis, die in der Forschung bislang nicht in dieser Deutlichkeit erkannt wurde. Auch die volle Anwendbarkeit aller vier Kerneigenschaften zeigt, dass Deming einen deutlichen Einfluss auf die ASE genommen hat. Bevor in Kapitel 5.3 nun die vorliegenden Deming-Linsen auf das Thema PM angewendet werden können, wird die Untersuchung der Einflussquellen in agilen EM fortgesetzt. Es wird im folgenden Kapitel insbesondere interessant sein, Demings Wirken auf die ASE in Form seiner auch in Lean eingegangenen Gedanken weiter zu beobachten.

4.4 Lean und Agilität

Der bisherige Nachweis der Aufnahme softwarefremder Einflüsse in die ASE wird in diesem Kapitel entlang des Themas Lean fortgesetzt. Es wird erneut erwartet, dass sich die Beeinflussung der ASE durch die in Kapitel 3.5.5 gewonnenen Lean-Kerneigenschaften 1a-c, 2a-c und 3a-d fortsetzen wird.

1. Mensch

1a) Übertragung von Verantwortung an die wertschöpfenden Personen

Die erste isolierte Eigenschaft von Lean besteht darin, die Entscheidungsgewalt auf die niedrigstmögliche Hierarchiestufe zu delegieren. Niedrigstmöglich bedeutet, dass der Personenkreis, dem die meisten Informationen zum betrachteten Problem vorliegen auch entscheiden sollte.

Gegenüber der TEM schlagen agile EM die Ausstattung des Teams mit Entscheidungsbefugnis vor. Dies zeigt sich beispielsweise in DSDM mit *„teams must be empowered to make decisions“*[420], in Scrum mit *„No Interference“*[421] und der Anforderung an den Vorgesetzten in XP: *„The team needs you to have courage“*[422]. Gleichzeitig gehen agile EM im Gegensatz zu dem starren Vorgehen, Spezifikationen von einer Partei erstellen zu lassen und diese von einer anderen Partei umzusetzen zu lassen, davon aus, dass sich im direkten Kontakt zwischen Kunden und Entwicklern gegenseitiges Verständnis ergibt. Während der Softwareentwickler in TSE-Methoden durchaus Freiheitsgrade besitzt, werden auch Entscheidungen technischer Dimension, die über den definierten Projektumfang hinausgehen, nur in Rücksprache mit dem Kunden getroffen. Dieses Vorgehen sorgt für längere Warte- und Abstimmungszeiten und lässt die Entität entscheiden, die die größte Distanz zum technischen Geschehen hat.

Im Gegensatz dazu fordern Beck, Highsmith und Martin sowohl den *„Onsite-Customer“*[423], den Kunden, der Teil des Teams ist, das heißt auch ein Team, das sich aus Experten verschiedener Disziplinen zusammensetzt.[424] Durch die dem Lean Product Development analoge Zusammenarbeit beeinflussen die tatsächlich wertschöpfenden Personen – wie beispielsweise Entwickler, Software-Architekten, Tester, Systemexperten und der Kunde selbst – die Entwicklung des Produkts von Anbeginn an. Durch die tägliche direkte Abstimmung agiler EM werden Entscheidungen direkt im Team und nicht außerhalb davon gefällt. Auch die daraus folgende hohe Verantwortung der Entwickler für sich selbst und das Team stellt damit eine deutliche Parallele zur Verantwortung des Gruppenmitglieds in der Lean Production dar. Interessanterweise führt die agile EM DSDM auch die Gegenseite aus: Die Selbstorganisation wirkt nicht nur als Forderung, sondern führt auch zur Bildung von Vertrauen. Das DSDM-Prinzip „keep

[420] Vgl. Stapleton (2003), S. 13
[421] Vgl. Schwaber/Beedle (2002), S. 51.
[422] Vgl. Stapleton (2003), S. 15; Beck (1999), S. 147; Schwaber/Beedle (2002), S. 51.
[423] Vgl. Beck (1999), S. 60.
[424] Vgl. Elssamadisy (2009), S. 125 ff., 137.

control"[425] bedeutet, dass das agile Team der umgebenden Organisation in Form von Kennzahlen oder der Einhaltung gegebener Versprechungen demonstriert, dass es das Projekt unter Kontrolle hat.

Es kann festgehalten werden, dass im Gegensatz zur TSE Entscheidungsgewalt weg von einer Managementinstanz hin zum Team verlagert wird. Interessanterweise stellt dies nicht nur eine Veränderung der TSE zur ASE dar. Es ergibt sich eine Parallele zu Linse K-4, die besagt, dass Emergenz innerhalb eines Systems nur dann auftritt, wenn ein Team in Selbstorganisation verwaltet wird. Der Einfluss der Linse K-4 steht folglich in deutlicher Parallelität zu **Lean-Linse L-1a. Sie konstruiert sich aus der Delegation der Entscheidungsgewalt auf das Team.**

1b) Einbindung von Kunden und Lieferanten in das Wertschöpfungsnetzwerk

Das Involvieren des Lieferanten findet in der ASE in Form der Verwendung fertiger Bibliotheken als Ausgangsbasis oder Teil der Entwicklung statt. Eine wirkliche Integration des Lieferanten in das Projektteam im Sinn einer vertikalen Wertschöpfungskette wie in der Lean Production kann nicht festgestellt werden.

In Bezug auf den Kunden besteht in der TSE ein Auftrag in einem vorgegebenen Leistungsumfang. Dieser wird umgesetzt, indem ausgehend von einer Fachspezifikation ein DV-Entwurf vorgelegt und vom Kunden beauftragt wird. Die Treffen zwischen Kunde und Auftragnehmer finden folglich in Schnittstellensituationen, das heißt bei Vertragsverhandlungen, dem Fachkonzept oder situativ zur Diskussion auftretender Unklarheiten statt. Durch diese punktuelle Kommunikation entstehen im Projektalltag Schwierigkeiten, da neuralgische Entscheidungen erst gefällt werden können, wenn die notwendigen Personen versammelt sind. Im Gegensatz dazu findet in agilen EM eine deutlich intensivere Einbindung des Kunden an mehreren Stellen statt. So fordert Highsmith einen Prozess des „*collabora-*

[425] Ausgeführt wird dieses von Stapleton (2003), S. 77 beschreibene Prinzip in der aktualisierten Version der DSDM, dem DSDM Atern in Richards (2007). S. 18.

tive planning"[426], Cockburn „*user involvement*"[427] sowie Beck im Umkehrschluss die Einwilligung und das aktive Einbringen des Kunden.[428] Zusätzlich zum oben beschriebenen On-Site-Customer wird spätestens am Ende des Zyklus das Feedback mehrerer Kundenvertreter eingeholt und zudem entschieden, welche Arbeitspakete im folgenden Zyklus umzusetzen sind. Der Austausch mit dem Kunden ist im Gegensatz zum Lean-Wertschöpfungsnetzwerk jedoch auf die Dauer eines Projekts und nicht auf eine längere Kooperation beschränkt. Die intensive Beschäftigung mit den sich im Verlauf eines Lebensalters ändernden Anforderungen kann deswegen nicht erfolgen.

Die Abweichung agiler EM in Fortsetzung der Lean-Kerneigenschaft 1b wird hier nicht sehr deutlich. Der Kunde „zieht" zwar Wert und löst mit seiner Anforderung die Produktion eines Guts aus. Über die in Linse K-3 festgestellte Reduktion von Kommunikationswegen zwischen Kunde und Projektteam geht die Erkenntnis jedoch nicht hinaus. **Aus diesem Grund kann an dieser Stelle keine Veränderung festgestellt werden.**

1c) Förderung von Lernen und Wissen

Die Förderung von Wissen und Lernen wurde bereits im Kapitel 4.2 ausführlich behandelt und wird hier nicht weiterverfolgt.

2. Aufgabe

2a) Optimierung des Werts für den Kunden

Bei der Betrachtung verschiedener agiler EM fällt zunächst die persönliche und direkte Involvierung des Kunden auf. Das bedeutet nicht, dass dies in der TSE nicht der Fall ist. Die „dauernde" Kommunikation, der persönliche Austausch und das Ziel, wie der Kunde zu denken, heben die Kunden-Lieferanten-Beziehungen

[426] Vgl. Highsmith (2000), S. 275.
[427] Vgl. Cockburn (2001), S. 134 ff.
[428] Vgl. Beck (1999), S. 144.

auf ein neues Niveau.[429] Diese direkte Kommunikationsnotwendigkeit zeigt sich im DSDM-Prinzip „*Fitness for business purpose is the essential criterion for acceptance of deliverables*"[430], dem „*customer focus*" von ASD oder dem „*Satisfying the customer is the highest priority of the organization*"[431] des Lean Development. Die Kritik agiler EM besteht an den phasenorientierten Artefakten der TSE. Diese seien keine Produkte mit tatsächlichem Wert für den Kunden, sondern nur Zwischenprodukte.[432] Gegenüber der traditionellen Vorgehensweise, alle Anforderungen zu sammeln und anschließend auf Basis einer Detailspezifikation konkretisiert zu einem festen Preis anzubieten, wird im agilen Vorgehen in Zusammenarbeit zwischen dem Team und dem Kunden eine wiederkehrende Priorisierung vorgenommen.[433] Die Entwicklung beginnt mit genau den Anforderungen, die der Kunde als am werthaltigsten identifiziert, die restlichen Anforderungen werden nach Wichtigkeit gereiht und in Folgeiterationen neu bewertet. Als Auswirkung des inkrementellen Vorgehens erhält der Kunde im Einklang mit dem Crystal-Prinzip „*early and regular delivery*"[434] bereits nach kurzer Zeit eine funktionierende Software, Wert, geliefert.

Die Forderung des Lean Managements besteht zudem darin, nicht zu viel zu produzieren, oder wie Charette es ausdrückt: „lieber eine 80-prozentige Lösung heute, als eine 100-prozentige Lösung morgen"[435] zu realisieren. Das bedeutet, dass Funktionen, die der Kunde entgegen einer früheren Meinung gar nicht mehr benötigt, überhaupt nicht produziert werden müssen. Das Projekt kann somit auf Wunsch des Kunden nach jeder Iteration genau dann beendet werden, wenn die Zahlungsbereitschaft des Kunden für weitere Funktionalitäten erschöpft ist. Da

[429] Dies zeigt sich beispielsweise in folgenden Techniken: FDD: „Personal status meeting", DSDM: „Communicate continuously and clearly", PP: „Work with a User to Think Like a User".

[430] Vgl. Stapleton (2003), S. 16 f.

[431] Vgl. Charette (2003), o. S.

[432] Boehm/Turner (2003), S. 3 bemerken: „It feels like we're spending more time writing documents than producing software."

[433] DSDM führt hier an: „Prioritized functions, Active user [client] involvement is imperative". In Crystal bezeichnet die Technik: „User viewings" ähnliche Aktivitäten.

[434] Vgl. Cockburn (2000) S. 204.

[435] Vgl. Highsmith (2002), S. 292.

derartige Anforderungen in der Praxis beinahe die Hälfte des gesamten Projektbudgets ausmachen, wird durch diese Technik weiterer, monetär messbarer Mehrwert für den Kunden geschaffen.[436]

Linse L-2a konstruiert sich folglich durch die schnelle und frühzeitige Auslieferung von Wert an den Kunden.

2b) Vermeidung von Verschwendung

Laut Ohno besteht das Ziel des TPS darin, „die Produktionseffizienz zu erhöhen, indem dauerhaft und ernsthaft Verschwendung vermieden wird“[437]. In agilen EM lassen sich diese Gedanken zur Vermeidung von Verschwendung an mehreren Stellen wiederfinden.

1. Überproduktion: Die Vermeidung von Überproduktion wurde in Form der Abbrechbarkeit des Projekts in Linse D-3 verdeutlicht.
2. Nachbearbeitungen: Programmteile, die in Vorausahnung eines späteren Bedarfs, beispielsweise einer abzusehenden Wiederverwendung, implementiert werden, müssen komplett weggelassen werden, da eine Vorimplementierung nichtnotwendiger Funktionalitäten mit den einhergehenden Komplexitäten, höheren Wartungs-, Dokumentations- und Nachbearbeitungsaufwänden nicht sinnvoll ist.[438]
3. Unnötige Zwischenprodukte: In agilen EM wird desgleichen die Meinung vertreten, keine Funktionalitäten zu präsentieren, die am Ende einer Iteration nur teilweise fertig sind. Infolgedessen werden Arbeitspakete so geschnitten, dass am Ende der Iteration präsentierbare Ergebnisse vorliegen können. Dies stellt einen Gegensatz zur TSE dar, da Module hier durchaus über längere Zeit entwickelt werden und die komplette Software in einem Stück ausgelie-

[436] Vgl. Padberg/Tichy (2007), S. 164, die die CHAOS-Studie von 2000 zitieren, gemäß welcher Funktionalitäten umgesetzt würden, die „[...] gar nicht (45 %), selten (19 %) oder nur manchmal (16 %) verwendet werden [...]“

[437] Ohno (2008), S. xii.

[438] Der pragmatische Merksatz aus der agilen SSE lautet hier: YAGNI: „You aren't gonna need it“. YAGNI-Anforderungen sind demnach Anforderungen, die am Anfang spezifiziert, in Wirklichkeit aber gar nicht benötigt werden. Vgl. hierzu Cunningham (2012), o. S.

fert wird[439]. Unnötige Zwischenprodukte werden deswegen analog zu halb fertigen Zwischenprodukten der Lean Production vermieden.

4. Unnötige Transporte, Wartezeiten sowie Bewegung von Personen lassen sich in der Co-Location-Doktrin der ASE erkennen. Entwickler, Tester und Kunde sollen an einem Ort versammelt sein, um Wartezeiten und Übergaberoutinen zu eliminieren.
5. Defekte: Die Qualitätsorientierung wurde in der Erzeugung von Qualität auf Anhieb im Kontext der Deming'schen Qualitätslehre nachgewiesen.

Gegenüber der TSE zeichnet sich der Kosteneinsparungsgedanke der Verschwendungsvermeidung deutlich ab. Somit wird **Linse L-2b konstruiert als die permanente Vermeidung von Verschwendung im SSE-Prozess.**

2c) Perfektionierung des Systems

Zwischen den Verbesserungszyklen findet in der agilen EM in Analogie zur Lean Production angespanntes Arbeiten statt, indem die innerhalb des Zyklus verwendeten Methoden nicht verändert werden. Dafür findet in den bereits beschriebenen Techniken wie der „*Sprint Retrospective*"[440] in Scrum oder dem „*Revision and Review*"[441] in Crystal eine Anpassung der Methodologie und eine ständige Reflexion über das laufende Projekt statt. Die kontinuierliche Verbesserung im laufenden Projekt ist somit Teil des SSE-Prozesses selbst und steht damit in Kontrast zur TSE.

Die Perfektionierung des Systems wird gleichzeitig durch das interdisziplinäre Team begünstigt. So wie in der Lean Production sämtliche Gruppenmitglieder, inklusive des Gruppensprechers, alle Arbeitsschritte beherrschen müssen, werden in der ASE keine Zuständigkeiten festgelegt. Stattdessen wird mit dem „*collective*

[439] Deutlich wird dies beispielsweise in der PM-Anweisung des V-Modells, die Ergebnisse nicht nur am Ende, sondern „auch bei Abschluß entscheidender Aktivitäten, also an definierten Meilensteinen" präsentiert werden sollten. Bundesrepublik Deutschland (1997) Regelung 9 (PM), S. 7-21.

[440] Vgl. Schwaber (2004) S. 138.

[441] Vgl. Cockburn (2000), S. 43, 92.

code ownership“[442] von XP oder der „*Inspection*“[443] des FDD systematisch verhindert, dass nur ein Entwickler mit einem Teil des Quellcodes vertraut ist. Auch wird erreicht, dass alle Teammitglieder ständig mit allen Bereichen in Berührung kommen und damit eine ständige Überprüfung und Verbesserung stattfinden kann. Gleichzeitig wird das Gruppenniveau gesteigert.

Linse L-2c konstruiert sich deswegen aus der permanenten Reflexion und Anpassung des Werterschaffungssystems.

3. Technik

3a) Schaffen von Qualität auf Anhieb

Die Erschaffung von Qualität auf Anhieb wurde bereits in Linse D-1 erkannt und wird daher hier nicht weiterverfolgt.

3b) Pull

Der Gegensatz von „Pull“ gegenüber traditioneller Fertigung besteht in der Arbeitszuteilung. Statt vorgegebene Arbeitspensen abzuarbeiten und Planzahlen einzuhalten, wird im „Pull“-Prinzip genau dann Arbeit „gezogen“, wenn Kapazität zur Verfügung steht.

Der Ansatz der TSE besteht darin, ein Softwarepaket gemäß der zuvor erstellten Spezifikation zu einem definierten Zeitpunkt auszuliefern. In der ASE wird jedoch anders verfahren. Statt sowohl Zeitpunkt als auch Umfang fest vorzugeben, werden mehrere Zeitpunkte, die jeweiligen Zyklusenden, vorgegeben. Statt einem fest vorgegebenen Projektplan zu folgen und damit der Gefahr von Fehlplanungen ausgesetzt zu sein, werden priorisierte Listen verwendet.[444] Das Team „zieht“ in jedem Zyklus die als am wichtigsten angesehenen Anforderungen und arbeitet genau diese ab. Nicht fertiggestellte Anforderungen werden nicht präsentiert, wurden die gewünschten Anforderungen früher fertiggestellt, wird mehr umge-

[442] Vgl. Beck (1999), S. 99 f.
[443] Vgl. Coad/Lefebvre/Luca (1999), S. 195.
[444] Das Denken in Anforderungen zeigt sich beispielsweise in FDD: „plan, design, build by feature“, in ASD: „*feature based*“ oder in „*Gold Rush*“ von Crystal Orange.

setzt. Bezug nehmend auf das „eiserne Dreieck" des PM werden nicht mehr Inhalt, Zeit und Kosten, sondern nur noch Zeit und Kosten fixiert, der Inhalt ist variabel. In XP zeigt sich dies im gemeinsamen, regelmäßigen „*Planning Game*"[445]. Hier entscheidet sich das Team gemeinsam für die umzusetzenden Aufgaben. Ebenso in Scrum, bei dem allerdings das gesamte Team stets die gleiche Anforderung zusammen abarbeitet, um anschließend die nächste Anforderung zu „ziehen". Auch in ASD tritt das Konzept der freiwilligen Zuordnung von Arbeitsaufträgen deutlich hervor.[446] Gegenüber der TSE unterscheiden sich agile Vorgehensweisen demnach durch die Abkehr detaillierter Planungen hin zur selbstorganisierenden Linse K-5 (Arbeitszuteilung).

Linse L-3b konstruiert sich als das eigenständige Abholen von Arbeitspaketen mithilfe der Pull-Technik und dem damit einhergehenden Schutz vor Überlastung.

3c) Sinnvolle und visuelle Unterstützung durch Technik

Technik soll im Lean Management nicht zum Selbstzweck, sondern zur Unterstützung des Menschen eingesetzt werden. Dazu soll die Technik allerdings robust sein und keine Fehlinterpretationen erlauben. In den agilen EM geißelt insbesondere Pragmatic Programming die Verwendung hoch technisierter Entwicklungstools und -methoden.[447] Dies bedeutet nicht, dass derartige Werkzeuge in der ASE keinen Wert besitzen, wie beispielsweise Amblers Agile Modeling[448] zeigt. Dennoch bedienen sich agile EM eher einfacher technischer Methoden, wie beispielsweise automatisierter Softwaretests. Unkreative, wiederkehrende Arbeiten sollen standardisiert und zeitsparend abgearbeitet werden.[449] Hier lässt sich der Einfluss des „Jidoka" des TPS leicht erkennen: So wie Produktionsmitarbeiter durch einfache, robuste Technik unterstützt werden, werden agile Entwickler

[445] Vgl. Beck (1999), S. 83.
[446] Vgl. Highsmith (2000), S. 133.
[447] Vgl. Regel 58 und 59 in Hunt/Thomas (1999): „*Costly Tools Don't Produce Better Designs*", „*Don't Be a Slave to Formal Methods*".
[448] Die Methode *Agile Modelling* definiert Ambler (2002).
[449] Vgl. Mascitelli (2002), S. 55-67.

durch die Automatisierung wiederkehrender Aufgaben entlastet. All diese Einflüsse stellen jedoch keine deutliche Eigenheit der ASE gegenüber der TSE dar. Dies mag daran liegen, dass die Verbesserung der Qualität stets ein intensiv betrachteter Aspekt der SSE war.[450] Eine Veränderung und damit einhergehend eine eigene Linse kann hier folglich noch nicht festgestellt werden.

Ein anderes Bild ergibt sich, wenn technische Hilfsmittel nicht im Kontext der SSE per se, sondern zur Koordination der beteiligten Menschen genutzt werden. Visuelle Techniken stellen dann keine Software-, sondern Moderationswerkzeuge, beispielsweise Metaplanwände, Whiteboards, Moderationskarten und Klebezettel dar.[451] Die Nutzung dieser Hilfsmittel als nicht permanenter Austausch zur Verbreitung wichtiger Sachverhalte im Team, nicht jedoch als Dokumentation stellt tatsächlich eine Veränderung gegenüber den traditionell an Modellen, gedruckten Spezifikationen oder Projektplänen orientierten Methoden dar. Entgegen der ersten Vermutung kann die einfache und visuelle Unterstützung des Menschen im Lean Management tatsächlich in der ASE wieder aufgefunden werden.

Linse L-3c ist demzufolge aus der sinnvollen technischen Unterstützung bei der Bereitstellung von Informationen für den Menschen konstruiert.

3d) Optionstheorie: So spät wie möglich entscheiden

Die Optionstheorie in der Lean Production bedeutet, dass mehrere Varianten innerhalb festgelegter Parameter gleichzeitig verfolgt werden, um verschiedene Optionen offenzuhalten und so spät wie möglich entscheiden zu können.

Diese Options-Denkweise ist in agilen Techniken, konkret in Crystal („*parallel design*“) sowie der Betonung des Prototyping in DSDM wiederzufinden.[452] Während in der TSE versucht wird, alle Probleme bereits im Entwurf zu erkennen, zu verstehen und zu lösen, werden in agilen Vorgehensweisen grundlegende Entscheidungen, beispielsweise zur Betriebssystemplattform, so spät wie möglich

[450] Vgl. beispielsweise Versteegen (2005), S. 55 ff.
[451] Vgl. hierzu beispielsweise Hunt/Thomas (1999), S. 139 „Use Blackboards to Coordinate Workflow“ sowie auch Cockburn (2000), S. 104; Palmer (2002), S. 107.
[452] Vgl. Cockburn (2000), S. 83; Stapleton (2003), S. 93.

getroffen. Grundlegende Entscheidungen sollen so lange verzögert werden, bis der Fortgang der Entwicklung von ihnen abhängt. Auf diese Weise kann genau im Sinne von Lean möglichst viel Wissen zu einer fundierten Entscheidung gesammelt werden. Negative Folgen irreversibel getroffener Entscheidungen können auf diese Weise reduziert werden.

Interessanterweise zeigt dieser Ansatz insbesondere aus der Perspektive des Risikomanagements einen interessanten Aspekt: Statt Zeit, Geld und Aufmerksamkeit mit der Bewertung eventuell drohender Risiken zu verschwenden, wird das Risiko so lange analysiert, bis eine definitive Entscheidung getroffen werden kann. Somit sinken Unsicherheit und Kosten auf gleiche Weise.

Gegenüber der TSE, in der die Entwicklung begonnen wird, nachdem alle grundlegenden Entscheidungen getroffen worden sind, werden in der agilen Entwicklung parallele Lösungsräume durch die Vertagung grundlegender Entscheidungen offengehalten. **Linse L-3d konstruiert sich damit als das späte Treffen grundlegender Entscheidungen durch die Erzeugung paralleler Lösungsräume.**

Fazit

Es wird deutlich, dass Lean insgesamt eine sehr starke Auswirkung auf die SSE genommen hat. Im historischen Rückblick, vor allem hinsichtlich der Veröffentlichungen von Womack & Jones haben auch die in den 1990er Jahren in den USA entstandenen agilen Entwicklungsmethoden den Qualitäts- und Produktivitätsschock der japanischen Automobilindustrie auf die USA verarbeitet. Dies wird durch die in Europa entwickelte agile Entwicklungsmethode DSDM insofern kontrastiert, als dass hier mehr schriftliche Zwischenergebnisse, wie beispielsweise die Feasibility-Study sowie die Business Study, produziert werden.[453] Die US-amerikanischen agilen EM verzichten auf derart ausführliche Dokumente. So könnte vermutet werden, dass der Lean-Gedanke der absoluten Vermeidung von Verschwendung in diese Methoden noch stärker eingeflossen ist, als dies andernorts der Fall war. Die sehr hohe Ausbeute an Linsen lässt jedenfalls erwarten, dass

[453] Vgl. Stapleton (1997).

die in Kapitel 5.4 zu betrachtende Anwendung auf PM ein deutliches Lean-Erbe erhalten wird. Zuvor wird die Betrachtung der Einflussquellen in agilen EM mit der Theory auf Constraints abgeschlossen.

4.5 Theory of Constraints und Agilität

Wie in den vorangegangenen Kapiteln werden abschließend die in Kapitel 3.5.6 erkannten sechs Kerneigenschaften der Theory of Constraints (1. Die Verfolgung des Ziels, 2. Die Schaffung eines stetigen Materialflusses, 3. Der Drum-Buffer-Rope, 4. Die Schaffung eines Kennzahlensystems auf der Basis von Durchsatz und Bestand, 5. Der Process of Ongoing Improvement und 6. Die Denkprozesse und das Änderungsmodell) in agilen EM nachvollzogen. Es ist zu erwarten, dass die prominente Referenzierung der Goldratt'schen Lehre durch Beck und Schwaber (siehe Kapitel 3.5.6) trotz der bereits vorliegenden Veränderungen und den unter Umständen folgenden Redundanzen zu weiteren Erkenntnissen führen wird.

1. Verfolgung des „Ziels"

Im Kontext der Theory of Constraints sei angemerkt, dass das globale „Ziel" im Rahmen dieser Arbeit in der Auslieferung von Softwarefunktionalitäten besteht. Damit erledigt sich die Profitabilitätsfrage, die sich beispielsweise bei der Open-Source-Entwicklung stellen würde. Eine Kennzahl, die das globale Ziel wiedergibt, könnte deswegen beispielsweise die Anzahl ausgelieferter Anforderungen sein. Aus diesem Blickwinkel zeigt sich, dass die Auslieferung von Anforderungen der bereits in Lean Linse L-2.a erkannten schnellen und frühen Auslieferung von Wert an den Kunden entspricht. Eine weitere Verfolgung der Ziel-Kerneigenschaft lässt in der Folge keine weiteren Erkenntnisse erwarten. **Aus diesem Grund wird die vorliegende Kerneigenschaft im Kontext der TOC nicht weiter untersucht.**

2. Schaffung eines stetigen Materialflusses

Entgegen der industriellen Produktion müsste sich in der ASE im Gegensatz zur TSE eine fließende Abarbeitung von Anforderungen vom Kunden zum Entwicklungsteam und von dort wieder zurück an den Kunden abzeichnen. Innerhalb des Entwicklungsteams müsste sich zudem eine Form des kontinuierlichen Wertzuwachses unter gleichzeitiger Steigerung der Kapazitäten zum Ende des Prozesses hin abheben. Tatsächlich findet die Abarbeitung von Anforderungen im Gegensatz zur TSE stückweise und in vertikaler Vollständigkeit[454] statt. Die eindeutig definierte Form des V-Modells gibt zwar einen klaren Prozess vor, bewegt aber den gesamten Umfang des Projekts geschlossen durch alle Arbeitsstationen. Dies entspricht nicht der Goldratt'schen Vorstellung einer kontinuierlichen Werterschaffung. Ganz im Gegenteil dazu liefern agile EM in kurzen Zyklen Funktionalitäten an den Kunden aus. In Analogie zur industriellen Produktion wird auf diese Weise die „Palettengröße" reduziert, Wert wird früher und regelmäßig an den Kunden geliefert. Tatsächlich lässt sich deswegen die Forderung der Schaffung eines stetigen Flusses des Materials durch das Software-Produktionssystem feststellen.

In Bezug auf die exakte Ausgestaltung des Materialflusses verfügen agile EM allerdings über keine Vorgaben, schließlich soll sich das Produktionssystem in Selbstorganisation aus der Situation heraus ergeben. Infolgedessen kann auch die goldrattsche Maxime der Kapazitätssteigerung zum Ende des Produktionssystems nicht nachvollzogen werden.

Eine Beeinflussung der ASE in Form der Schaffung eines stetigen Flusses an Material kann folglich in eingeschränkter Weise festgestellt werden. Weder die Steigerung der Kapazitäten zum Ende des Prozesses noch die Schaffung eines speziellen Prozesses führte zu Unterschieden zwischen TSE und ASE. **Die Schaffung**

[454] Vertikale Vollständigkeit bezeichnet die Implementierung einer Anforderung über alle Applikationsschichten. Anstatt Datenbank, Geschäftslogik und Oberfläche an einem Stück zu entwerfen und zu implementieren, wird in der ASE die gesamte vertikale Integration jeder Anforderung komplett durchlaufen. Insbesondere deswegen wird im Extreme Programming auch ein ständiges „Refactoring", ein Überarbeiten und Optimieren des Quellcodes gefordert.

eines stetigen Flusses der Auslieferung führt jedoch zur Konstruktion von Linse T-1.

3. Drum-Buffer-Rope

Die Aufnahme des Drum-Buffer-Rope in die ASE müsste bedeuten, dass der Engpass gesucht, erkannt und das gesamte Software-Produktionssystem mit diesem synchronisiert wird. In der Folge müsste wie in der TOC eine Begrenzung der unfertigen Erzeugnisse stattfinden, damit kein überschüssiger Bestand produziert wird. Da agile EM, wie gerade festgestellt, die Prozess-Gestaltung nicht vorschreiben, findet auch keine verordnete Auseinandersetzung mit dem Prozess statt. Wie zuvor schon liegt der Grund im selbstorganisatorischen Denkmuster der agilen EM. Als Beispiele seien genannt Lean: „Empower the team", DSDM: *„teams must be empowered to make decisions"*[455] und Scrum: *„Self organizing teams"*[456]. Statt einen PM zu beauftragen, ein Entwicklungssystem zu etablieren und in diesem eine systematische Suche nach begrenzenden Elementen zu betreiben, vertrauen agile EM auf die Fähigkeit der Gruppe, Missstände zu erkennen und ohne Einfluss von außen zu beheben. Ganz im Gegenteil sorgt FDD mit dem *„Klasseneigentümer"*[457] sogar für künstliche Engpässe: Statt Wissen über mehrere Personen zu verteilen und damit bei Ausfall einer Person weiterzuproduzieren, wird Wissen auf einzelne Personen konzentriert.

Allenfalls die „Iteration" per se kann als beschränkender Faktor ausgelegt werden: Das Projektteam erhält eine Menge abzuarbeitender Aktivitäten. Nach den ersten Durchläufen ergibt sich aus der Menge fertiggestellter Funktionalitäten die Abarbeitungsgeschwindigkeit des Entwicklungssystems, sodass in ungefähr abzuschätzen ist, was während einer Iteration geleistet werden kann. Die Synchronisation mit dem Engpass geschieht in dieser Vorgehensweise intuitiv: Da die Leistungsfähigkeit des gesamten Systems nach den ersten Iterationen durch die Messung des Outputs bekannt ist, wird die Materialausgabe, die noch abzuarbeitenden An-

---

[455] Vgl. Stapleton (2003), S. 13
[456] Vgl. Schwaber/Beedle (2002), S. 153.
[457] Vgl. Abrahamsson/Salo/Ronkainen et al. (2002), S. 50.

forderungen, tatsächlich begrenzt, und zwar genau auf die Kapazität des Systems. Befindet sich das beschränkende Element beispielsweise beim Test der abgeschlossenen Entwicklung, liefert das „Produktionssystem" nicht mehr an Ergebnis, als der Testflaschenhals weitergibt. Diese Begrenzung ist allerdings mehr Effekt als Ursache und deswegen weder eine Eigenheit der ASE noch ein Unterschied zur TSE. **Insofern führt die Verfolgung von TOC-Kerneigenschaft 3 nicht zur Ableitung einer agilen Linse.**

4. Schaffung eines Kennzahlensystems auf der Basis von Durchsatz und Bestand

Sollte die zweite TOC-Kerneigenschaft tatsächlich in agilen EM aufgenommen worden sein, müsste

a) ein Kennzahlensystem etabliert werden,

b) das die Steigerung des Durchsatzes oder

c) die Reduktion des Bestands misst und

d) statt lokaler Optimierungen das Erreichen des globalen „Ziels" verfolgt. Gleichzeitig sollte sich

e) diese Eigenschaft im Gegensatz zur TSE abzeichnen.

Ad a) Schaffung eines zukunftsgerichteten Kennzahlensystems

Agile EM lehnen die Messung des Fortschritts nicht ab, sondern schreiben sie vor. So stellt beispielsweise Scrum mithilfe des „*Burndown Charts*"[458] dar, wie schnell ein Projektteam Funktionalitäten abarbeitet und wie viele Funktionalitäten noch umgesetzt werden müssen. Die aus der graphischen Darstellung ablesbare Kenngröße ist zukunftsgerichtet, da sie voraussagt, wie lange das gesamte Team für die Abarbeitung aller offenen Anforderungen wahrscheinlich noch benötigen wird. Im Gegensatz zur TSE ist diese Kennzahl bemerkenswert, da agile EM die Mei-

[458] Vgl. Schwaber (2004) S. 140.

Wie sich in a) zeigte, schlagen agile EM in Analogie zur TOC tatsächlich nur wenige, zukunftsgerichtete Kennzahlen vor.[476] Wie b) und c) zeigten, zielen agile EM im Gegensatz zur TSE auf die Erzeugung eines ständigen Durchsatzes und eines niedrigen Bestands ab. In Bezug auf die globale Orientierung der Kennzahlen in d) zeigte sich, dass die globale Orientierung gerade im Lean Development deutlich aufgegangen ist. Unter Punkt e) konnte zusammenfassend der deutliche Kontrast in der Wahrnehmung von Kennzahlen zwischen TSE und ASE gezeigt werden. Agile EM schreiben keine verbindlichen Kennzahlen zur Messung des Durchsatzes oder des Bestands vor. Stattdessen wird die Orientierung an wenigen durchsatz- und bestandsorientierten Kennzahlen gefordert, die nicht der Erfüllung von Managementvorgaben, sondern der operativen Aufgabe der Schaffung von Wert dienen. Deutlich wird hierbei die Teamorientierung der wenigen Kennzahlen: Statt die von Goldratt geforderte Zukunftsorientierung aufzunehmen, schlagen ASE wenige Kennzahlen vor, die das Team unterstützen. Es wird demnach keine Zukunftsorientierung, sondern vielmehr eine Teamorientierung gefordert.

Aus diesem Grund konstruiert sich die Linse T-2, die in der Messung des Durchsatzes und des Bestands anhand weniger teamorientierter Kennzahlen besteht.

5. Process of Ongoing Improvement

Der Process of Ongoing Improvement (POOGI) zur ständigen Verbesserung unterscheidet sich im Gegensatz zum Lean-Kaizen und zum Deming'schen PDCA-Zyklus durch die Fokussierung auf den Engpass. Statt kleiner, aus der Gruppe entstandener Änderungen oder gezielter statistischer Messungen zur Verbesserung der Qualität müsste in der ASE der Engpass methodisch gesucht und dessen Kapazität so lange angehoben werden, bis ein anderer Engpass im System entsteht.

[476] Hartmann/Dymond (2006), S. 130 setzen sich in ihrem Konferenzbeitrag mit den Anforderungen an agile Kennzahlen auseinander und stellen fest, dass agile Kennzahlen dazu dienen sollen, den „Flow", das heißt – in Worten der TOC ausgedrückt – den „Durchsatz" an Funktionalitäten im Team zu verbessern.

Software in den Vordergrund gestellt.[465] Interessanterweise folgen diese Auffassungen der zuvor betrachteten Sichtweise Demings. Dieser verbietet die Vorgabe externer Kennzahlen zur Steigerung der Teamperformance, interne, wertbringende Kennzahlen werden jedoch zugelassen.[466]

Ad b) Steigerung des Durchsatzes

Die Durchsatzorientierung findet sich in der agilen EM Crystal mit der „*Early and Regular Delivery*“[467] sowie in DSDM und ASD mit „*Cycles*“[468] wieder: Dem Kunden soll früh und ständig Software ausgeliefert werden. Als beispielhafte Realisierung kann die Scrum-Kenngröße „*Velocity*“[469] gesehen werden. Entgegen der intuitiven Einschätzung, nach der es sich hierbei um eine Produktivitätskennzahl zur Einschätzung der Leistungsfähigkeit des Teams handelt, ist sie vielmehr eine Kalibrierungshilfe, um die Erwartung dem Team gegenüber realistisch einzuschätzen.[470] Somit ist sie sowohl team- als auch durchsatzorientiert.

Ad c) Reduktion des Bestands

Die Reduktion des Bestands in agilen EM manifestiert sich in Form des Zyklus zur Reduktion der in Arbeit befindlichen Anforderungen. Ebenso wie in einem Produktionsprozess auf Lager produzierte unfertige Güter stetig an Wert verlieren und abgeschrieben werden müssen, halten agile EM den Bestand an unfertigen Gütern niedrig, um ein unnötiges geistiges Hin- und Herspringen zwischen verschiedenen Aufgaben zu reduzieren. Wäre dies nicht der Fall, müssten die vorhandenen Teammitglieder mehr geistige Kapazität für die gleichzeitige Bearbeitung der abzuarbeitenden Anforderungen investieren. Dadurch entfiele weniger Zeit auf die einzelnen Anforderungen und das in die Anforderung investierte Ka-

---

[465] Vgl. Poppendieck/Poppendieck (2003), S. 160.
[466] Vgl. Deming (1986), S. 65.
[467] Vgl. Cockburn (2000) S. 204.
[468] Vgl. Highsmith (2000), S. 252.
[469] Vgl. Schwaber/Beedle (2002), S. 32.
[470] Vgl. Highsmith (2011), o. S.

pital in der Form von geistiger Arbeit würde sich genau wie das in der Produktion aufgewendete Kapital verringern, da nach längerer Zeit ein erneutes Einarbeiten notwendig ist und somit Zeit verschwendet wird.[471]

Ad d) Globale Optimierung statt lokaler Optimierung

Das Prinzip der globalen Optimierung wurde in agilen EM deutlich aufgenommen. Gerade die in der Einleitung genannten Autoren, die die TOC als Einflussfaktor nennen, nehmen diese Denkweise in ihre agilen EM auf:

I. So schreibt Cockburn mit der „*Holistic diversity*“[472] vor, Teams funktionsübergreifend zusammenzusetzen. Auf diese Weise soll erreicht werden, dass ein Team einzelne Funktionalitäten nicht ausschließlich konzipiert, entwickelt oder testet, sondern für die gesamte Wertschöpfung verantwortlich ist. Cockburn möchte damit erreichen, dass Teams ähnlich dem bereits vorgestellten Lean-Produktionsteam aus Vertretern mehrerer Hintergründe zusammengesetzt sind und auf diese Weise Auswirkungen ihrer Handlungen bereits in der Konzeption berücksichtigen können. Eine derartige „*holistic diversity*“ kann die TSE nicht gewährleisten, da keine funktionsübergreifenden Teams geformt werden, sondern Teams allenfalls „horizontal“ zusammengefasst sind. Das bedeutet, dass ein Team sowohl Spezifikation als auch Verifikation durchführt. Beispielsweise nimmt das Team, das die funktionale Spezifikation geschrieben hat, nach der Implementierung die funktionale Abnahme vor. In der Folge hierzu werden dem TSE-Team keine Freiheiten in Bezug auf die Ausgestaltung und Marktorientierung der umzusetzenden Software gegeben, da es gilt, die Spezifikation zu erfüllen.

---

[471] Anderson (2008), o. S. stellt fest, dass gerade aufgrund des Verblassens von Wissen in der SSE die Koordinationskosten in Bezug auf die gleichzeitig durchgeführten Arbeiten nicht linear ansteigen.
[472] Vgl. Cockburn (2000), S. 214.

II. Charette betrachtet die globale Optimierung aus der Marktsicht und macht mit *„Domain, not point solutions“*[473] deutlich, dass die Entwickler bei der Lösung von Problemen nicht nur ein Einzelproblem, sondern den umgebenden Kontext beachten sollten, um so eine zukunftsfähige Lösung zu entwickeln, die sich auf andere Umgebungen und Branchen anwenden lässt.

III. Poppendieck schließlich greift mit *„See the whole: Beware of the temptation to optimize parts at the expense of the whole*[474]*“* das Goldratt‘sche Gebot der globalen Optimierung eindeutig auf. Die Autoren belegen dies am Beispiel einer Testabteilung, die durch die Messung ihrer prozentualen Auslastung stets zu lange und zu aufwendig testete.

Ad e) Vergleich zu TSE

Zusätzlich zu den bereits genannten Beispielen ist die Erhebung von Kennzahlen in der TSE allein schon deswegen schwierig, da nicht ständig, sondern nur einmal ausgeliefert wird. Zwar können Durchsatzmessungen beispielsweise im Form fertig programmierter Funktionalitäten angestellt werden. Durchsatz im Goldratt’schen Sinne ist jedoch erst erreicht, wenn eine Funktionalität das gesamte Produktionssystem durchlaufen hat – aus diesem Grund ist eine Messung in der TSE erst am Ende des Prozesses möglich und kann allenfalls Erkenntnisse für das Folgeprojekt, nicht aber für das aktuelle Projekt, bewirken[475]. Aufschlussreich ist zudem, dass die in der TSE gängigen Kennzahlen wie Lines of Code, Funktionsgröße, die Dauer zur Entwicklung einer Funktion oder das Function Point-Verfahren exakt der Goldratt’schen Kritik der Fokussierung auf Teilaspekte und lokaler Optimierung unterliegen.

[473] Vgl. Charette (2003), o. S./Tabelle 4.
[474] Vgl. Poppendieck/Poppendieck (2003), S. 153.
[475] Gegenüber der iterativen Auslieferung agiler EM, die die Messung des Durchsatzes im laufenden Projekt ermöglicht, liefert die TSE nur einmal, am Ende des Projektes aus.

Wie sich in a) zeigte, schlagen agile EM in Analogie zur TOC tatsächlich nur wenige, zukunftsgerichtete Kennzahlen vor.[476] Wie b) und c) zeigten, zielen agile EM im Gegensatz zur TSE auf die Erzeugung eines ständigen Durchsatzes und eines niedrigen Bestands ab. In Bezug auf die globale Orientierung der Kennzahlen in d) zeigte sich, dass die globale Orientierung gerade im Lean Development deutlich aufgegangen ist. Unter Punkt e) konnte zusammenfassend der deutliche Kontrast in der Wahrnehmung von Kennzahlen zwischen TSE und ASE gezeigt werden. Agile EM schreiben keine verbindlichen Kennzahlen zur Messung des Durchsatzes oder des Bestands vor. Stattdessen wird die Orientierung an wenigen durchsatz- und bestandsorientierten Kennzahlen gefordert, die nicht der Erfüllung von Managementvorgaben, sondern der operativen Aufgabe der Schaffung von Wert dienen. Deutlich wird hierbei die Teamorientierung der wenigen Kennzahlen: Statt die von Goldratt geforderte Zukunftsorientierung aufzunehmen, schlagen ASE wenige Kennzahlen vor, die das Team unterstützen. Es wird demnach keine Zukunftsorientierung, sondern vielmehr eine Teamorientierung gefordert.

Aus diesem Grund konstruiert sich die Linse T-2, die in der Messung des Durchsatzes und des Bestands anhand weniger teamorientierter Kennzahlen besteht.

5. Process of Ongoing Improvement

Der Process of Ongoing Improvement (POOGI) zur ständigen Verbesserung unterscheidet sich im Gegensatz zum Lean-Kaizen und zum Deming'schen PDCA-Zyklus durch die Fokussierung auf den Engpass. Statt kleiner, aus der Gruppe entstandener Änderungen oder gezielter statistischer Messungen zur Verbesserung der Qualität müsste in der ASE der Engpass methodisch gesucht und dessen Kapazität so lange angehoben werden, bis ein anderer Engpass im System entsteht.

[476] Hartmann/Dymond (2006), S. 130 setzen sich in ihrem Konferenzbeitrag mit den Anforderungen an agile Kennzahlen auseinander und stellen fest, dass agile Kennzahlen dazu dienen sollen, den „Flow“, das heißt – in Worten der TOC ausgedrückt – den „Durchsatz“ an Funktionalitäten im Team zu verbessern.

Wie bereits oben deutlich wurde, kann eine systematische Suche des Engpasses in der ASE nicht nachgewiesen werden. Allenfalls Schwaber ordnet dem *„Scrum Master"* die Suche und Beseitigung von *„impediments"*[477], Behinderungen, zu. Diese können zwar einen Engpass hervorrufen, jedoch nicht zwangsläufig. So kann in der ständigen Einmischung des höheren Managements durchaus ein Engpass entstehen; deswegen jedoch von einer gezielten Suche nach Engpässen zu sprechen, wäre zu weit hergeholt. Auch im zwölften agilen Prinzip, demzufolge das Team in regelmäßigen Abständen reflektiert, wie es sich verbessern kann[478] oder dem *„Amplify Learning"*[479] des Lean Development kann allenfalls die bereits im Lean-Kapitel festgestellte ständige Perfektionierung, nicht aber die systematische Suche des Engpasses erkannt werden.

Eine Übernahme des POOGI in die ASE kann nicht und folglich auch nicht im Gegensatz zur TSE festgestellt werden.

6. Die Denkprozesse und das Änderungsmodell

Sollten die TOC-Denkprozesse und das TOC-Änderungsmodell in die ASE Eingang gefunden haben, müssten sie in Form einzelner Techniken zur Erweiterung der Leistungsfähigkeit des gesamten Systems über den Software-Produktionsprozess hinaus nachvollziehbar sein. So müsste beispielsweise der sokratische Dialog oder die Aufzeigung von Widersprüchen mithilfe der „Evaporating Cloud" direkt oder in einer adaptierten Anwendung deutlich werden.

Tatsächlich lassen sich derartige Einflüsse in der ASE nicht nachweisen. Vielmehr noch widerspricht die ASE mit der Forderung nach Selbstorganisation und der aus der Gruppe getriebenen Weiterentwicklung dem managementgetriebenen Top-Down-Ansatz der TOC-Denkprozesse. Wenngleich auch das Thema „Chan-

477 Vgl. Schwaber/Beedle (2002), S. 44.
478 Beck et al. (2001), o. S.: „At regular intervals, the team reflects on how to become more effective, then tunes and adjusts its behavior accordingly."
479 Vgl. Poppendieck/Poppendieck (2003), S. 15 ff.

ge“, das heißt Veränderung, in agilen EM stets betont wird, ist der Blickwinkel ein anderer als bei der TOC: Agile EM behandeln nicht organisatorische Veränderungen, sondern akzeptieren die Tatsache, dass sich Anforderungen in innovativen und unsicheren Umgebungen ständig verändern.

Wie zuvor kann demnach auch hier weder eine Aufnahme noch ein Gegensatz zur TSE erkannt werden.

Fazit

Zusammenfassend kann festgestellt werden, dass Einflüsse der TOC in der ASE im Gegensatz zur TSE vorliegen. Wie sich in der Betrachtung der TOC-Denkprozesse zeigte, hat sich die Wahrnehmung der Autoren agiler EM allerdings wirklich auf *The Goal* beschränkt. Eine Verarbeitung der detaillierten Ausarbeitungen zu den TOC-Denkprozessen oder dem Drum-Buffer-Rope fand nicht statt.

Die Schaffung von nur zwei Linsen aus insgesamt 5 Eigenschaften zeigt eine nur geringe Beeinflussung der agilen EM durch die TOC. Das ist ein Hinweis darauf, dass die zugrundeliegenden theoretischen Grundlagen der TOC tatsächlich erst von Anderson in *Kanban*[480] detailliert aufgegriffen und verarbeitet wurden. Als Beleg dient der DBR, welcher sich an keiner Stelle der ASE ausreichend deutlich nachweisen ließ. Anderson hingegen übernimmt den DBR in direkter Form und setzt ein Software-Produktionssystem inklusive Puffer um. Die im Forschungsansatz dieser Arbeit vermutete intuitive Einflussnahme der Einflussfaktoren auf die Autoren agiler EM zeigt sich im Gegensatz zu einer strukturierten Verarbeitung somit deutlich: Anderson wendet die TOC buchstabengetreu auf die SSE an und gelangt damit zu *Kanban*. Wohin der in dieser Untersuchung gewählte Ansatz führt, kann nach Abschluss aller fünf Einflussquellen nun ermittelt werden.

---

[480] Anderson (2011).

4.6 Zusammenführung

In den vergangenen Kapiteln wurde die Beeinflussung der ASE durch die in Kapitel 3.5 vorgestellten fünf softwarefremden Disziplinen mit ihren insgesamt 33 Kerneigenschaften untersucht. Ergebnis dieser Untersuchungen sind die in der folgenden Tabelle zusammengefassten 23 Linsen.

Kerneigenschaft	Nr.	Linse
Komplexitätstheorie		
Emergenz	K-1a	Aufstellung weniger Regeln
Emergenz	K-1b	Herstellung eines absichtlichen Zustands zwischen Ordnung und Chaos
Sensitive Dependence on Initial Conditions	K-2	Erstellen einer gemeinsamen Vision und stetige Anpassung
Interaktion und Kommunikation der Akteure mit der Umwelt	K-3	Reduktion von Kommunikationswegen durch die Internalisierung von Vertretern
Selbstorganisation	K-4	Forderung nach Selbstorganisation gegenüber einer weisungsbefugten Führung
Anpassen und Lernen	K-5	Vorgehen im Projekt und Inhalt des Projekts stetig infrage stellen und anpassen
Etablieren und Aufrechterhaltung homöostatischer Rhythmen	K-6	Etablierung eines zeitlichen oder inhaltlichen Rhythmus
Bildung von Wissen und Lernen		
Einnehmen einer gemeinsamen Geisteshaltung	W-1	Schaffen eines vertrauensvollen Miteinanders und Aufbau eines gemeinsamen Verständnisses der zu bewältigenden Aufgabe
Lernen im Team	W-2	Weitergabe impliziten Wissens im Team durch persönliche Kommunikation sowie das regelmäßige Einholen externen Feedbacks
Deming'sche Qualitätslehre		
Wertschätzung des Systems	D-1	Erzeugung hoher Qualität durch die Integration von Produktion und Qualitätskontrolle

Kerneigenschaft	**Nr.**	**Linse**
Wissen über Variation	D-2	Teilung der Qualitätsverantwortung zwischen dem Team und den externen Parteien
Theorie des Wissens	D-3	Etablieren eines sich wiederholenden Prozesses, der sich in einem spiralförmigen Vorgehen bis zum Abbruch dem gewünschten Ziel annähert
Wissen über Psychologie	D-4a	Betonung der fachlichen Fähigkeiten der Teammitglieder
Wissen über Psychologie	D-4b	Abschaffung externer Vorgaben
Lean		
Übertragung von Verantwortung an die wertschöpfenden Personen	L-1.a	Übertragung von Verantwortung auf das Team
Optimierung des Werts für den Kunden	L-2.a	Schnelle und frühzeitige Auslieferung von Wert an den Kunden
Vermeidung von Verschwendung	L-2.b	Permanente Vermeidung von Verschwendung
Perfektionierung des Systems	L-2.c	Permanente Reflexion und Anpassung des Werterschaffungssystems
Pull	L-3.b	Anwendung der Pull-Technik durch das eigenständige Abholen von Arbeitspaketen und dem damit einhergehenden Schutz vor Überlastung.
Sinnvolle und visuelle Unterstützung durch Technik	L-3.c	Sinnvolle technische Unterstützung bei der Bereitstellung von Informationen für den Menschen
Optionstheorie: so spät wie möglich entscheiden	L-3.d	Spätes Treffen grundlegender Entscheidungen durch die Erzeugung paralleler Lösungsräume
TOC		
Die Schaffung eines stetigen Materialflusses	TOC-1	Schaffung eines stetigen Flusses der Auslieferung
Die Schaffung eines zukunftsgerichteten Kennzahlensystems auf der Basis von Durchsatz und Bestand	TOC-2	Messung des Durchsatzes und des Bestands anhand weniger teamorientierter Kennzahlen.

Tabelle 4: Zusammenfassung der agilen Veränderungen.

Die bisher dargelegten Ausführungen ermöglichen nun eine neue Perspektive auf die erste Forschungsfrage dieser Arbeit nach dem Wesen des Begriffs „*Agilität*“.

Gemäß der Hypothese dieser Arbeit ergibt sich Agilität als die Summe von Veränderungen, welche unterschiedliche Autoren als Folge der Aufnahme softwarefremder Einflüsse in ihren agilen EM aufnahmen. Die Veränderungen beziehen sich nicht auf Entwicklungstechniken, sondern auf die Ausgestaltung des Software-Produktionsprozesses, auf die Koordination des Projekts und auf die Kommunikation. Die Summe der in Tabelle 4 vorliegenden Veränderungen müsste folglich genau den gesuchten Schock darstellen, durch den sich die traditionelle hin zur agilen SSE veränderte.

Auf die Frage, ob die vorliegenden Veränderungen wirklich das gesuchte Konstrukt darstellen oder schlimmstenfalls eine arbiträre Zusammenstellung verschiedener Managementsysteme darstellt, kann eine Verifikation Auskunft erteilen. Diese Verifikation kann anhand eines Referenzobjekts agiler SSE ermitteln, ob sich durch die beobachtbaren Überlappungen eine gewisse Verwandtschaft feststellen oder zurückweisen lässt. Als Referenzobjekt eignet sich primär das agile Manifest. Dessen vier Grundsätze und zwölf Prinzipien (die in Anhang 1 und Anhang 2 zu Referenzzwecken zusammengefasst sind) stellen in Umfang und Herkunft ein angemessenes Referenzobjekt zur Überprüfung der nun vorliegenden „agilen Veränderungen" (Linsen) dar. Tabelle 5 stellt aus diesem Grund die Grundwerte G1-G4 und die Prinzipien P1-P12 den in Tabelle 4 vorgestellten Veränderungen gegenüber.

Nr.	Grundsatz oder Prinzip des agilen Manifests	Linse
G1	Individuals and Interaction	- K-3: Reduktion von Kommunikationswegen durch die Internalisierung von Vertretern - W-1: Schaffen eines vertrauensvollen Miteinanders und Aufbau eines gemeinsamen Verständnisses der zu bewältigenden Aufgabe
G2	Working Software	- D-1: Erzeugung hoher Qualität durch die Integration von Produktion und Qualitätskontrolle
G3	Customer Collaboration	- W-1: Schaffen eines vertrauensvollen Miteinanders und Aufbau eines gemeinsamen Verständnisses der zu bewältigenden Aufgabe
G4	Responding to Change	- D-3: Etablieren eines sich wiederholenden Prozesses, der sich in einem spiralförmigen Vorgehen bis zum Abbruch dem gewünschten Ziel annähert

Nr.	Grundsatz oder Prinzip des agilen Manifests	Linse
P1	Satisfy the Customer	- L-2.a[481]: Schnelle und frühzeitige Auslieferung von Wert an den Kunden
P2	Changing Requirements	- K-1: Aufstellung weniger Regeln und Herstellung eines absichtlichen Zustands zwischen Ordnung und Chaos
P3	Deliver frequently	- K-6: Etablierung eines zeitlichen oder inhaltlichen Rhythmus - D-3: Etablieren eines sich wiederholenden Prozesses, der sich in einem spiralförmigen Vorgehen bis zum Abbruch dem gewünschten Ziel annähert - TOC-1: Schaffung eines stetigen Flusses der Auslieferung
P4	Work Together	- D-2: Teilung der Qualitätsverantwortung zwischen dem Team und den externen Parteien
P5	Motivated Individuals	- W-1: Schaffen eines vertrauensvollen Miteinanders und Aufbau eines gemeinsamen Verständnisses der zu bewältigenden Aufgabe
P6	Face-to-Face Conversation	- K-3: Reduktion von Kommunikationswegen durch die Internalisierung von Vertretern
P7	Working software as Measure	- TOC-2: Messung des Durchsatzes und des Bestands anhand weniger teamorientierter Kennzahlen.
P8	Sustainable Development	- L-3.b: Anwendung der Pull-Technik durch das eigenständige Abholen von Arbeitspaketen und dem damit einhergehenden Schutz vor Überlastung
P9	Technical Excellence	- D-4a: Betonung der fachlichen Fähigkeiten der Teammitglieder
P10	Simplicity	- K-1a: Aufstellung weniger Regeln - L-2.b: Permanente Vermeidung von Verschwendung
P11	Self-Organizing Teams	- K-4: Forderung nach Selbstorganisation gegenüber einer weisungsbefugten Führung
P12	Reflect	- K-5: Vorgehen im Projekt und Inhalt des Projekts stetig infrage stellen und anpassen - L-2.c: Permanente Reflexion und Anpassung des Werterschaffungssystems
		- K-1b: Herstellung eines absichtlichen Zustands zwischen Ordnung und Chaos
		- K-2: Erstellen einer gemeinsamen Vision und stetige Anpassung
		- L-1.a: Übertragung von Verantwortung auf das Team
		- L-3.c: Sinnvolle technische Unterstützung bei der Bereitstellung von Informationen für den Menschen

[481] Zur Unterteilung der Anforderungen in Einzelelemente mit der Unternummerierung a, b, c, etc. siehe Anhang 5.

Nr.	Grundsatz oder Prinzip des agilen Manifests	Linse
		- L-3.d: Spätes Treffen grundlegender Entscheidungen durch die Erzeugung paralleler Lösungsräume
		- W-2: Weitergabe impliziten Wissens im Team durch persönliche Kommunikation sowie das regelmäßige Einholen externen Feedbacks
		- D-4b: Abschaffung externer Vorgaben

Tabelle 5: Gegenüberstellung des agilen Manifests mit den Anforderungen an Agilität.

Wie in der Tabelle ersichtlich wird, konnte allen Sätzen und Prinzipien des agilen Manifests eine oder mehrere Veränderungen zugeordnet werden. Darüber hinaus gehen die Veränderungen K-1b, K-2, L-1.a, L-3.c, L-3.d, W-2 und D-4b weiter – sie können nicht auf das agile Manifest abgebildet werden. Diese beiden Umstände stützen die zu Beginn von Kapitel 3.1 geäußerte Hypothese, nach der das agile Manifest nicht Ursprung des Konzepts „Agilität" ist, sondern vielmehr ein Konsens, ein Schnittpunkt mehrerer agiler EM. In den zusätzlichen Veränderungen zeigt sich, dass das Konzept „Agilität" tatsächlich mehr umfasst. Es beinhaltet Einflüsse aus der Komplexitätstheorie (K-1b, K-2), aus Lean Management (L-1.a, L-3.c, L-3.d), der Deming'schen Qualitätslehre (D-4b) sowie der Bildung und Weitergabe von Wissen (W-2) – Einflüsse, die sich nicht als evolutionäre Entwicklung der SSE erklären lassen.

Neben der reinen Gegenüberstellung der Veränderungen mit dem Referenzobjekt „agiles Manifest" sollte zudem eine inhaltliche Kohäsion aller Veränderungen untereinander vorliegen, um zu belegen, dass die nun entstehende neue Sichtweise auf Agilität nicht nur Teilaspekte beleuchtet, sondern ein umfassendes Verständnis des Arbeitens von Menschen in Projekten ermöglichen wird. Zu diesem Zweck wird auf das KABA-Modell zurückgegriffen.[482] Dessen Humankriterien zeigen sich in den nun entstandenen Veränderungen:

1. Entscheidungsspielraum: K-5 (Vorgehen im Projekt und Inhalt des Projekts stetig infrage stellen und anpassen)

[482] Vgl. Kapitel 4.4.

2. Kommunikation: K-4 (Forderung nach Selbstorganisation gegenüber einer weisungsbefugten Führung)
3. Psychische Belastungen: L-1.a (Übertragung von Verantwortung auf das Team) und L-3.c (sinnvolle technische Unterstützung bei der Bereitstellung von Informationen für den Menschen)
4. Zeitspielraum: L-2.a (schnelle und frühzeitige Auslieferung von Wert an den Kunden)
5. Variabilität: K-5 (Vorgehen im Projekt und Inhalt des Projekts stetig infrage stellen und anpassen)
6. Kontakt: W-1 (Schaffen eines vertrauensvollen Miteinanders und Aufbau eines gemeinsamen Verständnisses der zu bewältigenden Aufgabe)
7. Körperliche Aktivität: keine Parallelität sichtbar.
8. Strukturierbarkeit: D-3 (Etablieren eines sich wiederholenden Prozesses, der sich in einem spiralförmigen Vorgehen bis zum Abbruch dem gewünschten Ziel annähert)

Es zeigt sich, dass der gewählte Ansatz Veränderungen hervorgebracht hat, die fast alle KABA-Humankriterien erfüllen. Selbst die körperliche Aktivität könnte in Form der gemeinsamen Kommunikation sowie den hierzu notwendigen Treffen aufgefunden werden – vergleichbar mit physischer Arbeit sind diese jedoch nicht. Die vorliegende neue Betrachtungsweise von Agilität weist nicht nur eine erstaunliche Bandbreite auf, sondern geht sogar über das agile Manifest hinaus. Es steht deshalb zu erwarten, dass die Anwendung auf PM ein in sich stimmiges Ergebnis formen wird.

4.7 Eine neue Definition von Agilität

Der abschließende logische Schritt liegt in der Zusammenfassung der nun vorliegenden Veränderungen zu einem griffigen, kurzen Konstrukt, einer neuen Definition von Agilität. Als Hindernis dieses Vorhabens erweist sich die inhaltliche

Bandbreite der Veränderungen als so groß, dass eine starke Reduktion zum Verlust wichtiger Eigenschaften führen würde. Selbst Anforderungen wie L-1.a (Übertragung von Verantwortung auf das Team) und K-4 (Forderung nach Selbstorganisation gegenüber einer weisungsbefugten Führung), die eine gewisse Ähnlichkeit aufweisen, zeigen deutlich: Selbstorganisation und Verantwortungsübernahme können zwar gleichzeitig auftreten, stellen aber nicht das gleiche Konstrukt dar. Schließlich organisierte sich auch ein klassisches Projektteam, das die Verantwortung für mangelnde Qualität an die Projektleitung abschob, selbst – allerdings ohne die Verantwortung für das Ergebnis zu übernehmen. Statt die Anforderungen weiter zusammenzufassen, können die bisherigen Veränderungen jedoch paraphrasiert werden, um neben der Listendarstellung eine handliche Kurz-Zusammenfassung zu erzeugen.

Agilität manifestiert sich als die Aufnahme von Einflüssen außerhalb der Software-Systementwicklung in Entwicklungsmethoden. In einer abrupten Entwicklung wurden Gedanken der Komplexitätstheorie, des Lean Managements, der Deming'schen Qualitätslehre, der Engpasstheorie und der Bildung von Wissen auf die Systementwicklung übertragen. Im Ergebnis zeichnet sich diese Übertragung in der Delegation der Verantwortung zum Zweck der verschwendungsarmen, technikgestützten, stetigen und messbaren Erzeugung qualitativer und subjektiv wertiger Ergebnisse in einer Gemeinschaft von Team und Kunde aus. Agilität wertschätzt die Eigenarten des Menschen und seiner Interaktion in Form eines zielgerichteten, dabei aber selbstorganisierenden und emergenten Prozesses des inhaltlichen, methodischen und prozessualen Anpassens und Lernens.

Diese Kurzzusammenfassung weist im Gegensatz zu den in Kapitel 2.3.1.3 vorgestellten Definitionen von Agilität keine Einseitigkeit (industrielle Produktion, Mensch, Systemtheorie) auf. Ebenso kann eine „Post-Rationalization", wie

Vidgen und Wang[483] kritisiert wurden, genauso wenig unterstellt werden wie eine Verankerung im agilen Manifest.

Das erste Ziel dieser Arbeit, die Erarbeitung einer neuen Definition von Agilität, ist somit erreicht.

[483] Vidgen/Wang (2006).

5 Anwendung von Agilität auf Projektmanagement

Nach der Erreichung des ersten Ziels in Form der Erarbeitung einer neuen Definition von Agilität kann sodann zum entscheidenden Schritt übergegangen werden: der Erarbeitung einer neuen Definition agilen Projektmanagements. Dieser Schritt wird in Fortsetzung des in Kapitel 3.2 formulierten Forschungsansatzes mithilfe der Linsen realisiert. Die nun vorliegende neue Definition von *Agilität* wird auf Projektmanagement angewendet. Somit wird ein neues Verständnis *agilen Projektmanagements* aus einer softwareunabhängigen Perspektive heraus entwickelt.

Um eine möglichst breite Definition agilen PMs zu erhalten, erfolgt die Anwendung auf PM nicht anhand der soeben formulierten Kurzdefinition von Agilität. Stattdessen werden die agilen Veränderungen entlang der fünf unterschiedlichen Einflussquellen systematisch durchlaufen.

5.1 Projektmanagement aus dem Blickwinkel der Komplexitätstheorie

Wie zuvor beginnt die Untersuchung wiederum mit der Komplexitätstheorie. Die vorliegenden 6 agilen Veränderungen (siehe Tabelle 4) werden nun einzeln auf das Thema PM angewendet.

Linse K-1: Aufstellung weniger Regeln und Herstellung eines instabilen Zustands zwischen Ordnung und Chaos

1. Nachdem im Grundlagenteil dieser Arbeit die Komplexität als Beeinflussung agiler EM, insbesondere von Highsmith, Schwaber und Beck erkannt wurde, ging es darum, sie detailliert zu betrachten. Diese Betrachtung führte zur Freilegung von Kerneigenschaft 1: Emergenz (komplexe Systeme bilden im Zustand zwischen Ordnung und Chaos neue, unerwartete Muster)

2. „Emergenz" führte im zweiten Schritt in Kapitel 4.1 zur Definition von Linse K-1. Diese besteht in der Erkenntnis, dass Emergenz in Form unerwarteter Muster in Kommunikation, Handlung und Ergebnis im menschlichen Mitei-

nander in einem Zustand zwischen Ordnung und Chaos entstehen kann. Dieser Zustand, so die bisherige Erkenntnis, lässt sich durch das Aufstellen weniger Regeln bei gleichzeitiger Gewährung prozessualer und organisatorischer Freiheiten begünstigen.

3. Im dritten und letzten Schritt wird die in Form der Linse K-1 vorliegende Veränderung in den folgenden Absätzen nicht mehr auf SSE, sondern auf PM angewendet.

Emergenz kann im Verlauf eines Projekts auf verschiedenen Ebenen entstehen, beispielsweise in Form neuer Kommunikationsmuster, neuer Zeiteinteilungen, neuer Werkzeuge, neuer Organisationsformen oder auch unerwarteter Ergebnisse. Um den kreativen Prozess zu begünstigen, muss das Projektteam deswegen in den „edge-of-chaos" geführt und dort gehalten werden. Dieser Zustand ist ein Spannungsfeld zwischen anarchistischen Elementen wie freier Entfaltung, Loslösung von Hierarchien, ganzheitlichem Denken und ordnenden Elementen wie vereinbarten Regeln, Rollenverständnissen und Zielfokussierung. Es muss ein Gleichgewicht gefunden werden, in dem sich die Projektteilnehmer durchaus wohl fühlen, nicht aber in eingespielte Verhaltensformen zurückfallen. Emergenz entsteht genau dann, wenn die Teilnehmer im Fließgleichgewicht beobachtbare Muster ausbilden. Deswegen muss die Aufgabe agilen PMs darin liegen, dem System einen stabilen Rahmen in Form weniger, einfacher Regeln zu geben, die allerdings durch alle Projektmitglieder befolgt werden sollten. Beispielhaft seien die Akzeptanz grundsätzlicher Arbeits- und Besprechungszeiten, die Verpflichtung der Auslieferung von Ergebnissen zu bestimmten Zeitpunkten und die Einhaltung vereinbarter Qualitätsstandards genannt. Im Gegenzug zur Einhaltung dieser wenigen Standards werden dem Team Freiheiten in Bezug auf Inhalt, Prozess und Organisation gewährt; es entscheidet selbst, wie das vereinbarte Ziel erreicht werden kann.

Agiles PM aus dem Blickwinkel von Komplexitäts-Linse K-1 besteht demzufolge darin, Projekte durch das Aufstellen weniger, einfacher Regeln – bei gleichzeitiger Gewährung von Selbstverantwortung, Mitgestaltung und Entfaltung – in einen Zustand zwischen Ordnung und Chaos zu führen.

Linse K-2: Berücksichtigung der SDoIC, indem eine gemeinsame Vision erstellt und stetig angepasst wird

Remington und Pollack bestätigen die Anwendbarkeit der SDoIC auf Projekte und zeigen, dass selbst dann unterschiedliche Ergebnisse und Risiken entstehen, wenn ein Projektteam eine identische Aufgabenstellung in zwei verschiedenen Umgebungen erbringen soll.[484] Scheinbar unwichtige, kleine Anomalien am Projektbeginn können im Projektverlauf zu extrem verschiedenartigen Ergebnissen führen. Der Grund hierfür liegt in der Interaktion des Projekts als komplexes System mit seiner Umwelt.[485] Erschwerend kommt der zwischenzeitlich bekannte Umstand hinzu, dass Projekte keinen inhaltlich stabilen Ablauf darstellen, sondern sich stets in Form verändernder, neuer und veralteter Anforderungen ändern. Selbst ein Start mit optimaler Zielvereinbarung führt im Verlauf der Zeit folglich zu einer Veränderungsnotwendigkeit des Ziels.

In Konsequenz zu Linse K-2 (SDoIC) muss das PM zu Beginn eines Projekts eine besondere Sensibilität hinsichtlich der Ziele, der Veränderbarkeit der Ziele, der Zuständigkeiten und der Kommunikationswege walten lassen. In Kenntnis der SDoIC kann eine nachhaltige Zielausrichtung nur erreicht werden, wenn das Projektteam mit dem Auftraggeber gemeinsam die Vision erzeugt, allerdings bezogen auf das Projekt. Diese wird absichtlich vage gehalten, um die Kreativität der beteiligten Personen zu fordern, Anpassungen im Verlauf des Projekts zuzulassen und das Team stets zu motivieren, den angestrebten Idealzustand anzusteuern. Im besten Fall können auf ihrer Basis dann in der täglichen Projektabwicklung Entscheidungen ohne Rücksprache gefällt werden. Durch diese Zielausrichtung kann das Verhalten der Teilnehmer ohne Fremdeinwirkung gelenkt werden. Das ganze System entwickelt sich bei dieser Zielausrichtung weiter, es beschreitet neue Pfade. Aufbauend auf der Erkenntnis der homöostatischen Regelkreise muss allerdings darauf geachtet werden, dass die gemeinsamen Zielvorstellungen immer wieder forciert, wiederholt und wenn nötig angepasst werden.

[484] Vgl. Remington/Pollack (2008), S. 6.
[485] Vgl. Cicmil/Cooke-Davies/Crawford et al. (2009), S. 69.

Agiles PM aus dem Blickwinkel von Linse K-2 besteht folglich darin, eine gemeinsame Ziel-Vision zu erarbeiten. Dazu gehören auch das Aufstellen klarer Erfolgskriterien und die Sicherstellung der Überprüfbarkeit. Durch das PM muss gewährleistet werden, dass Änderungen in Vorgehen, Lösungsansatz und Organisation zum Erreichen des gemeinsamen Ziels im Team aufgenommen und verarbeitet werden. Die Aufgabe des PMs besteht darum auch in der Unterstützung des Teams bei der Priorisierung konkurrierender Aufgaben und Ziele.

Linse K-3: Reduktion von Kommunikationswegen durch die Internalisierung von Vertretern

Die Kommunikation im Projektteam ist selbst ein Quell von Komplexität: Die tägliche Interaktion, die Bildung oder Enttäuschung von Vertrauen sowie persönliche Annahmen über das Gegenüber können im Projektteam und in der Kommunikation mit der Umwelt im Verlauf der Zeit zu positiven wie auch negativen Kommunikationsmustern führen. Das PM muss demnach darauf ausgerichtet sein, die Kommunikation zu moderieren.[486] In Kenntnis von Linse K-3 sollte folglich die Kommunikation mit der Umwelt durch die Aufnahme eines Stellvertreters in das Team vereinfacht werden. Mit diesem Stellvertreter wird die Kommunikation in mehrerlei Hinsicht optimiert: Erstens werden Kommunikationswege und damit Komplexität reduziert, da das Team mit nur noch einer Person statt mit vielen kommuniziert. Zweitens teilt der Vertreter die subjektive Realität des Teams und kann dadurch eine bessere Transformation der Informationen zwischen seiner ursprünglichen Herkunft, der Umwelt und dem Team herstellen. Durch das Involvieren mehrerer Stakeholder, spätestens zum Ende jedes Zyklus, kann zudem sichergestellt werden, dass der Stellvertreter die Umwelt in Sachen Kenntnis, Zielstellung und Vorhersage repräsentiert.

Agiles PM aus dem Blickwinkel von Komplexitäts-Linse K-3 besteht deswegen darin, die Entwicklung des internen Kommunikations-Regelsystems moderierend zu begleiten. Das bedeutet nicht, dass PM Kommunikation ver-

[486] Vgl. Cicmil/Cooke-Davies/Crawford et al. (2009), S. 33-73.

hindern oder verändern soll, sondern vielmehr, dass sie die beteiligten Akteure auf die stattfindenden Kommunikationsmuster aufmerksam macht und die Etablierung gemeinsamer Kommunikationsregeln bewirkt. Statt zudem die eigenständige Evolution der Reduktion von Kommunikationskanälen abzuwarten, stellt in Konsequenz zu Linse K-3 das Einsetzen von Stellvertretern bestimmter Parteien ein höheres Kommunikations-Entwicklungsniveau dar.

Linse K-4: Selbstorganisation statt weisungsbefugter Führung

In Bezug auf PM fordert das Prinzip Selbstorganisation auch die Festlegung innerer Strukturen durch das Projektteam selbst. Verantwortlichkeiten und Prozesse werden demzufolge nach eigenem Ermessen abgesteckt. Gleichzeitig muss dem Team sowie der umgebenden Organisation vermittelt werden, dass Entscheidungen nicht nur selbst getroffen, sondern auch nach außen vertreten werden müssen. Das Team findet diesem Gedanken folgend selbst den besten Weg und die beste Form, das gesteckte Ziel zu erreichen, priorisiert in Zusammenarbeit mit dem Kunden die umzusetzende Arbeit und trifft technische Entscheidungen.

Einschränkend muss angemerkt werden, dass all diese positiv konnotierten Feststellungen nicht zwangsläufig zu positiven Effekten führen. Ganz im Gegenteil kann auch eine selbstorganisierte Verweigerungshaltung, Blockade oder absichtliche Erzeugung mangelhafter Ergebnisse entstehen. Die Vereinbarung muss deswegen darin bestehen, als Gegenpol zur Selbstorganisation einen bestimmten Grad an Disziplin zur Einhaltung der in K-1 festgelegten einfachen Regeln zu erfüllen.

Die Anforderungen an die Fähigkeiten des PL bestehen in Konsequenz des hier betrachteten sozialen Systems nicht in Arbeitszuteilung, Maßregelung und Anweisung. Der Fokus muss weg von der Umsetzung von PM-Methoden und hin zum Begreifen inhaltlicher und temporaler Komplexität sowie der Beobachtung von Kommunikationskanälen gehen. Dazu gehören emotionale Fähigkeiten sowie die Eignung, Sinn in der eigenen Betätigung sowie der Betätigung des Teams zu sehen und zu vermitteln. Schlüsselqualifikationen sind folglich die „weichen" Fähigkeiten wie die Demonstration einer starken, persönlichen Verpflichtung dem

Kunden gegenüber, die Fähigkeit, Beziehungen zu bilden, das Schützen des Teams, die Moderation, die Fähigkeit, mit Mehrdeutigkeiten, Unsicherheiten und Ängsten umzugehen und fortzufahren, selbst wenn das Ziel nicht bekannt ist. Schließlich sind es genau diese Qualitäten, die Projekte zum Erfolg führen.[487]

Agiles PM aus dem Blickwinkel von Komplexitäts-Linse K-4 besteht demnach darin, Selbstorganisation zu fördern, dabei aber Disziplin zu fordern. Das PM darf sich gleichzeitig nicht als übergeordnete Instanz, sondern als Teil des Ganzen verstehen und deswegen Entscheidungen des Teams mittragen oder tolerieren. Dies entspricht dem in der Managementliteratur oft zitierten Aspekt „Leadership", das heißt dem Führen durch eigenes Beispiel, dem Ermutigen, dem Unterstützen. Gegenüber der Führung durch klare Vorgaben und Kontrolle stellt dies keine Bevormundung dar, sondern eine Unterstützung des Einzelnen durch das Näherbringen der Vision und des Ziels.

Linse K-5: Vorgehen innerhalb des Projekts sowie dessen Inhalt stetig infrage stellen und anpassen

Projekte müssen sich an ändernde Umweltzustände anpassen. Das ist etwa dann der Fall, wenn Änderungen vom Auftraggeber gewünscht werden, sich herausstellt, dass einige Ziele nicht erreichbar sind, Teammitglieder ausfallen, technische Rahmenparameter verändert werden oder weitere Stakeholder involviert werden. Ebenso sind Anpassungen notwendig, wenn das gewünschte Arbeitspensum nicht erreicht werden kann oder geplante Arbeiten wiederholt nicht durchgeführt wurden. Das System Projekt muss sich daraufhin den geänderten Bedingungen gemäß Komplexitäts-Linse K-5 durch Hypothese und Überprüfung anpassen und lernen.

In Bezug auf den Inhalt können gerade im Umfeld von innovativen Projekten bestimmte inhaltliche Rahmenparameter unbekannt, volatil oder fehlerhaft sein. Das Projektteam muss deswegen spekulieren, wie den unbekannten Elementen am

[487] Stacey (2003), S. 64 sowie auch Geoghegan/Dulewicz (2008) zeigen, dass eine überdeutlich hohe Korrelation zwischen dem Projekterfolg und den„Softskills" des Projektleiters besteht.

besten begegnet werden kann. Im regelmäßigen Austausch mit dem Kunden können diese Hypothesen präsentiert und überprüft werden. Fehlannahmen müssen aussortiert werden, korrekte Annahmen können als die Basis weiterer Spekulationen dienen.

In Bezug auf das Vorgehen können neue Verhaltensmuster ebenfalls in gemeinsamer Spekulation vereinbart und getestet werden. Eine Verhaltensspekulation kann beispielsweise darin bestehen, den Projektzyklus zu kürzen, um häufiger inhaltliches Feedback zu erhalten. Nach der Änderung des Verhaltensmusters wird überprüft, wie die Umwelt oder andere Teammitglieder auf die Veränderung reagieren. Daraufhin wird das neu gelernte Muster verwendet oder weiter angepasst.

Agiles PM aus dem Blickwinkel von Komplexitäts-Linse K-5 muss deswegen darin bestehen, einen ständigen Zyklus aus Aktion und Anpassung aufrechtzuerhalten und sicherzustellen, dass aus den Ergebnissen gelernt wird. Konkret bedeutet das, das Team zur Reflexion anzuleiten und in der Diskussion gemeinsame Erkenntnisse zu bilden und zu bewahren.

Linse K-6: Etablierung und Aufrechterhaltung homöostatischer Rhythmen

Die primäre Aufgabe des PMs besteht in Konsequenz mit Komplexitäts-Linse K-6 in der Etablierung inkrementeller, homöostatischer Rhythmen. Die Wahl der Zyklusdauer ist dabei essentiell.[488] Produktionsreihen, Budgetrunden, Technologieschübe bewegen die Organisation. Projekte, die mit diesen Rhythmen kollidieren, laufen buchstäblich Gefahr einer Dissonanz zwischen Projektteam und umgebender Organisation. Der richtige Rhythmus hängt in einer lebenden Organisation aus Sicht des Verfassers deswegen von folgenden Faktoren ab:

1. Inhaltlich: Je abhängiger das Projektteam von Rückmeldungen zu ausgelieferten Bestandteilen ist, desto häufiger sollte dieser Austausch erfolgen. Dies gilt besonders dann, wenn das Ziel des Vorhabens noch unklar ist und sich

[488] Vgl. Gould/Joyce (2003), S. 106. Auch Andersen (2008), S. 41 stellt hierzu fest, dass Projekte einen Rhythmus etablieren müssen, der mit dem Rhythmus der Organisation harmonisch schwingt.

erst im Diskurs mit dem Kunden entwickelt und ebenso wenn der eingeschlagene Lösungsweg in regelmäßigen Abständen im Team reflektiert werden muss. Je klarer Ziel und Lösungsweg sind, desto seltener muss reflektiert werden, desto länger kann die Periode sein.

2. Persönlich: Um inhaltliche Rückmeldung einzuholen, müssen in Konsequenz mit agilen EM Funktionalitäten fertiggestellt worden sein. Da dieser Zeitpunkt einen Einschnitt darstellt und in der Folge auf sämtliche Projektteilnehmer einen gewissen Druck erzeugt, sollte die Frequenz in Abhängigkeit von Erfahrungsgrad, Alter und Belastbarkeit der Projektteilnehmer gewählt werden. Je höher die Frequenz, desto niedriger ist der Erwartungsdruck.[489]
3. Organisatorisch: Sollten organisatorische Vorgaben wie beispielsweise die verbindliche Abgabe von Statusberichten, die regelmäßigen Besuche von Entscheidungsgremien oder die Anpassung an Budgetzyklen vorliegen, sind die Wahl und Angleichung des Projektrhythmus an den organisatorischen Rhythmus empfehlenswert.
4. Dekompositionsfähigkeit der Projektanforderungen: Die Dekompositionsfähigkeit hängt von der Einzelauslieferungsfähigkeit der Projektanforderungen ab. Während bei einer einfachen Softwareapplikation nahezu jede Einzelfunktionalität ausgeliefert werden könnte, müssen Mehrschichtapplikationen stets die Integration sämtlicher Komponenten vollziehen, bevor eine Auslieferung erfolgen kann. Je komplexer der Zusammenhang ist, desto komplexer werden die auszuliefernden Pakete und desto eher besteht folglich die Tendenz zu einer Verlängerung der Periode.

Neben der Etablierung liegt die Aufgabe des PMs in der Überprüfung und Aufrechterhaltung des Rhythmus.[490] So wichtig es ist, ein Team auf einen Rhythmus einzuschwingen und damit der menschlichen Neigung der Wiederholung

[489] Auch aus diesem Grund schlägt Andersons *Kanban* keinen zeitlichen, sondern einen inhaltlichen Rhythmus vor – jede Funktionalität kann nach Fertigstellung an den Kunden ausgeliefert werden. Vgl. hierzu Anderson (2011), S. 31-36.

[490] Vgl. Goodpasture (2010), S. 152.

nachzukommen, so unförderlich ist es, im Projekt durch Managementinterventionen, ungeplanten Präsentationen oder methodischen Diskussionen aus dem Tritt zu kommen.

Sollten Indikatoren auftreten, die darauf hinweisen, dass der gefundene Rhythmus nicht „harmonisch schwingt", sollte die Änderung des homöostatischen Rhythmus erwogen werden. Indikatoren können sein, dass Überlastungen von Mitarbeitern auftreten, geplante Anforderungen nicht oder nicht innerhalb einer Periode umgesetzt werden können oder aber dass Beschwerden anderer organisatorischer Einheiten eintreffen oder Unzufriedenheiten bei den Stakeholdern auftreten. Zu beachten ist, dass das PM bereits in frühen Phasen des Projekts auf diese Indikatoren achten muss, da ein einmal eingeschlagener Projektrhythmus nur schwer geändert werden kann.[491]

Zusammenfassung

Die Anwendung der Komplexitätstheorie auf Projekte und PM wird in der Wissenschaft noch kontrovers geführt.[492] So kritisieren Whitty und Maylor, dass die Komplexitätstheorie keine neuen Erkenntnisse in Bezug auf Projekte erbringt und auch empirisch nicht ausreichend verankert ist. Vielmehr fülle sie auf schlechte Weise ein scheinbares akademisches Vakuum.[493] Im Rückblick auf die nun gewonnenen Erkenntnisse lässt sich allerdings feststellen, dass

1. die Anwendung der Komplexitätstheorie nicht nur mit den in agilen EM ausgeübten Methoden und Prozessen konform ist, sondern auch in der Anwendung auf Projekte neuartige Erkenntnisse ergeben hat.[494]

2. insbesondere die Benennung von Stellvertretern zur kommunikativen Entkoppelung sowie das Aufstellen weniger Regeln zur Evozierung emergenten Verhaltens hervorzuheben ist. Diese beiden Eigenschaften machen im Gegensatz zur TSE besonders deutlich, dass die Anwendung der agilen Veränderungen auf PM tatsächlich zu einer neuartigen Auffassung

[491] Vgl. Gould/Joyce (2003), S. 106.
[492] Vgl. Cicmil/Cooke-Davies/Crawford et al. (2009), S. 20.
[493] Vgl. Whitty/Maylor (2008).

von PM führt. Dass die Anwendung einer systemtheoretischen Gesetzmäßigkeit auf PM in einer derartigen Tragweite hervortritt, ist ein erstes Ergebnis des gewählten Linsenansatzes.

3. die Anwendung der nun gewonnenen Erkenntnisse durchgehend auf verschiedene Projektarten, insbesondere auf Projekte außerhalb der SSE erfolgen kann. Dies liegt nach Ansicht des Verfassers darin begründet, dass das Zusammenwirken als System eine grundsätzliche Eigenschaft menschlichen Verhaltens darstellt und deswegen in verschiedenen Kontexten angewendet werden kann.

5.2 Projektmanagement aus dem Blickwinkel der Bildung und Weitergabe von Wissen

Nach diesen neuartigen Erkenntnissen der Anwendung von Agilität auf PM wird die Sammlung im Folgenden weiter vervollständigt. Anhand der beiden auf Takeuchi/Nonaka und Senge zurückgehenden agilen Veränderungen wird der Aspekt der Bildung und Weitergabe von Wissen im agilen PM entwickelt. Ein besonderes Augenmerk wird hierbei auf den Aspekt der Weitergabe von Wissen in und außerhalb des Teams gelegt.

Linse W-1: Schaffen eines vertrauensvollen Miteinanders und Aufbau eines gemeinsamen Verständnisses der zu bewältigenden Aufgabe

Gemeinsamer Esprit, sich verstärkende Feedbackschleifen, implizites Wissen, ein empathisches Miteinander – die Schaffung all dieser Phänomene in die Verantwortung des PM zu legen wäre eine Überhöhung der PM-Rolle. Wohl aber kann die Projektleitung ein Umfeld schaffen und Maßnahmen initiieren, in dem sich Teamgeist entwickeln kann. Dem PL obliegt es deswegen:

[494] Vgl. Vidal/Marle (2008), S. 1094–1100; Ivory/Alderman(2005), S. 15.

1. stets unter Integration des Kunden, in Anlehnung an die vier Phasen der Teamentwicklung,[495] ein sich vertrauendes Team schaffen. Der PL kann die Schaffung von Vertrauen fördern, indem er die Teammitglieder auffordert, erinnert und ermahnt, ehrlich zu kommunizieren, Zugesagtes einzuhalten und offen mit Stärken und Schwächen umzugehen.
2. am Ende des Zyklus nicht nur eine Diskussion des Ergebnisses, sondern auch eine Reflexion der gemeinsamen Zielausrichtung und des Teamverständnisses durchzuführen.[496]
3. mangelnde Teamkohäsion, die Ausbildung negativ-sozialer Muster wie Suche nach dem Schuldigen, Cliquenbildung oder Ausgrenzungen einzelner Personen zu erkennen und im Extremfall Teammitglieder zu entfernen.
4. vom Kunden erhaltenes Feedback mit eigenen Annahmen und Theorien zu kombinieren und somit die Teamhandlungstheorien als double-loop-learning zu überprüfen.
5. Nach dem Erreichen eines vertrauensvollen Miteinanders, die gemäß Linse K-2 festgelegte Vision nicht nur zu kommunizieren, sondern ein Senge'sches mentales Modell für das gesamte Team zu verankern. Senge folgend gelingt dies genau dann, wenn das gesamte Team bei der Erzeugung der Vision beteiligt wird. Auf diese Weise kann sich jedes Teammitglied engagieren und einen Teil der persönlichen Überzeugungen, Handlungstheorien und der subjektiven Realität einbringen. Die zu erreichende Aufgabe, die gemeinsamen Annahmen und Begrenzungen können so in einer Form zusammengefasst werden, die für jedes Teammitglied auf ihre persönliche Art begreifbar gemacht wird und doch zu einem gemeinsamen Verständnis führt. Ausgehend von diesem gemeinsamen Grundverständnis können Archetypen abgeleitet werden. Diese bestehen in Abkürzungen, technischen Akronymen, sowie der Vereinbarung von Metaphern und Analogien.

[495] Vgl. Tuckman (165), S. 384.
[496] Vgl. Birk/Dingsøyr (2005), S. 70-75.

6. Schließlich besteht die Aufgabe des PM darin, das gemeinsame Verständnis zu testen. Maldonado et al. identifizieren in diesem Kontext sogenannte „false positive" Tests als Transportmedium und Korrekturinstanz impliziten Wissens. Die Erkenntnis, warum ein zunächst als fehlgeschlagen wahrgenommener Testfall doch korrekt ist, kann eine Synchronisierung der Geisteshaltung erleichtern.[497] In geistiger Anwendung dieser Tests kann der agile PL dem Team spezifische Fragen zu Aufgabe, Umfeld und Vorgehensweise stellen. Mit Bedacht formuliert können diese Fragen zu intuitiv als falsch angenommenen Aussagen führen und somit eine Diskussion entfachen, die das gemeinsame Verständnis stärkt. Ebenso könnte das Team absichtlich widersprüchlichen Kundenanforderungen ausgesetzt werden, um zu erreichen, dass diese erkannt und aussortiert werden.

Linse W-2: Weitergabe von Wissen im Team durch persönliche Kommunikation sowie dem regelmäßigen Einholen externen Feedbacks

Auch aus der agilen Veränderung von Linse W-2, Wissen im Team weiterzugeben und regelmäßig externes Feedback einzuholen, lassen sich Vorgaben an das PM erarbeiten. Das Lernen durch Vermittlung von Wissen muss durch das PM initiiert, aufrechterhalten und eingefordert werden. Die Aufgabe des PMs besteht folglich darin, den Aufbau von Wissen im Team zu fördern, allen Teammitgliedern, insbesondere dem Kunden, die Wichtigkeit und die Funktionsweise impliziten Wissens bekannt zu machen sowie das Geben und das Nehmen von Feedback zu coachen. Das PM kann sich dabei an der in Kapitel 4.2 beschriebenen SECI-Spirale ausrichten.[498]

Die *Sozialisation*, die Vermittlung von Fachwissen im persönlichen Austausch, sollte in Form der agilen „*Collocation*" der Teammitglieder, das bedeutet der räumlichen Nähe des Projektteams, wie sie in agilen EM propagiert wird, umgesetzt werden. Fachwissen wird dazu durch Zeigen, Zusehen, Ausprobieren und

[497] Vgl. Maldonado/Oliveira/Carver et al. (2008).

[498] Zu den vier Möglichkeiten der Wissensweitergabe vgl. Takeuchi/Nonaka (1986) sowie die Erklärungen zur SECI-Spirale in Kapitel 4.2.

Diskutieren vermittelt. Insbesondere das Instantiieren der Arbeit im Zweierteam nicht nur zur Qualitätssicherung, sondern zur persönlichen Vermittlung von Wissen kann aus der ASE auf allgemeine Projektsituationen übertragen werden. Zu diesem Austausch im kleinen Kreis müssen regelmäßige Treffen für einen Austausch innerhalb des Teams sowie regelmäßiges Feedback des Kunden für ein klareres Verständnis der Anforderungen hinzukommen. Das Ziel des PMs muss in Kenntnis der ASE folglich darin bestehen, die Cockburn'sche *„osmotische Kommunikation"*[499], eine Kommunikation, die nicht zeitgesteuert, sondern permanent und unbewusst stattfindet, zu festigen.

Die *Externalisierung* von Fachwissen kann im agilen PM in Anwendung agiler Techniken in Form der *„Information Radiators"*[500], großen Stellwänden zur einfachen Visualisierung wichtiger Informationen oder der Pflege eines teaminternen Microblogs in kurzer und übersichtlicher Form erreicht werden.

Die *Kombination* mehrerer externalisierter Wissensquellen zu einem Gesamtbild kann im Projektteam durch eine interdisziplinäre Zusammensetzung vereinfacht werden. In Fortsetzung des Multi-Functional-Learning sollte diese interdisziplinäre Zusammensetzung durch die Einnahme fachfremder Rollen verstärkt werden.

Die *Internalisierung*, das heißt die Erprobung kombinierten Wissens erfolgt in der direkten Anwendung im Projekt. So können beispielsweise kurze Zyklen zu Beginn des Projekts durchgeführt werden, um Informationen über unklare Ausgangsinformationen ganz im Sinne der in Linse L-3d beschriebenen Optionstheorie zu gewinnen.

Die Aufgabe des PM besteht in der Versorgung der einzelnen Teammitglieder mit genau den notwendigen Informationen. Diese Versorgung bringt auch kritische Aspekte mit sich.

---

[499] Vgl. Cockburn (2001), S. 81 f.
[500] Vgl. Cockburn (2001) beschreibt auf S. 84 ff. die Information Radiators erstmals.

1. McAvoy stellt in Gegenrede zum selbstorganisierenden Team als Idealform fest, dass die Aufgabe des PM auch darin liegt, kritische Rückmeldung einzubringen, um die Gruppe vor negativer Dynamik zu bewahren.[501] Letztere besteht in Missverständnissen, in absichtlicher Fehlinformation oder in Wissenslücken. Diese gilt es zu identifizieren und im Notfall auch disziplinarische Gegenmaßnahmen zu ergreifen.
2. Die Aufgabe des PMs liegt nicht nur in der Eliminierung der Unterversorgung, sondern auch vorsichtiges Gegenwirken zur Informationsüberversorgung. Die sorgfältige Reflexion über den tatsächlichen Informationsbedarf und das geäußerte Informationsbedürfnis der Teammitglieder ist eine Aufgabe des gesamten Teams, vor allem aber des PMs.[502] Schließlich müssen Wissensgefälle erkannt und Ausgleichsmaßnahmen eingeleitet werden. So kann beispielsweise die persönliche Einarbeitung neuer Teammitglieder mithilfe der Lösung echter Problemstellungen der Vergangenheit und des anschließenden Vergleichs mit Referenzlösungen Denkmuster schneller übertragen werden, als bloßes „Training on the Job“[503].
3. Die Rolle der Vermittlung von Wissen in Projekten ist zwangsläufig ambivalent. Da Projekte in sich zeitlich geschlossene Vorgänge sind, könnte die Weitergabe von Wissen an andere Projektteams oder später stattfindende Projekte aus Sicht des Einzelprojekts eine unerwünschte Tätigkeit darstellen; schließlich tragen sie nicht zur direkten Wertschöpfung des gerade betrachteten Produkts bei. Dieser Problematik muss je nach Situation begegnet werden. Handelt es sich tatsächlich um einmalige Projekte, können Sicherung und Weitergabe unter Umständen, insbesondere ex post betrachtet, tatsächlich eine Verschwendung darstellen. Im Fall einer strategischen Entwicklung hingegen kann das Wissen, auch wenn es in den hiesigen Regelungen nicht so dargestellt wird, zumindest in Konsistenz mit dem „Transfer of Learning“

[501] Vgl. McAvoy/Butler (2009).
[502] Zum Unterschied zwischen objektivem Informationsbedarf und subjektivem Informationsbedürfnis siehe Heinrich (2007), S. 144-152 und 153-157.
[503] Vgl. Bologa/Lupu (2007).

von Takeuchi/Nonaka in verwertbarer Form externalisiert und im Rahmen der unternehmensweiten Wissensmanagementstrategie zugänglich gemacht werden.

Schlussbetrachtung

Folgende Erkenntnisse konnten gewonnen werden:

1. Ein gemeinsames Miteinander, quasi ein Team als ein Organismus liegt im Kern der ASE. Agiles PM nimmt diese eindeutige Tendenz zum vertrauensvollen Miteinander, zum intensiven persönlichen Austausch und zur Schaffung gemeinsamer mentaler Modelle auf. Dies gilt auch in Projekten außerhalb der ASE.
2. Das PM ist nicht für das Erreichen dieses vertrauensvollen Miteinanders verantwortlich. Mitarbeiter, die persönliche Aversionen gegeneinander hegen, werden sich nur schwerlich zum Teamplayer verändern. Die Aufgabe des PMs besteht allerdings in der Schaffung des Rahmens, der Bereitstellung von Angeboten und der Aufdeckung persönlicher Antipathien.
3. Während diese Untersuchung bislang stets Techniken, Prozesse und Einstellungen aufdeckte, die in der TSE nicht vorhanden waren, stellt die Auslassung des Wissensmanagementthemas in der ASE einen umgekehrten Kontrast dar. Eine gewisse Anleitung, wie Wissen angesichts aktueller organisatorischer Mechanismen wie Ressourcenpools, sich stetig ändernder Strukturen oder Firmenübernahmen konserviert werden kann, wäre wünschenswert gewesen, muss aufgrund mangelnder Evidenz aber ausgelassen werden.
4. Die Betonung impliziten Wissens im Team kann jedenfalls mit Sicherheit festgehalten werden. Offensichtlich umgehen die Autoren agiler EM durch die Fokussierung auf das Team und die Vernachlässigung expliziter Wissensweitergabe weiter gehende Fragestellungen organisatorischen Wissensmanagements. Eine der zu diskutierenden Fragen bei der Anwendung des hier verfolgten PM-Ansatzes wird folglich die Erörterung der Frage sein, ob ein derartiger Wissensmanagementansatz mit der Firmenkultur zu vereinba-

ren ist. Eine mögliche Aussöhnung des agil-impliziten mit einem streng dokumentationsorientierten Ansatz könnte darin liegen, zum Ende des Projekts hin einen speziellen „Review-Zyklus“ zur Externalisierung der angewendeten und gelernten Konzepte durchzuführen.

Insbesondere am Punkt der Nonaka'schen Wissensspirale (Externalisierung, Kombination etc.) zeigt sich der Vorteil des gewählten Forschungsansatzes in Form der Erarbeitung der Kerneigenschaften, der anschließenden Isolierung von Agilität und nun der Anwendung auf PM. Die ausführliche Betrachtung der Grundlagen legte das erforderliche Fundament, um agiles Wissensmanagement identifizieren zu können. Somit konnten die agilen Techniken zur Wissensweitergabe wie die *„Information Radiators“* ebenso verifiziert werden wie das auf Takeuchi/Nonaka zurückgehende Multi-Functional-Learning.

5.3 Projektmanagement aus dem Blickwinkel der Qualitätslehre nach Deming

Auch der Aspekt der Qualitätslehre nach Deming wird dem entstehenden agilen PM neue Aspekte hinzufügen. Wie in den vorhergehenden Kapiteln werden die vier Deming'schen Linsen (siehe Tabelle 4) auf das Thema PM angewendet. Besonders interessant wird dabei die Auswirkung der Deming'schen Machtdelegation der Qualitätsverantwortung hin zum Team sein.

Linse D-1: Erzeugung von Qualität durch die Integration von Produktion und Qualitätskontrolle in einem Schritt

In Konsequenz zu Linse D-1, die die Erzeugung hoher Qualität durch die Integration von Produktion und Qualitätskontrolle fordert, muss die Aufgabe des PMs darin bestehen, eine Umgebung zu schaffen, in der Ergebnisse fehlerfrei produziert werden. Grundlage hierfür muss es sein, Qualitätsprobleme primär auf fehlerhafte Prozesse statt auf Menschen zurückführen und den Produktionsprozess folglich stetig zu untersuchen und zu verbessern. Bezüglich der Umgebung müssen bereits im Vorfeld der eigentlichen Projektarbeiten die tatsächlichen Anforderungen an die Qualität in Erfahrung gebracht werden, um ein möglichst günstiges Verhältnis zwischen Aufwand und Ergebnis herzustellen. Zudem muss die Aufgabe des PMs darin bestehen, mit dem Team bestimmte Arbeitsstandards zu etablieren. Schließlich müssen im Team ein gemeinsames Qualitätsverständnis sowie ein offener Umgang mit Fehlern und Feedback vereinbart und eingehalten werden.

Hinsichtlich der Forcierung der Fehlerfreiheit können agile Methoden auch in einem Kontext außerhalb der SSE genutzt werden. So kann ein Projektteam durchaus analog der oben vorgestellten Scrum-Denkweise Anforderungen immer gemeinsam angehen und dabei den interdisziplinären Austausch fördern, implizites Wissen aufbauen sowie den vernetzten Zusammenhang aller Anforderungen verstehen. Ebenso kann die „*Test-First*"-Methode[504] in anderen Projektarten das genaue Abnahmekriterium und -prozedere vor der eigentlichen Umsetzung definieren. Auch die Übernahme der „*Pair Programming*"[505], beispielsweise bei der Zeichnung eines Bauplans, ist denkbar. Dies bedeutet nicht, dass bestimmte Überprüfungen, wie der Akzeptanztest durch die Anwender nicht mehr erfolgen müssen. Vielmehr werden durch die Integration der Wertschöpfungskette Vertreter des Kunden Teil des Projektteams und können so frühzeitig testen und im laufenden Prozess ein Feedback geben. Infolgedessen besteht die Aufgabe des PMs im laufenden Projekt im Besonderen darin, alle Beteiligten dazu anzuregen, sich an der ständigen Verbesserung des Qualitätsmanagements zu beteiligen und eigene Ideen einzubringen.

Linse D-2: Teilung der Qualitätsverantwortung zwischen dem Team und den externen Parteien

Die Forderung der ersten Deming'schen Linse besteht

1. in der Teilung der Qualitätsverantwortung: Allgemeine, umgebende Ursachen schlechter Qualität (‚common causes') müssen durch Stellen mit Entscheidungsgewalt auf die umgebenden Parameter behoben werden. Das

[504] Vgl. Beck (1999), S. 118.
[505] Vgl. Beck (1999), S. 54.

Team muss mit den Kompetenzen ausgestattet werden, innerhalb seiner Umgebung Qualitätsprobleme (‚special causes‘) zu erkennen und zu beseitigen.

2. in der Reduktion von Variabilität im Projekt bezüglich der Qualität der Zwischenerzeugnisse, des endgültigen Projektergebnisses sowie der PM-Prozesse.

Folglich liegt die Aufgabe des PMs

1. in der Entkoppelung des Projektteams von der es umgebenden Organisation. Diese Entkoppelung stellt die Grundvoraussetzung zur Schaffung klarer Zuständigkeiten dar und gewährt dem Projektteam gleichzeitig Entscheidungsfreiheit und Eigenverantwortung. Mit dieser Entkoppelung geht die Schaffung von Akzeptanz in der umgebenden Linienorganisation einher.
2. in der Analyse und Beseitigung von Qualitätsproblemen in Umständen, auf die das Projektteam keinen Einfluss hat (‚common causes‘). Konkret sind hier zu nennen:
    a. Bereitstellung von Teammitgliedern mit den benötigten fachlichen Fertigkeiten,
    b. Bereitstellung von nicht-menschlichen, technischen Ressourcen,
    c. Verknappung der weiter oben beschriebenen Kommunikationskanäle vom Projektteam in die Organisation durch die Auswahl eines Stellvertreters,
    d. Verfügbarkeit von Projekt-Stakeholdern im vereinbarten regelmäßigen Abstimmungsrhythmus.
3. in der Befähigung und Anleitung des Teams zur Analyse und Beseitigung von Qualitätsproblemen (‚special causes‘):
    a. Inhaltliche Qualitätsprobleme, wie die Herstellung fehlerhafter Produkte, beispielsweise in Form des Nichtbestehens automatischer oder benutzergeführter Tests und Überprüfungen.

b. Prozessuale Qualitätsprobleme, beispielsweise in der Form sich ständig verändernder Abläufe.

c. Identifikation einer motivierenden Person-Aufgaben-Kombination, um Teammitglieder gemäß Neigung und Fähigkeit so einzusetzen, dass sie zu einer hohen Qualität des Ergebnisses oder der Prozesse beitragen.

4. in der Etablierung von Qualitätsvorgaben gemäß der statistischen Prozesslenkung. Um festzustellen, ob die gelieferten Ergebnisse den Qualitätsvorgaben entsprechen und gemäß dem Shewhart'schen Qualitätsdiagramm „under control" sind, muss die Erwartung an die Qualität durch das PM abgefragt und kommuniziert werden. In Konformität mit der Shewhart'schen Qualitätssicht, nach der die Qualität nicht optimal sein muss, sondern sich innerhalb vorgegebener Qualitätsvorgaben bewegen sollte, kann diese je nach Zielgruppe, Erfolgskritikalität oder Zeitdruck unterschiedlich sein. Diese Vorgehensweise steht in deutlicher Korrelation mit dem in der ASE propagierten „*Definition of Done*"[506] sowie dem im PM gängigen „Erwartungsmanagement".[507]

5. in der gemeinsamen Erarbeitung von zum Projekt passenden Qualitätsmanagementprozessen, die sich aus den Qualitätsvorgaben ableiten. Ziel dieser Prozesse muss es sein, von vornherein Qualität aller einzelnen Komponenten zu erzeugen.

6. in der gemeinsamen Messung, Analyse und Interpretation der beobachteten Variablen, der Einleitung von Maßnahmen, um die gemessenen Werte im vorgegebenen Bereich zu halten.

[506] Die „Definition of Done" ist eine in der ASE praktizierte Regelung, der zufolge ein gemeinsames Verständnis herbeigeführt werden muss, wann ein Arbeitsvorgang als abgeschlossen, „done", bezeichnet werden kann.

[507] Vgl. beispielsweise Caupin/Knöpfel/Koch et al. (2006), S. 43.

Linse D-3: Etablierung eines sich wiederholenden, spiralförmigen Ablaufs

Wie sich in der Linse D-3 zeigte, muss die Aufgabe agilen PMs darin bestehen, einen spiralförmigen, abbrechbaren Ablauf in Form zu etablieren. Im Einzelnen ist dies folglich:

1. Implementieren des PDCA-Zyklus

Plan: Das PM muss das Team anleiten, inhaltlich zu überprüfende Hypothesen und Annahmen aufstellen, die im Verlauf des Zyklus überprüft werden sollen. Diese Hypothesen beziehen sich auf inhaltliche und umgebende Themen.

Inhaltlich: fachlicher Lösungsansatz, technische Machbarkeit, Erwartung des Kunden.

Umgebend: Zusammenstellung des Teams und eventueller Arbeitsgruppen, zu befolgender Projektprozess, durchzuführende Schritte, Austausch mit der umgebenden Organisation.

Do: Die Umsetzung der getroffenen Hypothesen durch das Projektteam sowie die Umsetzung der organisatorischen und prozessualen Aktivitäten muss durch das PM initiiert und aufrechterhalten werden.

Check: Einforderung, Wahrnehmung und Aufnahme von Rückmeldung. Zudem überprüft das PM durch den Abgleich der erhaltenen Werte die in „Plan“ getroffenen Hypothesen und spiegelt das Ergebnis an das Projektteam zurück.

Act: Im Anschluss an die Überprüfung der Hypothesen müssen diese gegebenenfalls korrigiert werden und erzeugen somit Wissen, indem zukünftige Zustände anders vorhergesagt werden. Zudem regt das PM sämtliche Teilnehmer im Sinne des „double-loop-learnings“ zur Hinterfragung der zugrunde liegenden Annahmen, Gedankenmodelle und Werte an. Gewonnene Erkenntnisse müssen durch das PM aufbereitet, verbreitet und gesichert werden. Zudem ist es die Aufgabe des PMs, die gewonnen Erkenntnisse in den Folgezyklus einzubringen.

2. Schaffen der Abbrechbarkeit des Projekts durch:

   a. die Einforderung einer engen Einbeziehung der Stakeholder. Diese liegt zunächst in der Integration einer entscheidungsbefugten Person in das

Projektteam und anschließend im Einschluss derjenigen Personen im „Check"- und „Act"-Schritt, die über den Abbruch des Projektes zu entscheiden haben.

b. die Herbeiführung objektivierbarer Entscheidungskriterien. Die Erarbeitung dieser Kriterien in Form von Erfolgs- und Misserfolgskriterien liegt in der Verantwortung des PMs. Ein Abbruch tritt jeweils dann ein, wenn das Projekt sämtliche Erfolgs- oder Misserfolgskriterien erfüllt.

c. das Stellen der Abbruchsfrage und die Vorbereitung des Teams auf einen Abbruch. An dieser Stelle wird insbesondere der psychologische Faktor deutlich, der darin liegen muss, den Abbruch des Projekts gerade nicht als Misserfolg, sondern als Erfolg aufgrund eingesparter Geldmittel, eingesparter Beschuldigungen und eingesparten Frusts darzustellen.

Linse D-4: Abschaffung von Vorgaben und Betonung der Fachlichkeit

Wenn die agile Veränderung von Linse D-4 darin besteht, den fachlich-handwerklichen Stolz der Teammitglieder zu fördern und gleichzeitig externe Vorgaben zu beseitigen, hat dies Konsequenzen auf das PM.

1. Betonung der Fachlichkeit

Handwerklicher Stolz entsteht aus Anerkennung. Indem Leistungen des Einzelnen anerkannt und wertgeschätzt werden, kann sich eine positive Spirale der ständigen Weiterentwicklung und somit der persönlichen Aufwertung ergeben. Ohne auf die psychologischen Hintergründe einzugehen, sei angemerkt, dass diese Aufgabe durch das PM nur dann wahrgenommen werden kann, wenn ein tatsächliches Verständnis der Leistungen vorliegt. Da technische Einsichten nicht in der Domäne des PMs liegen, kann das PM stattdessen ein wertschätzendes, herausforderndes und folglich leistungsorientiertes Umfeld etablieren. Die Aufgabe des PMs muss folglich darin liegen,

a. Teammitglieder zur Honorierung der Leistungen anderer zu animieren.

b. die fachliche Weiterentwicklung zu begünstigen. Dies kann in Form des Coachings im Team, in Form kleinerer Forschungsprojekte oder externer Fortbildungsmaßnahmen geschehen.

c. die fachliche Weiterentwicklung einzufordern. Das bedeutet, dass mit der Chance zur Weiterentwicklung auch bestimmte Pflichten einhergehen. Diese können beispielsweise im Einlernen neuer Teammitglieder, dem Erlangen bestimmter Zertifikate oder der Erarbeitung externalisierter Wissens-Artefakte liegen.

2. Minimierung externer Vorgaben

Demings Forderung besteht darin, externe Vorgaben zugunsten echter Teammotivation zu eliminieren. Die Rolle des PMs muss folglich zunächst darin bestehen, in der umgebenden Organisation und den externen Partnern Verständnis zu schaffen, dass externe Kennzahlen keinen Mehrwert erbringen. Dies bezieht sich insbesondere auf Fertigstellungstermine, Qualitäts- oder Geschwindigkeits- oder Output-Vorgaben. Die Aufgabe des PMs besteht darin, den Vorteil der frühzeitigen, hochqualitativen Lieferung wertvoller Ergebnisse und die Fähigkeit, auf Änderungen zu reagieren, im Gegensatz zur Befolgung externer Vorgaben hervorzuheben.

Das bedeutet nicht, dass innerhalb des Teams ein Verzicht auf Kennzahlen geübt werden muss. Wie sich im Kontext der TOC weiter oben zeigte, können diese durchaus wertschöpfend sein. So könnte beispielsweise in Fortsetzung der Shewhart'schen statistischen Prozesslenkung die Anzahl fehlerhafter Checkins in das Versionskontrollsystem erfasst und als teaminterner Qualitätsindikator verwendet werden.[508]

[508] Weitere Beispiele liefert Weller (2000), S. 48-55.

Schlussbetrachtung

Im Rückblick auf die gewonnenen Erkenntnisse lässt sich feststellen, dass die Anwendung der Linsen der Deming'schen Qualitätslehre auf Projekte erneut zu interessanten Gesichtspunkten geführt hat. So ist die Erschaffung von Qualität auf Anhieb ein Aspekt, der dem klassischen Qualitätsgedanken der TSE entgegenläuft. Auch die Etablierung eines PDCA-Zyklus mit Reflexionsschritt stellt ein wichtiges Ergebnis dar – verfügen die nun vorliegenden Festlegungen mit dem PDCA-Zyklus nicht nur über einen Methoden-, sondern auch über einen Prozessaspekt.

Am deutlichsten tritt allerdings ein anderer Aspekt hervor: Die Qualitätsverantwortung im Team zu teilen bedeutet, dass es keine Abwälzung der Verantwortung auf einzelne Personen oder externe Abteilungen geben kann. Die Verantwortung jedes Einzelnen und damit die Übernahme von Projekt- und Ergebnisverantwortung ist eine Erkenntnis, die nicht nur im Gegensatz zu klassischen PM-Standards steht, sondern gleichzeitig die Verantwortung und Belastung des PLs reduziert. Ist der PL bislang für die Ergebnisse des Teams verantwortlich, geht das Bewusstsein für Qualität und das Einstehen für das produzierte Ergebnis auf das Team über.

5.4 Projektmanagement aus dem Blickwinkel Lean

Nunmehr kann auch im Kontext von Lean zum entscheidenden Schritt übergegangen werden: der Übertragung der durch die Lean-Linsen beschriebenen Veränderungen auf PM. Dabei wird zu erwarten sein, dass der große Anteil der vorliegenden Lean-Linsen (vgl. Tabelle 4 mit insgesamt 7 Lean-Veränderungen) auch zur entsprechenden Wahrnehmung im agilen PM führen wird. Ob sich allerdings das Deming'sche Erbe im Sinn der Förderung des Menschen durch Lean bis in das agile PM durchsetzen kann, wird sich noch zeigen.

1. Mensch

1a) Übertragung von Verantwortung auf das Team

Die erste agile Veränderung von Linse L-1a besteht, wie zu sehen war, in der Verlagerung der Verantwortung auf die niedrigstmögliche hierarchische Ebene. Konkret manifestiert sich dies in agilen EM in der Forderung, das Team während der Iteration, der Lean-Arbeitsphase, nicht von außen zu beeinflussen. Damit wird wertschätzend anerkannt, dass Menschen nicht nur als Aufgaben abarbeitende „Maschinen" zu betrachten sind, sondern in der Lage sind, in Kenntnis des Projektziels selbst Entscheidungen zu treffen. Diese starke Autarkie des Teams gilt dann nicht nur für den Projektinhalt, sondern auch für das Vorgehen im Projekt.

Unter Berücksichtigung dieser Veränderung lassen sich Bestimmungen festlegen, die vom PM zu beachten sind: Die Aufgabe des PMs muss darin bestehen, das Team in einen organisatorischen Rahmen einzubetten, in dem Verantwortung wahrgenommen werden kann. Das Team sollte daher von externer Entscheidungsgewalt entkoppelt werden und im Gegenzug Entscheidungen selbst vertreten. Innerhalb des Teams muss deswegen eine aktive Beteiligung der Teilnehmer an der inhaltlichen Arbeit sowie an der Entscheidungsfindung eingefordert werden. Jedes Teammitglied muss dazu die Wertschöpfungskette verstehen, zur Mitarbeit angeregt werden und sich zur Erfüllung der entschiedenen Tätigkeiten verpflichten.

Es wird klar, dass die Entkoppelung der Wahrnehmung von Verantwortung und der Delegation von Verantwortung nach unten nicht auf die Entwicklung von Software begrenzt ist, sondern prinzipiell auf verschiedenste Projektarten angewendet werden kann. Die notwendige organisatorische Einbettung von PM in der agilen Veränderung bedeutet zudem, dass die Organisation eine Entwicklung weg vom strikten Liniendenken hin zur Projektorganisation vollziehen muss. Projektteilnehmer dürfen daher nicht mehr von Hierarchien außerhalb des Projekts beeinflusst werden. Dies inkludiert eine Ausbildung aller Beteiligten innerhalb und außerhalb des Projekts; innerhalb des Projekts hinsichtlich sozialer Kompetenzen. Vertrauen und Wertschätzung sind die Grundelemente, auf deren Boden die hier gezeigte Delegation von Verantwortung erst gedeihen kann. Außerhalb des Projekts vor allem im Zuge einer kulturellen Umstellung der Verantwortungsübergabe an Projekt- und nicht mehr an Abteilungsleiter.

Agiles PM aus dem Blickwinkel von Linse L-1a besteht folglich darin, die Übertragung der Verantwortung auf die niedrigstmögliche Ebene zu etablieren und die Wahrnehmung von Verantwortung im Team einzufordern.

2. Aufgabe

2a) Optimierung des Werts für den Kunden

Die Veränderung von Linse L-2a besteht in der schnellen und frühzeitigen Auslieferung von Wert an den Kunden. Dabei den kostenoptimalen Punkt zu finden, an dem die Wünsche des Kunden gerade erfüllt werden, muss die Aufgabe des PMs sein. Methoden wie beispielsweise das Kano-Modell zur Operationalisierung der vom Kunden erwarteten Mindestanforderungen oder das Quality Function Deployment, bei dem Kunden verschiedene Alternativen zur Auswahl angeboten werden, können bei der Entwicklung eines Produkts mit anonymer Zielgruppe unterstützend verwendet werden.[509] Im Fall eines kundenspezifischen Projekts steht der direkte Austausch zwischen den Projektpartnern im Vordergrund. Mithilfe einer gemeinsam durchgeführten Priorisierung kann dem Kunden der im Kontext von Zeit und Umgebung am wichtigsten erscheinende Wert zuerst ausgeliefert werden.

So wie im zyklischen Vorgehen Funktionalitäten weggelassen werden können, die der Kunde nicht benötigt, müssen durch das PM sowohl nicht-wertsteigernde Funktionalitäten als auch nicht-wertsteigernde Arbeitsschritte gesucht und eliminiert werden.

Zur organisatorischen Einbettung muss in der unternehmensinternen Konkurrenz um knappe Ressourcen außerhalb der einzelnen Projekte ein System etabliert werden, das die Ressourcen möglichst wertbringend einsetzt. Portfolio-

---

[509] Vgl. zum Kano-Modell Kano (1984); zu QFD Terninko (1997).

managementansätze und Projektpriorisierungen können unterstützen, um ein möglichst günstiges Ressourcen-Werterschaffungs-Verhältnis herzustellen.

Agiles PM aus dem Blickwinkel von Linse L-2a besteht folglich darin, den Kunden bei der Priorisierung selbst zu involvieren und nicht-wertsteigende Elemente zu entfernen.

2b) Vermeidung von Verschwendung

Die Veränderung von Linse L-2b, die sich auf die ASE gegenüber der TSE abgezeichnet hat, liegt in der permanenten Vermeidung von Verschwendung. Ziel des PMs muss es in Einklang mit dieser Linse folglich sein, nicht-wertbringende Aktivitäten zu vermeiden.[510]

In konsequenter Anwendung der sieben Verschwendungsformen des TPS muss

I. Überproduktion im PM ausgeschlossen werden, indem langwierige Entscheidungswege vermieden werden, nicht zu viele PM-Artefakte erzeugt werden oder Personen mit Informationen überlastet werden.

II. die Erzeugung unnötiger Zwischenprodukte umgangen werden. Diese in Form von Dokumentationen, Gesprächskreisen, Freigabemechanismen und Formalitäten entstehenden Artefakte sollten nur situationsbedingt eingesetzt werden. Dies ist beispielsweise der Fall, wenn viele Parteien involviert sind oder eine hohe Kritikalität des Projekts vorliegt.

III. Nacharbeit vermieden werden, indem das mehrfache Durchlaufen von Freigabemechanismen umgangen wird – beispielsweise durch die Vorlage von Zwischenversionen oder die Wahl eines der Situation angemessenen Kommunikationsmediums. Dies kann je nach Kritikalität und Bandbreitenbedarf zwischen schriftlich, fernmündlich, per Videokonferenz oder persönlich variieren und sollte von Anfang an so gewählt werden, dass langwierige Nachinformationen, Korrekturen und Einzelgespräche vermieden werden können.

[510] Die folgende Aufstellung erfolgt in Anlehnung an Mascitelli (2002), S. 16.

IV. unnötiger Transport verhindert werden, indem die Übergabe unerledigter Arbeiten an andere Teammitglieder möglichst unterbunden wird, um dem Entstehen von Wissensgefällen und Reibungsverlusten zu entgehen.

V. die Bewegung von Personen reduziert werden, indem die Treffen, zu denen Personen reisen, wiederum je nach Projektsituation instantiiert werden. Das von Vertretern agiler Methoden propagierte „*Co-Locating*“ reduziert den formalen Kommunikationsbedarf und damit unnötige Bewegungen.

VI. Wartezeit durch das PM durch das Involvieren aller Parteien, wie dem „*Onsite-Customer*“ [511] und Vertretern eventuell auftretender Lieferanten, reduziert werden.

VII. Defekte können vor allem in der Projektkommunikation vermieden werden, um Folgen wie Informationsverlust, suboptimale Kommunikation sowie Motivationsschwierigkeiten vorzubeugen.

Die organisatorische Einbettung der Verschwendungsvermeidung hat zwei Aspekte. Zunächst einen kulturellen, der in der Einbettung der Verschwendungsvermeidung in sämtlichen betrieblichen Vorgängen bestehen muss. Zweitens einen praktischen, der in der Vermittlung von PM, dem Coaching und stetigem Austausch von Projektleitern untereinander liegt.

Agiles PM aus dem Blickwinkel von Linse L-2b besteht folglich darin, nicht-wertbringende Aktivitäten des PMs in Form von Überproduktion, unnötigen Zwischenprodukten, Nacharbeiten, Transporten und Bewegung sowie von Wartezeiten und Defekten aufzuspüren und zu vermeiden.

2c) Perfektionierung des Systems

Linse L-2c besteht in der permanenten Reflexion und Anpassung des Werterschaffungssystems. Folge dieser Veränderung muss es in der Anwendung auf PM sein, das Werterschaffungs-Netzwerk ständig zu überprüfen und zu verbessern. Dazu gehört folglich nicht nur die Motivation der Projektmitglieder zur Einbrin-

[511] Vgl. Beck (1999), S. 60.

gung von Vorschlägen und die Ausbildung dieser zur Erkennung von Potentialen, sondern auch die lang anhaltende, wiederkehrende Umsetzung kleiner Verbesserungen über einen langen Zeitraum, das heißt die Umsetzung des aus dem Lean Management bekannten Konzepts des Kaizen. Verbesserungspotentiale können in diesem Kontext entweder über die permanente Einbringung der Teammitglieder, beispielsweise in Kaizen-Qualitätszirkeln, oder durch systematische Untersuchungen, beispielsweise in Form der Wertstromanalyse, erfolgen. Eine Möglichkeit, das Team ständig zur Reflexion anzuregen, könnte in der Vorgabe von Zielwerten zur Einbringung von Verbesserungsvorschlägen oder der Kür des besten Ideengebers liegen. Nicht zuletzt kann der Prozess der Verbesserung und Perfektionierung durch Fort- und Weiterbildung der beteiligten Mitarbeiter positiv beeinflusst werden. Durch die Erweiterung des Horizonts jedes Beteiligten sowie den interdisziplinären Austausch werden Verbesserungspotentiale besser und früher erkannt.

Bezogen auf die Organisation können sich die in einem Projekt gewonnenen Verbesserungspotentiale bestmöglich entfalten, wenn sie mit einem organisationsweiten Vorschlagswesen verzahnt werden. Verbesserungspotentiale, die das aktuelle Projekt nicht löst, können daher an die Organisation weitergegeben werden; ebenso denkbar ist auch der umgekehrte Weg, sodass Verbesserungsvorschläge von Ideengebern außerhalb des Projekts in das Projekt getragen und dort aufgenommen werden können. Dabei sollte eine rasche Behandlung der eingebrachten Vorschläge sowie ein Feedback an den einbringenden Mitarbeiter erfolgen, um neben der Verbesserung der Prozesse einen Motivationseffekt für den Einzelnen zu erzielen.

Agiles PM aus dem Blickwinkel von Linse L-2c besteht in der Folge darin, die Teammitglieder zur Verbesserung des Systems anzuleiten und Schwachstellen im Wertschöpfungssystem systematisch zu analysieren und zu optimieren.

3. Technik

3a) Die Linse 3.a wurde bereits zuvor als Duplikat von Linse W-1 verworfen und wird hier nicht mehr behandelt.

3b) Pull

Die Anwendung von Lean-Linse 2b auf PM muss in der Institutionalisierung eines Pull-Systems bestehen. Techniken wie die aus der ASE bekannten Scrum-Boards oder Kanban-Tafeln zur Visualisierung von zu integrierenden Anforderungen können zur Umsetzung dieses Prinzips auch in Nicht-Software-Projekten genutzt werden. Durch die Platzierung von Karten auf einer für alle Mitarbeiter sichtbaren Wandtafel, auf der sämtliche Prozessschritte skizziert sind, wird visualisiert, in welchem Prozessschritt sich eine Anforderung gerade befindet. Die regelmäßige visuelle Überprüfung der Kanban-Tafel durch den PL unterstützt dabei das Pull-System und deckt Engpässe auf. Sammeln sich vor einem Prozessschritt zu viele Karten, wird deutlich, dass ein Engpass vorliegt. Dadurch kann der PL reagieren und entweder den Nachschub drosseln oder die Abarbeitungskapazität erhöhen.

Durch diese Technik kann auf detaillierte Projektpläne verzichtet werden. Gleichzeitig wird ein verschwendungsarmes, robustes, hoch visuelles Instrument realisiert. Auch hier sei wiederum angemerkt, dass eine derartige Vorgehensweise auf verschiedenste Projektarten angewendet werden kann. Voraussetzung muss allerdings sein, dass die Vernetzung verschiedener Arbeitspakete von den Teammitgliedern richtig eingeschätzt wird. Speziell durch die in Linse K-4 geforderte Einsetzung von Stellvertretern der Umwelt kann dies begünstigt werden.

In der organisatorischen Einbindung bedeutet die Etablierung von Pull einen Verzicht auf eine detaillierte „Top-Down“-Planung. Die beschriebenen Vorteile bringen somit auch den Umstand mit sich, Vorgaben wie das Abarbeiten eines bestimmten Pensums pro Tag nicht mehr erteilen zu dürfen. Pull umfasst deswegen gleichzeitig einen Verzicht auf Kontrolle. Dieser muss durch das PM in der Organisation erklärt und verankert werden. Im Grenzfall müssen nach dem Pull-

Prinzip arbeitende Projektteams durch Schnittstellen mit damit einhergehenden Puffern zu andersartig arbeitenden Abteilungen synchronisiert werden.

Agiles PM aus dem Blickwinkel von Linse L-3b besteht in der Folge darin, ein System zur selbstverantwortlichen Zuteilung von Arbeitspaketen nach dem Pull-Prinzip zu institutionalisieren und dadurch auf detaillierte Projektpläne zu verzichten.

3c) Sinnvolle und visuelle Unterstützung durch Technik

In Anwendung der Linse L-3c muss die Aufgabe des PMs darin bestehen, eine Umgebung zu schaffen, in der das Projektteam durch robuste, visuelle und einfach verständliche Technik bei der Arbeit unterstützt wird. Dies könnte einerseits durch das PM wie bereits bei 3-b durch die Installierung von Kanban-Tafeln und Information Radiators, andererseits in einfachen Kontrollmechanismen wie dem aus Scrum bekannten „*Burndown-Chart*" zur Visualisierung der Restarbeiten erreicht werden.[512]

Agiles PM aus dem Blickwinkel von Linse L-3c besteht folglich darin, Menschen durch einfache und visuelle Hilfsmittel zu unterstützen.

3d) Optionstheorie: So spät wie möglich entscheiden

Das laut Linse L-3d geforderte „set-based-development" kann realisiert werden, indem sich Projektteilnehmer in bestimmten, vorher gemeinsam definierten Ermessensspielräumen bewegen. Übertragen auf PM bedeutet dieser Einfluss, dass verschiedene Teams inklusive Kunden in frühen Stadien des Projekts zusammengebracht werden, um Lösungsräume zu entwickeln und gemeinsame Vereinbarungen zu treffen. Diese können beispielsweise in Form von Einschränkungen, Wertebereichen oder Entwicklungsrichtlinien bestehen. Über Projektteams hinweg kann eine zeitliche Asynchronizität einzelner Arbeitsströme herbeigeführt werden, indem einzelne Teams mit der Umsetzung beginnen, während andere noch Informationen sammeln. Statt das Fortschreiten von Teams von den Ergeb-

[512] Vgl. Poppendieck/Poppendieck (2003), S. 76 bzw. Schwaber (2004) S 11 f.

nissen zuliefernder Teams abhängig zu machen, ergibt sich die Chance, Zeit einzusparen. In regelmäßigen Abständen erfolgt dann eine Analyse der erreichten Fortschritte und gleichzeitig die Aussortierung unnützer Optionen.

Agiles PM aus dem Blickwinkel von Linse L-3d besteht folglich darin, Lösungsräume zu schaffen, welche die parallele Bearbeitung mehrerer Alternativen zulassen.

Schlussbetrachtung

Diese Ausführungen machen mehrere Punkte deutlich:

1. Die Anwendung der Lean-Linsen auf PM ist grundsätzlich möglich.
2. Die im Kontext des Pull-Systems erkannte Freiwilligkeit wirft ein neues Licht auf PM. Dasselbe gilt für die nun gewonnenen Erkenntnisse der konsequenten Anwendung der Verschwendungsvermeidung auf PM-Aktivitäten – dass Verschwendung nicht nur im Produktionsprozess, sondern auch im PM per se auftreten kann, ist eine Erkenntnis, die erneut validiert werden konnte.[513]
3. Die Betonung des Menschen ist in den entstandenen Regelungen deutlich in den Vordergrund gerückt. Dies ist darauf zurückzuführen, dass in Lean zwar per se der Prozess als zentrales Element der Wertschöpfung verstanden wird,[514] gleichzeitig aber auch humanzentrierte Faktoren vorliegen. Genau diese Aspekte zeichnen sich in der Veränderung der ASE, die menschliche Aspekte deutlich hervorhebt, expliziter ab als die prozessualen.

[513] Vgl. hierzu die Ausführungen von Leach, der Verschwendung im PM diskutiert (2006).
[514] Vgl. Sillitti/Ceschi/Succi et al. (2005), S. 22.

5.5 Projektmanagement aus dem Blickwinkel der Theory of Constraints

Zunächst sei angemerkt, dass das von Goldratt, dem Urheber der TOC, persönlich vorgestellte Critical Chain Project Management (CCPM) bereits eine direkte Anwendung der TOC auf PM darstellt. Mit der hier gewählten Vorgehensweise ist das jedoch nicht zu vereinbaren. Dies zeigt ein Vergleich zwischen CCPM und agilen EM. Eine gedankliche Nähe lässt sich zwar feststellen in Bezug auf:

1. den Verzicht auf Meilensteine,
2. das Verbot von Multitasking,
3. die Annahme eines Fulltime-Teams,
4. die Schaffung eines geschlossenen Regelwerks außerhalb etablierter Standards, und
5. die Feststellung, dass das Management einzelner Vorgänge Verschwendung ist und die Konzentration auf dem globalen Fortschritt liegen sollte.

Einige Elemente, beispielsweise

1. die Erstellung eines vollen Projektstrukturplans,
2. die Ausrichtung auf das Management,
3. die festgelegte Reihenfolge von Vorgängen,
4. die Einplanung von Puffern,

stellen jedoch einen deutlichen Widerspruch dar. Nicht zuletzt aufgrund der zeitlich parallelen Entwicklung und dem gleichzeitigen Erscheinen von *Critical Chain* mit den ersten agilen EM zum Ende der 1990er Jahre kann nicht von einer direkten Einflussnahme des CCPM auf die ASE gesprochen werden. Aus diesem Grund erfolgt die Anwendung der nun vorliegenden Linsen auf PM ohne Beachtung des Goldratt'schen CCPM. Sollten sich insbesondere die produktionsorientierten Denkansätze Goldratts durch die ASE hindurch bis in das agile PM erhalten, könnte agiles PM eine weitere Färbung erhalten.

Linse TOC-1: Schaffung eines stetigen Flusses der Auslieferung

In Anwendung der ersten TOC-Linse besteht die Aufgabe des PM darin, in Einklang mit allen Projektteilnehmern ein fließendes Produktionssystem zur Umsetzung und regelmäßigen Auslieferung einzelner Anforderungen zu etablieren. Anders als in der industriellen Produktion, in der eine langfristig gleitende Produktion insbesondere deswegen schwierig ist, da die tatsächliche Nachfrage des Markts nicht genau prognostizierbar ist, kann der Nachschub an Anforderungen in laufenden Projekten durch das PM durchaus gesteuert werden.

Folglich liegt die die Aufgabe des PMs in folgenden Tätigkeiten:

1. Versorgung des Teams mit einer ausreichenden Menge umzusetzender Anforderungen.
2. Das Führen der umzusetzenden Anforderungen durch das gesamte Wertschöpfungssystem und die Institutionalisierung eines fließenden Ablaufs. Ob eine Anforderung zunächst ausführlich spezifiziert, anschließend implementiert, getestet und installiert wird, ob eine schriftliche Spezifikation überhaupt erfolgt oder gänzlich weggelassen werden kann, ist von der jeweiligen Projektsituation, dem Team und dem Kunden abhängig. Wichtig ist, dass im Einklang mit der TOC ein fließender Prozess entsteht und die einzelnen „Arbeitsstationen“ in der Lage sind, regelmäßig Ergebnisse zu produzieren und weiterzugeben.
3. Die Gewährleistung einer stetigen Auslieferung. Es sei hier noch einmal angemerkt, dass eine Anforderung erst als ausgeliefert gilt, wenn sie dem Kunden präsentiert und übergeben wurde.

Anderson zeigt in *Kanban* ein derartiges System, das den Produktionsprozess in einzelne Schritte unterteilt, jedem Schritt eine Kapazität zuweist und anhand der Durchlaufzeiten eine regelmäßige, iterationslose Auslieferung realisiert.[515] Da die Begrenzung der Kapazitäten aufgrund einer fehlenden Übernahme des DBR in

[515] Vgl. Anderson (2011), S. 199.

agile EM nicht festgestellt werden konnte, entfällt die Begrenzung der Kapazität – eine Visualisierung der in Arbeit befindlichen Anforderungen findet in agilen EM jedoch statt und darf folglich auch im agilen PM vorkommen. Eine „Fließband-produktion" kann deswegen in Form einer Auflistung aller Anforderungen mit jeweiliger Angabe ihres Abarbeitungszustands umgesetzt werden. Dies könnte beispielsweise in Form der in der folgenden Abbildung 12 an *Kanban* angelehnten Visualisierung erfolgen, welche die einzelnen Anforderungen mit Angabe ihres Abarbeitungszustands visualisiert und somit auch mit Linse L-3b (Pull) und L-3c (einfache technische Unterstützung) umsetzt. Im Beispiel der Abbildung werden einzelne Anforderungen aus dem Backlog entnommen und durch die „Stationen" Entwicklung, Test und Auslieferung geschoben. Bei jeder einzelnen Station kann somit einfach nachvollzogen werden, wieviele Anforderungen gerade bearbeitet werden.

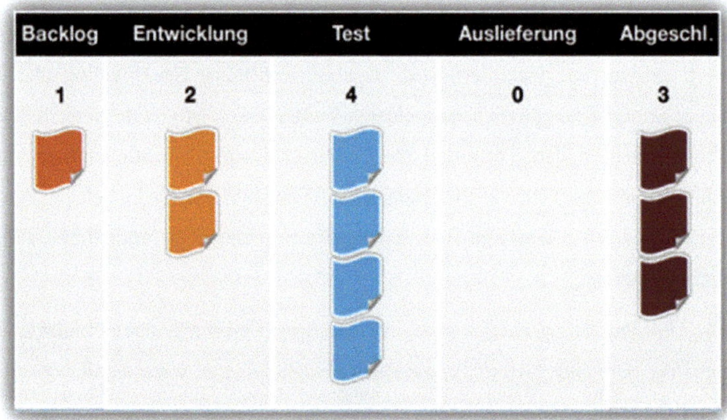

Abbildung 12: Beispielhafte Visualisierung eines Software-Produktionssystems mit drei Arbeitsstationen sowie dem Backlog.. Quelle: angelehnt an Anderson (2011)

Zusammenfassend besteht die Aufgabe des PMs infolge von Linse TOC-1

1. in der stetigen Versorgung des Entwicklungsteams mit neuen Anforderungen;

2. in der Etablierung eines Produktionssystems durch die Festlegung einzelner Stationen;
3. in der Verpflichtung des Teams auf eine Auslieferungsorientierung.

Linse TOC 2: Messung des Durchsatzes und des Bestands anhand weniger teamorientierter Kennzahlen

Die Aufgabe des PMs muss in Anwendung der zweiten TOC-Linse darin bestehen, wenige durchsatz- oder bestandsorientierte Kennzahlen zu entwerfen und diese auf die Motivation, Leitung und Unterstützung des Teams bei der Erschaffung von Wert auszurichten. Entlang der bisherigen Erkenntnisse lassen sich folgende Kriterien und Beispiele für Kennzahlen ableiten:

1. Durchsatz- oder bestandsorientiert: Eine durchsatzorientierte Kennzahl muss in Einklang mit Goldratt und den agilen EM angeben, ob und in welcher Weise eine Maßnahme den Durchsatz beeinflusst. Eine bestandsorientierte Kennzahl muss angeben, in welcher Weise eine Maßnahme den Bestand abzuarbeitender Anforderungen verringert. Eine Kennzahl, die beispielsweise die Anzahl von Fehlern pro Person angibt, gibt nach der Durchführung einer Maßnahme keinen Aufschluss darüber, ob nunmehr der Durchsatz höher oder der Bestand niedriger geworden ist, und somit wertlos.
2. Wenig: In Abhängigkeit des Teams kann die Empfindung des Begriffs „wenig“ schwanken. Allerdings sollten nach der Empfehlung von Beck nicht mehr als drei bis vier Kennzahlen verwendet werden.[516] Wenig bedeutet ferner, dass eine Kennzahl nicht ständig verwendet werden muss. Da die Kennzahlen gerade nicht zur Bestimmung von Vergangenheitswerten benötigt und deswegen auch nicht lückenlos aufgezeichnet werden müssen, können Kennzahlen vom PM genau dann aussortiert werden, wenn die Kennzahl keine positive Steuerung mehr auf das Team zur Schaffung von Durchsatz ausübt.

[516] Beck (1999), S. 73: „Three or four measures are typically all a team can stand at one time.“

3. Teamorientiert: Das Team muss die Kennzahl erstens einfach verstehen und errechnen können und zweitens die Ergebnisse der Kennzahl zur Umsetzung des „Ziels" nutzen können. Dies bedeutet, dass beispielsweise Effizienzmessungen einzelner Personen oder Arbeitsstationen durch externe Vorgaben ebenso entfallen wie kompliziert errechnete Umlagen, Indikatoren oder gar Zinssätze. Vielmehr muss eine Kennzahl im Kontext der einzelnen Gruppe sinnvoll erscheinen, einfach errechnet werden können und dem Team deutlich machen, dass das „Ziel" der Produktion von Software für den Kunden erreicht wird.

Ein Beispiel einer Kennzahl ist die Messung noch abzuarbeitender Anforderungen. Die Angabe ist

a. durchsatz- und bestandsorientiert, da sie nach der Durchführung einer Maßnahme durchaus Aufschluss darüber gibt, wie viele Anforderungen nun noch umzusetzen sind, und somit sowohl an der Fertigstellung des Projekts zur Schaffung von Durchsatz als auch an der Reduktion des in Arbeit befindlichen Bestands ausgerichtet ist[517].
b. eine Kennzahl, die einen Erkenntnisgewinn zulässt und deswegen in Zusammenhang mit wenigen anderen Kennzahlen zur Steuerung des Teams ausreichend sein kann.
c. teamorientiert, da jedes Teammitglied die einfache, ganzzahlige Angabe, was an Arbeit noch zu erwarten ist, versteht und die Erledigung von Arbeiten eine direkte Auswirkung auf die Kennzahl hat.

Ein Beispiel einer unzureichenden Kennzahl ist die Berechnung der durchschnittlichen Funktionsgröße pro Software-Modul. Da in dieser Kennzahl Handlungen des Teams nur durch aufwendige Berechnungen aus der Vergangenheit abgeleitet werden können und sich die Kennzahl im Verlauf des Projekts zwangsläufig in beide Richtungen verändern kann, ohne daraus eine Erkenntnis zu erzeugen, ist

[517] Es sei angemerkt, dass zu Vergleichszwecken von Anforderungen untereinander zudem eine Komplexitäts-Gewichtung erfolgen sollte. Eine schwere Anforderung könne beispielsweise mit 3, eine einfache mit 1 gewichtet werden.

die Kennzahl nicht teamorientiert und zudem weder zielgerichtet noch bestands- oder durchsatzorientiert.

Zusammenfassend formuliert muss die Aufgabe des PMs deswegen darin liegen,

1. gemeinsam mit dem Team wenige Kennzahlen festzulegen,
2. die Durchsatz- oder Bestandsorientierung jeder Kennzahl sicherzustellen,
3. die Verständlichkeit jeder Kennzahl zu hinterfragen und sicherzustellen,
4. die Kennzahlen regelmäßig bereitzustellen,
5. die Wahrnehmung und Verarbeitung dieser Kennzahlen im Team anzuregen und sicherzustellen,
6. Kennzahlen stetig zu hinterfragen und bei Bedarf auszusortieren.

Schlussbetrachtung

Im Rückblick auf die angestellten Untersuchungen zeigte sich erneut eine Beeinflussung der ASE durch einen weiteren Einflussfaktor, die TOC. Nach der detaillierten Untersuchung der TSE lassen sich nunmehr mehrere Erkenntnisse festhalten:

1. Die Anwendung der TOC auf Projekte ist möglich und ergibt neue Erkenntnisse. So fügt die deutliche Trennung der „Arbeitsstationen“ des SSE-Prozesses tatsächlich einen neuen, produktionsorientierten Aspekt hinzu. Agiles PM muss in Kenntnis seines TOC-Erbes, und seines gleichzeitigen Lean-Erbes, also tatsächlich eine „Produktionsstraße“ zur wiederholt-iterativen Ausgabe von „Wert“ etablieren.
2. Selbiges gilt für die Festlegung weniger Kennzahlen, die sich sehr deutlich an den Erkenntnissen der TOC orientieren.
3. Gleichzeitig zeigt das oben angeführten Kennzahlenbeispiel, dass die Erkenntnisse der bisherigen Kapitel konvergieren. So harmonieren die vorlie-

genden Regelungen mit Deming, nach dem die Kennzahlen nicht an der Spezifikation, sondern ausschließlich am Prozess verankert werden dürfen.[518]

5.6 Zusammenfassung

Die Untersuchung der Anwendung der in Kapitel 4 festgestellten agilen Veränderung auf Projektmanagement ist an diesem Punkt abgeschlossen. Zum Schluss stellt sich die Frage, wie diese 86 Regelungen inhaltlich zu bewerten sind. Ergibt sich ein zusammenhängendes Bild agilen Projektmanagements? Können die Regelungen auch außerhalb der SSE angewendet werden? Was bedeutet agiles PM für die Projektleitung? Das folgende Kapitel wird neben einer quantitativen und qualitativen Untersuchung diese noch offenen Fragen aufgreifen und abschließend bewerten.

[518] Vgl. Anderson (2005), S. 3, 6.

6 Eine neue Definition agilen Projektmanagements

Das Ergebnis der zurückliegenden Untersuchung besteht in 5 Einflussfaktoren, die durch mehrere Autoren agiler EM referenziert werden (siehe Kapitel 3.5). Die Zerlegung dieser Einflussfaktoren in insgesamt 33 Kerneigenschaften (siehe Kapitel 3.5.2 bis 3.5.6) und die anschließende Suche in agilen EM (siehe Kapitel 4.1 bis 4.5) führte zu insgesamt 23 Veränderungen. Aus der Übertragung dieser Veränderungen auf PM ergaben sich 86 Regelungen. Diese sind in Anhang 5 zusammenfassend aufgelistet. Ihren zugrunde liegenden Einflussfaktoren sind die Regelungen wie folgt zuzuordnen:

Bereich	Regelungen
Komplexitätstheorie	22
Bildung und Weitergabe von Wissen	14
Deming'sche Qualitätslehre	18
Lean	23
Theory of Constraints	9
Gesamtergebnis	86

Tabelle 6: Quantitative Auszählung der Einflussfaktoren.

Folgende Beobachtungen ergeben sich aus der Betrachtung dieser Aufstellung:

1. Insgesamt ergibt sich aus den betrachteten Linsen eine beachtliche Zahl an PM-Regelungen. Tatsächlich hat der gewählte Ansatz zu einer heterogenen, umfassenden Liste an Regelungen geführt. Im Vorgriff auf die inhaltliche Analyse lässt die quantitative Betrachtung eine inhaltliche Bandbreite und Abdeckung verschiedener PM-Aspekte erwarten.

2. Es fällt auf, dass Lean einen überproportional hohen Einfluss auf die ASE genommen hat. Das ist überraschend, da kein Lean-Vertreter bei der Verfassung des agilen Manifests anwesend war. Zwar wird Bob Charette, der Verfasser von Lean Development in der nachträglichen Betrachtung des agilen Manifests als ein geistiger Vater der ASE genannt, einen direkten Einfluss auf das agile Manifest nahm er jedoch nicht. Es könnte folglich vermutet

werden, dass Lean ein Konzept ist, das in dieser Arbeit überbetont wird. Dieser Auffassung widersprechen jedoch mehrere Beobachtungen:

a) Wie zu Beginn von Kapitel 4.2 aufgeführt, war Lean im Gegensatz zu den anderen Konzepten allen Autoren agiler EM bekannt.

b) Wie am Ende von Kapitel 3.5.5 festgehalten, hinterließ der Produktionsschock der japanischen Automobilindustrie in den USA deutliche Spuren. Lean Management drang in der Folge sogar bis in die US-amerikanischen agilen EM vor, demnach mit Ausnahme von DSDM in alle.

Der Befund stützt folglich die im Grundlagenteil der Arbeit aufgestellte These, dass das agile Manifest nicht Ausgangspunkt, sondern Symptom der agilen SSE ist. Die in verschiedenen agilen EM aufgegangenen Einflüsse des Lean Managements zeigten somit deutlich, dass die philosophischen Grundlagen und praktischen Techniken des Lean Managements einen maßgeblichen Einfluss auf die ASE genommen haben. Der gewählte Linsenansatz erweist sich somit als adäquat und erkenntnisfördernd. Das agile Manifest als Ausgangspunkt dieser Untersuchung hätte Lean nicht in der Weise berücksichtigen können, wie es der Fall ist.

Die vorliegenden 86 Regelungen agilen PMs können somit einer detaillierten inhaltlichen Analyse unterworfen werden, um zu erkennen, ob sich ein schlüssiges, neues Konzept agilen PMs ergibt.

6.1 Erzeugung eines PM-Vorgehensmodells zur inhaltlichen Analyse

Bevor mit der inhaltlichen Analyse der Regelungen begonnen werden kann, offenbaren sich zwei Problemstellungen.

Erstens muss die Frage beantwortet werden, wie eine qualitative Beurteilung der nun vorliegenden Regelungen überhaupt erfolgen kann. Eine Referenzsammlung von Vorgaben an agile PM-Prozesse liegt bislang nicht vor, schließlich besteht genau darin die Innovation dieser Arbeit. In Ermangelung eines bestehenden Referenzwerks stellt die Überprüfung inhaltlicher Vollständigkeit somit ein Problem dar.

Zweitens weisen die vorliegenden Regelungen agilen PMs Redundanzen auf. Als Beispiel dienen die aus Linse D-2 (Teilen der Qualitätsverantwortung) und Linse L-1a (Übertragung von Verantwortung an die wertschöpfenden Personen) abgeleiteten Regelungen. Eine Zusammenfassung würde die unterschiedlichen Hintergründe, Konnotationen und Implikationen pauschalisieren.

Aus diesem Grund wird ein Lösungsweg gewählt, der beide Problemstellungen aufgreift und gleichzeitig von praktischem Nutzen ist. Er besteht in der Schaffung eines künstlichen, agilen PM-Vorgehensmodells, das mit sämtlichen hier formulierten Regelungen agilen PMs kompatibel ist. Dieses agile PVM wird im Folgenden als AVM bezeichnet. Um einen Vergleich mit gängigen PVM überhaupt erst anstellen zu können, müsste das AVM allerdings auch über Prozesse und Methoden verfügen. Dies ist in Form der 86 Regelungen bislang nicht der Fall.

Exakt zu diesem Zweck – und darin besteht die Künstlichkeit des AVM – werden die vorliegenden 86 Regelungen in einem Transformationsprozess in Prozesse und Methoden überführt. Die Prozesse und Methoden werden genau so modelliert, dass sie die vorliegenden Forderungen an agiles PM exakt erfüllen. Verlangen beispielsweise verschiedene Regelungen einen Prozess zur Initiierung eines Projekts, wird ein Projektinitiierungs-Prozess erfasst; liegen Bedarfe zur Schaffung von Kennzahlen vor, wird eine PM-Methode zur Schaffung von Kennzahlen erfasst. Die Methoden und Prozesse werden nicht weiter ausformuliert und detailliert, sondern dienen ausschließlich als Brücke zwischen den hier formulierten Regelungen und Referenz-VM.

Durch die gewählte Vorgehensweise

1. bleiben sämtliche Regelungen als Referenzteil des neu entstehenden AVM erhalten,
2. wird ein Vergleich des AVM mit bestehenden VM ermöglicht,

3. können die Heterogenität, die inhaltliche Vollständigkeit sowie die Praxiseignung untersucht werden.

Anhand der im obigen Beispiel genannten redundanten Regelungen aus Linse D-2 und L-1a kann das Vorgehen verdeutlicht werden: Die Zusammenfassung der beiden Regelungen führt zur Schaffung der künstlichen PM-Methode „Entkoppelung des Projektteams von der Organisation". Im Gegensatz zu den beiden Regelungen kann diese Methode zum Vergleich mit Referenz-VM herangezogen werden.

Die in Tabelle 7 gezeigte komprimierte Aufstellung gibt einen Überblick über die erfolgte Erzeugung von Elementen des künstlichen AVM. Im Detail werden alle Elemente des AM sowie deren Zurückführung zu den Regelungen agilen PMs in Anhang 6 aufgezeigt.

Ebene	Element	Regelungen
PM-Methode	Arbeitsorganisation	8
	Controlling	7
	Implizites Wissen	7
	Kooperation über die Teamgrenze hinaus	1
	Qualität	7
	Teamführung	9
	Visualisierung von Information	4
	Zielplanung	2
	Σ	45
PM-Prozess	PDCA: Initialisierung	1
	PDCA: Planung	2
	PDCA: Abschluss	2
	PDCA: Reflexion	3
	PDCA: Aufrechterhaltung	2
	Σ	10
Organisatorische Einbettung	Kooperation über die Teamgrenze hinaus	4
	Kooperation mit dem Kunden	1
	Entkoppelung des Projektteams von der Organisation	5
	Σ	10
Meta-Regel	Disziplin	6
	Emergenz	6
	Lernen	4
	Wertorientierung	5
	Σ	21
	Gesamt	86

Tabelle 7: Zusammenfassung der Ebenen, Elemente und Regelungen agilen PMs.

Wie sich zeigt, ergeben sich aus der Übertragung folgende vier Elemente:

1. Methoden

Es zeigt sich, dass durch die Schaffung des AVM insgesamt 45 Regelungen zu 8 PM-Methoden zusammengefügt werden konnten.

2. Prozesse

Neben den PM-Methoden ergeben sich aus der Sammlung 10 Regelungen für PM-Prozesse. Als Beispiel lässt sich die Initialisierung des PDCA-Zyklus anführen. Dieser Prozess ergibt sich aus den Regelungen D-3-α [519](Etablieren des PDCA-Zyklus) und K-6-α (Etablierung eines Rhythmus in Abhängigkeit von Inhalt, Organisation, Erfahrungsgrad und Dekompositionsfähigkeit). Eine Vorgabe an Prozesse agilen PMs besteht folglich im zyklischen, spiralförmigen Durchlaufen der Projektschritte PDCA-Initialisierung, PDCA-Planung, PDCA-Aufrechterhaltung, PDCA-Reflexion und PDCA-Abschluss.

3. Organisatorische Einbettung

Über Prozesse und Methoden hinausgehend ergaben sich unerwarteterweise 10 Regelungen der organisatorischen Einbettung. Auf diese wird in Kapitel 6.3.1 eingegangen.

4. Meta-Regeln

Als weitere überraschende Erkenntnis ergaben sich schließlich 21 Vorgaben zur grundlegenden persönlich-mentalen Einstellung der Projektbeteiligten. Diese werden als Meta-Regeln bezeichnet. Sie werden in Kapitel 6.3.2 weiter erörtert.

Graphische Zusammenfassung

Abbildung 13 gibt einen Überblick über die Entstehung von Regelungen agilen PMs sowie deren Weiterführung in das AVM:

---

[519] Sämtliche Kombinationen von Einflussfaktor, Veränderung und Regelung werden fortan in dieser Darstellung verdeutlicht. So bezieht sich die Bezeichnung D-3-α hier auf Deming-Veränderung 3 mit ihrer ersten Regelung α.

1. Kerneigenschaften der Einflussfaktoren führen zu Linsen,
2. aus den Linsen werden Regelungen an agiles PM abgeleitet,
3. Methoden, Prozesse, Vorgaben an die organisatorische Einbindung und die Meta-Regeln sind verschiedene Teilaspekte agilen PMs.
4. Alle Teilaspekte agilen PMs sind in einem agilen PVM, dem AVM zusammengefasst.
5. Alle Teilaspekte werden den Regelungen an agiles PM gegenübergestellt.

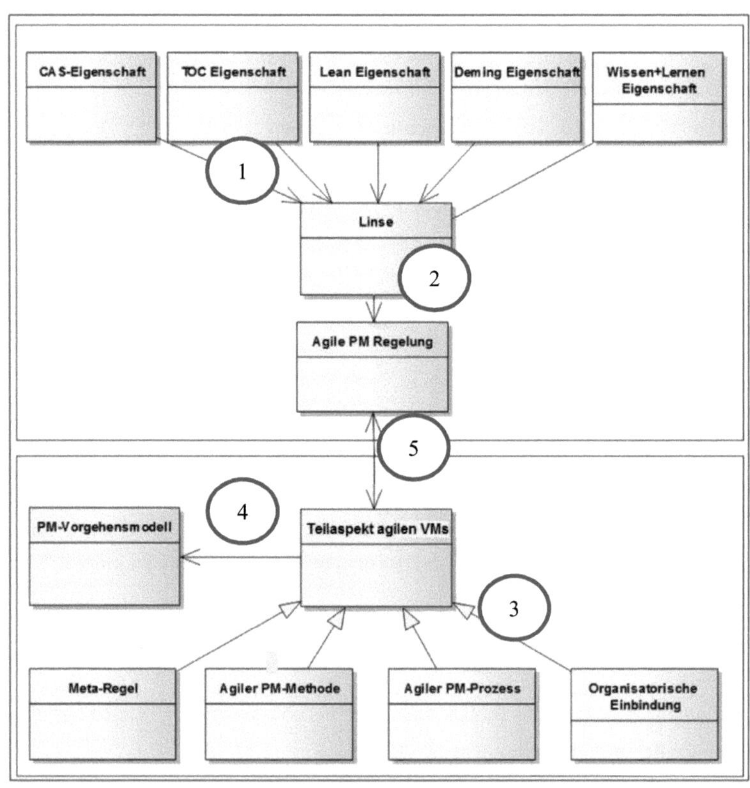

Abbildung 13: Verbindung der Regelungen agilen PMs zum AVM.
Quelle: Eigene Darstellung

6.2 Vergleich mit Referenz-Vorgehensmodellen

Anhand der nun erzeugten Teilaspekte kann der Vergleich zwischen dem AVM und verschiedenen Referenz-Modellen angegangen werden. In **Fehler! Verweisquelle konnte nicht gefunden werden.** findet sich aus diesem Grund eine Gegenüberstellung des AVM mit den Referenz-PVM DIN 69901, PMBoK sowie dem V-Modell 97.

Die Gegenüberstellung verdeutlicht:

1. Es ergeben sich folgende Abbildungsgenauigkeiten:
    a. V-Modell 97: 11 von 15 Aktivitäten
    b. PMBoK: 7 von 9 Wissensgebieten
    c. DIN 69901: 8 von 11 Prozessgruppen

Ein relativ hoher Abdeckungsgrad zwischen dem AVM und den Referenz-VM konnte somit validiert werden. Besonders erstaunlich ist dabei, dass selbst Aktivitäten wie Information und Kommunikation, die Definition von Zielen, die organisatorische Einbindung, Tayloring der Methoden und sogar Controlling abgedeckt sind. Dies mag überraschen, da das Thema Führung den revolutionären Forderungen des agilen Manifests[520] auf den ersten Blick zu widersprechen scheint. De facto entpuppen sich die nun entstandenen Regelungen als agil.

2. Zwei PM-Methoden weisen eine leichte Häufung von Regelungen auf. Diese sind:
    a. Qualität: Die Häufung der Regelungen in Bezug auf Qualität ist nicht verwunderlich. Schließlich besteht das Selbstverständnis agiler EM in der schnellen Lieferung hochqualitativer Ergebnisse. Die deutliche Betonung dieses Themas ist demnach nur konsequent.

[520] Genannt sei beispielsweise der Grundsatz „Individuals and interactions over processes and tools“ in Beck et al. (2001).

   b. Teamführung: In ihrer Häufung unterstreichen die Regelungen in der Tat den menschlichen, teamorientierten, Verantwortung übernehmenden, nicht technischen Charakter agilen PMs.

3. Es ergibt sich eine erstaunlich hohe Abdeckung der wenigen Planungsprozesse:
   a. Sämtliche Elemente des PDCA-Zyklus und der zusätzliche Prozess der Aufrechterhaltung des Zyklus können, wie in **Fehler! Verweisquelle konnte nicht gefunden werden.** ersichtlich ist, PM-Prozessen gängiger VM direkt zugeordnet werden. Obwohl zu Beginn dieser Arbeit nicht zu erwarten war, dass die Verwendung von Linsen und Regelungen zu einer derartigen Kompatibilität führt, bestätigt sich erneut der gewählte Ansatz.
   b. Neu ist, dass gegenüber gängigen PM-Standards der Prozess der Reflexion in der Betonung des „Check und Act"-Teils des PDCA-Zyklus hervortritt.
   c. Trotz der Vollständigkeit verweist weniger als ein Viertel aller Regelungen auf Prozesse. Dieses Verhältnis spiegelt die in Kapitel 2.3.1.3 vorgestellte Definition von „Agilität als Verzicht" in Form einer starken Methodenlastigkeit agiler EM, welche sich bis in das AVM fortsetzte, wider.

4. Es gibt Aspekte, die in den Referenz-PVM nicht erwähnt werden, diese sind:
   a. Alle Meta-Regeln: Dieses Ergebnis ist nicht verwunderlich, denn das Auffinden der Meta-Regeln stellt eine neuartige und unerwartete Erkenntnis dieser Arbeit dar. Auf diese wird weiter unten noch eingegangen.
   b. Implizites Wissen: Diese Forderung widerspricht dem Grundgedanken traditioneller PM-Standards im Hinblick auf Nachvollziehbarkeit und Absicherung. Dieser bereits zum Ende von Kapitel 5.2 besprochene Umstand scheint sich der herrschenden Meinung der unbedingten Konservierung von Wissen entgegenzusetzen, wohnt dem AVM aber trotzdem inne. Der Verfasser wagt an dieser Stelle die These, dass ein vom Zwang

der Wissensexternalisierung befreites Team die so gewonnene Zeit dankbar nutzen wird.

c. Dasselbe gilt für die Entkoppelung von der Organisation. Die Loslösung des Projektteams von der umgebenden Organisation geschieht in Einklang mit der agilen Teamautonomie.

5. Zwei Aspekte werden in Referenz-PVM betrachtet, treten im AVM jedoch nicht in Erscheinung:

   a. Änderungsmanagement: Diese Nicht-Referenzierung liegt auf der Hand: Agile EM und somit auch agiles PM akzeptieren laufende Änderungen im Projektverlauf als normale Aktivität und drücken diese in den Regelungen K-2-δ, L 2.a-γ und L 3.b-γ als gemeinsame, zyklische Re-Priorisierung von Anforderungen aus.

   b. Risikomanagement: Agile EM spekulieren nicht mit Ereignissen der Zukunft, sondern setzen sich innerhalb eines Zyklus mit konkreten Ereignissen auseinander. Die Aktivität des Risikomanagements fehlt folglich nur scheinbar, vielmehr werden drohende Ereignisse im Zuge der PDCA-Zyklusplanung als Teamaktivitäten erkannt und berücksichtigt. Risikomanagement findet folglich exakt in den in Linse D3 erkannten inhaltlichen und umgebenden Hypothesen über die Entwicklung des Zyklus statt.

6. Bestimmte Aspekte können weder klar verifiziert noch abgelehnt werden. Diese sind:

   a. Projektplanung: Zwar ist eine Abbildung der in der vorliegenden Arbeit als PDCA-Planung bezeichneten Planungsprozesse auf traditionelle PVM möglich. Während Regelung L 3.b-γ allerdings die Erzeugung detaillierter Projektpläne verbietet, dient die Feinplanung laut V-Modell der Klärung „wer, wann, welche Aufgaben übernimmt und welche Abhängigkeiten zwischen diesen bestehen"[521]. Da das V-Modell deswegen zwar keine explizite Formulierung eines Projektplans in Form eines Gantt-Charts, enthält, gleichzeitig aber dennoch eine Feinplanung erfolgen soll, kann ein eklatanter Widerspruch folglich genauso wenig festgestellt werden wie eine Übereinstimmung.

b. Kosten und Finanzen: Zwar weist die vorhandene Zusammenstellung einen Controllingaspekt als Erbe der TOC auf. Eine direkte Verwandtschaft zur Kosten- und Finanzwelt gängiger PVM ist jedoch nicht gegeben. Auch Regelung T-2-α, die ausschließlich die Durchsatz- und Bestandsorientierung jeder Kennzahl fordert, könnte in vorsichtiger Weise zur Orientierung an Finanzkennzahlen, wie sie beispielsweise in Festpreisprojekten notwendig sind, verwendet werden.

6.3 Untersuchung der organisatorischen Einbindung und der Meta-Regeln

Da sich Regelungen zur organisatorischen Einbettung sowie die sogenannten Meta-Regeln unerwarteterweise ergaben, werden sie nun noch einmal getrennt aufgegriffen.

6.3.1 Organisatorische Einbettung

Die vorliegenden Regelungen zur organisatorischen Einbettung der erarbeiteten PM-Prozesse und Methoden stellen eine bedeutsame Erkenntnis dar. Dass sich auch klare Vorgaben zur Integration externer Projektteilnehmer und der organisationsinternen Verankerung ergeben, scheint nicht recht zu einem PVM zu passen. Schließlich fokussieren PVM auf Abläufe und Techniken innerhalb des Projekts. So lassen sich Regelungen zur organisatorischen Einbettung in den hier referenzierten PVM nicht erkennen. Eine deutliche Verwandtschaft kann allerdings zum

[521] Bundesrepublik Deutschland (1997) Regelung 7 (PM), S. 7-15.

OPM3, einem PM-Reifegradmodell, festgestellt werden. Die dort als „Organizational Enabler“ bezeichneten Elemente begünstigen die Erfolgschancen von Projekten.[522] Zusätzlich zu konkreten Anweisungen liefert das AVM folglich bereits Hinweise darauf, welche organisatorischen Weichenstellungen das Projekt begleiten sollten.

Diese Erkenntnis ist unerwartet und nützlich, zumal sich mit ihrem Vorhandensein das wirtschaftsinformatische Mensch-Aufgabe-Technik-System vervollständigt: Agiles PM ist verortet im Zusammenspiel zwischen

- Menschen – den Projektteilnehmern
- Aufgaben – dem Inhalt des Projekts
- Techniken – den hier erkannten Prozessen und Methoden
- im festgestellten organisatorischen Rahmen.

6.3.2 Meta-Regeln

Die letzte Kategorie von Regelungen eröffnet eine gänzlich neue Ebene. Sie gibt Hinweise darauf, welche persönliche Einstellung die Teilnehmer eines agilen Projekts aufweisen müssen. Beispielsweise sind dies Freiwilligkeit, Mitgestaltung und Veränderungswille, Disziplin sowie Orientierung zur stetigen Verbesserung. Diese Regeln stellen in den Worten von Senge das gemeinsame mentale Modell, den philosophischen Ansatz, die zu erreichende gemeinsame Geisteshaltung dar. Offensichtlich lag Alistair Cockburn, ein Urvater der agilen SSE genau richtig, als er behauptete, dass Agilität keine Methode, sondern vielmehr eine Einstellung ist.[523] Es ist bemerkenswert, dass sich dieses starke Konzept durch sämtliche Transformationen dieser Arbeit hindurch behaupten konnte.

[522] Das OPM3 besteht aus sogenannten Best Practices. Diese existieren auf den Ebenen der Prozesse, Methoden und der hier referenzierten Organizational Enablers. Project Management Institute (2008), S. 35, 181.

[523] Fernandez/Fernandez (2008/2009), S. 16 zitieren eine am 27.4.2005 von Alistair Cockburn an die Yahoo-Diskussionsgruppe zum Thema Agile Project Management gesendete E-Mail mit dem Titel „AUP Article: A Difference of Focus“: „I keep telling people that agile is mostly an attitude, not a methodology or fixed set of practices“.

Die Meta-Regeln legen fest, dass agiles PM in einem Umfeld reüssieren kann, in dem das PM nicht bestimmte Regeln vorgibt, sondern sich Menschen entlang bestimmter Grundsätze bewegen sollten. Die vier Meta-Regeln lauten:

- Lernen
- Disziplin
- Emergenz
- Wertorientierung

Es ist es nicht verwunderlich, dass eine Verwandtschaft mit der PMDOI sowie dem agilen Manifest deutlich wird. Ganz in der agilen Tradition werden Freiheiten gewährt, dafür aber Disziplin erwartet. Eine Deckungsgleichheit ergibt sich allerdings nicht, so kommt beispielsweise das Lernelement in keiner der beiden erwähnten Veröffentlichungen zum Tragen.

Es bestätigt sich abermals der in dieser Arbeit verfolgte neuartige Ansatz. Die Analyse der agilen EM, das Freilegen von Agilität und die Anwendung auf PM fügt dem MAT-System hier einen zusätzlichen, neuen Einblick hinzu: Lernen, Disziplin, Emergenz und Wertorientierung sind Eigenschaften, die auf das gesamte System und den organisatorischen Kontext wirken. Wie in der folgenden Abbildung deutlich wird, ergeben die Meta-Regeln auf diese Weise eine neue Dimension des MAT-Systems.

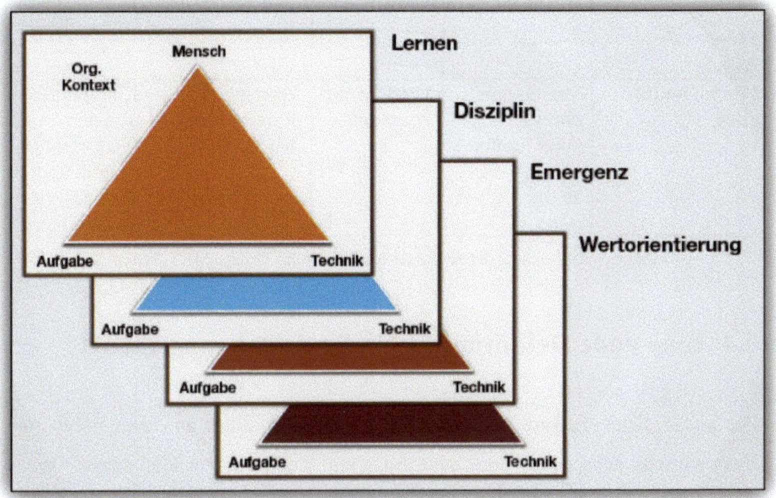

Abbildung 14: Eine neue Dimension des MAT-Systems.

Quelle: Verfasser, aufbauend auf Heinrich (2007), S. 16

Die vier Metaregeln ergeben in ihrer Interpretation ein neues Verständnis von agilem PM im organisatorischen Kontext. In der folgenden Matrix wird dieses in Kenntnis der nun vorliegenden Regelungen ausformuliert. Jedes Feld ist als eine weitere Konkretisierung der Anforderungen an Mensch, Aufgabe, Technik und organisatorischen Kontext zur Befolgung eines wirklich agilen PMs zu verstehen.

MAT-System / Meta-Regel	Mensch	Aufgabe	Technik	Org. Kontext
Lernen	Lernbereitschaft	Reflexion	Double-loop-learning	Weitergabe von Wissen
Disziplin	Anerkennung bestimmter Regeln	Durchsetzung weniger Regeln	Stetige Reflexion aufrechterhalten	Entkoppelung von der Organisation
Emergenz	Selbstorganisation	Führen in einen Zustand zwischen Ordnung und Chaos	Etablieren paralleler Lösungsräume	Entkoppelung von der Organisation

MAT-System / Meta-Regel	**Mensch**	**Aufgabe**	**Technik**	**Org. Kontext**
Wertorientierung	Verständnis darüber, was Wert für den Kunden darstellt	Verzicht auf Projektpläne	Verschwendung vermeiden	Kommunikation der Wertorientierung in und über das Team hinaus

Tabelle 8: Anwendung der vier Meta-Regeln auf das Projekt-MAT-System.

6.4 Eine neue Definition agilen Projektmanagements

Die hinlängliche Analyse der Regelungen agilen PMs führt an dieser Stelle zur Beantwortung der zweiten Forschungsfrage und damit auf den Titel dieser Arbeit zurück: Was ist agiles Projektmanagement? Das Ziel des verfolgten Ansatzes bestand darin, auf Basis einer neuen Definition des Begriffs *Agilität* (siehe Kapitel 4.6) zu einer neuen Definition *agilen Projektmanagements* zu gelangen.

Wie zuvor bei der Neudefinition des Begriffs Agilität werden auch an dieser Stelle die gesammelten Einzelregelungen agilen PMs zu einem Definitionskonstrukt zusammengeführt.

In Kenntnis der fünf Beeinflussungen agiler Autoren, die zur Analyse von insgesamt 33 Kerneigenschaften führten, erkannte der Verfasser insgesamt 23 *agile Veränderungen*, die die traditionelle SSE nachweislich veränderten. Aus dieser Veränderung ließen sich abschließend 86 Regelungen agilen Projektmanagements ableiten. Paraphrasiert führen diese Regelungen zu folgender Neudefinition agilen Projektmanagements:

> Agiles PM emergiert aus Vorgaben an Zielplanung, Teamführung, Arbeitsorganisation, Qualitätsmanagement und Controlling. Es legt Wert auf die Vermittlung impliziten Wissens im Team und entkoppelt es von Einflüssen der umgebenden Organisation. Es kooperiert über Stellvertreter auch über die Teamgrenzen hinaus und betont die Orientierung an den subjektiven und temporalen Wertvorstellungen des Kunden. Agiles PM induziert und forciert einen zyklisch-reflektierenden Prozess. Agiles PM setzt gleichzeitig auf ein enges, sich vertrauendes Team, in welchem die Gewährung von Freiräumen und die inhärente Suche nach Emergenz mit der Wahrung von Disziplin und Lernbereitschaft balanciert wird.

In Kenntnis der in Kapitel 2.3.2.3 vorgestellten und kritisierten Definitionsansätze agilen PMs sei noch festgestellt:

a) Die negativen Seiten der Selbstorganisation werden in positiver wie negativer Hinsicht aufgenommen. Positiv in der Schaffung eines harmonischen, interaktiven und Wissen austauschenden Miteinanders, negativ in der Erkennung negativer Strömungen und der Entfernung von Teammitgliedern im ultimativen Fall.

b) Aufgrund der in den erarbeiteten Veränderungen aufgegangenen Einflussfaktoren kann weder von einer Einseitigkeit noch von einer Verankerung im agilen Manifest gesprochen werden.

c) Auch der Aspekt des Leaderships, der in einigen Definitionen agilen PMs sehr deutlich wird, hat Eingang in das agile PM gefunden, allerdings nur in Form einer Regelung (K-4-δ).

d) Weder stellt agiles PM eine „Agilisierung“ bestehender Standards noch die Uminterpretation gängiger agiler EM zu einem PM-Standard dar. Vielmehr ergibt sich ein neuer PM-Standard, der grundlegend neu fundiert wurde.

Die zweite Forschungsfrage dieser Arbeit kann somit als beantwortet betrachtet werden.

6.5 Zur Rolle der Projektleitung

Die vorliegenden Regelungen agilen PMs lassen erkennen, dass auf die Rolle der Projektleitung nicht verzichtet wird. Allerdings erfolgt die Projektleitung nicht mehr durch eine ermächtigte Person. Dies zeigte sich bereits in der in Linse D-2 erkannten Teilung der Qualitätsverantwortung innerhalb des Teams und der daraus folgenden Minderbetonung der Projektleitungsrolle. Es wäre deswegen nicht im Einklang mit den 86 Regelungen agilen PMs, das Team aus Sicht des unbeteiligten Dritten zu beobachten und anzuleiten. Vielmehr muss sich die Projektleitung als Teil des Teams verstehen, Beobachtungen in die gemeinsame Reflexion einbringen und Konsens anstreben. Die Anforderungen an die Fähigkeiten der PL bestehen deswegen nicht in Arbeitszuteilung, Maßregelung und Anweisung, sondern im Begreifen sozialer Zusammenhänge. Schlüsselqualifikationen sind dementsprechend die „weichen" Fähigkeiten wie die Demonstration einer persönlichen Verpflichtung dem Kunden gegenüber, die Fähigkeit, Beziehungen zu bilden, das Schützen des Teams, die Moderation, die Fähigkeit, mit Mehrdeutigkeiten, Unsicherheiten und Ängsten umzugehen und fortzufahren, selbst wenn das Ziel nicht bekannt ist. Die PL muss sich deswegen einerseits als Coach verstehen, um Wissen im Team verbreiten zu können, andererseits als Teil des Teams, um an der fachlichen Arbeit beteiligt zu sein. Diese Teil-des-Teams/Nicht-Teil-des-Teams-Ambivalenz zeigt sich in den getroffenen Regelungen zu agilem PM immer wieder.

- Das Team legt seine inneren Strukturen selbst fest, aber die Projektleitung entfernt renitente Teammitglieder.
- Die Projektleitung muss ein Verständnis über die fachlichen Zusammenhänge haben, um Informationen weitergeben zu können, gleichzeitig aber Feedback zum Teamverhalten zu geben.
- Die Projektleitung entkoppelt das Team von und beschützt es vor der externen Organisation, muss aber gleichzeitig neue Kommunikationskanäle etablieren und selber nutzen.

Ein Ausweg aus dieser Ambivalenz kann nur darin bestehen, die Projektleitungsaufgabe in der gleichen Weise an das Team zu übertragen, wie bereits die Qualitätsverantwortung übergeben wurde. Dies kann umgesetzt werden, indem entweder jedes Teammitglied einen Teil der Leitungsverantwortung übernimmt oder aber das gesamte Team ein Teammitglied zur Moderation und Koordination abstellt. Die Projektleitungsambivalenz agiler EM, welche die Projektleitung entfernen (Scrum, XP) oder beibehalten (FDD, ASD, DSDM), setzt sich im agilen PM somit fort.

Die Hervorhebung der Verantwortung des Teams, des gegenseitigen Einstehens und der Freiwilligkeit führt agiles PM im Gegensatz zur „Command and Control“- Sichtweise der TSE folglich auf eine neue Ebene. „Agile“ und „Management“ sind keine Gegensätze. Agiles Management und damit agiles Projektmanagement besteht in der konsequenten Verlagerung der Verantwortung und der Rechenschaft auf das Team.

6.6 Anwendung auf Projektarten außerhalb der Software-Systementwicklung

Es gilt nun noch zu klären, ob die gesammelten Regelungen auch auf Projekte außerhalb der SSE angewendet werden können. Hierzu wurden die 86 Regelungen agilen PMs abschließend analysiert. In Anhang 5, in dem die Zuordnung aller Regelungen zu den agilen Veränderungen und den Einflussfaktoren dargestellt ist, zeigt die letzte Spalte deswegen an, ob die Anwendung einer Regelung außerhalb der SSE eingeschränkt ist.

Es ergeben sich lediglich 3 Regelungen, die sich besonders für den SSE-Kontext eignen. Diese sind:

T-1-β[524] Etablierung eines Produktionssystems durch die Festlegung einzelner Stationen: Die aus der TOC abgeleiteten Regelungen zur Etablierung eines Produktionssystems zur Schaffung eines stetigen Flusses lassen sich auf Nicht-Software-Projekte nur dann anwenden, wenn sich die Arbeit in disjunkte und einzeln transportierbare Elemente zerlegen lässt. Dies trifft außer auf die SSE auch auf andere Projektarten, die sich mit immateriellen Gütern auseinandersetzen zu. Ein Beispiel könnte eine Marketingkampagne oder das Verfassen eines Buchs sein.

K-6-ε Planung der einzelnen Zyklen zur Auslieferung inkrementeller Funktionalitäten: Die Forderung nach der Auslieferung inkrementeller Funktionalität besagt, dass am Ende eines Zyklus ein für den Kunden werthaltiges Ergebnis geliefert wird. Folglich muss die Arbeit erneut so zerteilbar sein, dass sie in Zyklen bearbeitet und am Ende des Zyklus einen tatsächlichen Wert darstellen kann.

L-3b-γ Verwendung priorisierter Anforderungslisten statt Projektplänen: Hier zeigt sich eine weitere Einschränkung des AVM: Je mehr Parteien innerhalb und außerhalb der Organisation involviert sind, desto höher ist der Bedarf an zuvor festgelegten Synchronisationspunkten, an denen ein Team bestimmte Arbeitsergebnisse eines anderen erwarten darf. Diese Forderung nach Synchronisation ist allerdings nicht softwarespezifisch, sondern gilt für alle Projektarten, inklusive der Entwicklung von Software.

Offensichtlich ist die Dekompositions- und Synchronisationsfähigkeit der umzusetzenden Arbeit das Schlüsselkriterium der Anwendung des AVM auf Projektarten außerhalb der SSE. So sind beispielsweise Organisationsentwicklungsprojekte, Personalentwicklungsprojekte oder Marketingprojekte oder die Einführung von Standardsoftware Projektarten, die sich ebenso wie die SSE durch ihre Immaterialität auszeichnen.

---

[524] Die griechische Notation von T-1-β etc. soll verdeutlichen, dass sich aus der TOC-Linse T-1 heraus mehrere Regelungen agilen PMs ergaben. An dieser Stelle wird auf die zweite Regelung, das heißt β verwiesen. Vgl. hierzu Anhang 5.

6.7 Weitergehende Anwendung

Das vorliegende Modell ermöglicht auch die Überprüfung anderer Referenz-PVM. Unter Zuhilfenahme der „Prüfergebnis"-Klasse, welche in Abbildung 15 unter Punkt 6 in Fortsetzung der Nummerierung von Abbildung 13 zu sehen ist, kann die Abdeckung eines Referenz-PVM gegen die vorliegenden agilen PM-Regelungen erfolgen.

Anwendung findet diese Prüffähigkeit nicht nur im Hinblick auf Referenz-PM der klassischen SSE, sondern auch auf agile VM. So könnte beispielsweise Sanjiv Augustines „Managing Agile Projects"[525] gegen das AVM geprüft werden. Stichprobenartige Überprüfungen führen zu direkten Treffern. So genügt beispielsweise die Augustine'sche Regel auf „Monitor and adapt the simple rules"[526] der hiesigen Regelung K-1-α „Aufstellen weniger einfacher Regeln". Eine Detailanalyse, welche im Rahmen dieser Arbeit leider entfallen muss, ersetzt dies selbstverständlich nicht. Angemerkt sei, dass bestimmte Regelungen von Augustine wie beispielsweise „Facilitate design, code, test, and deployment" eine sehr deutliche SSE-Orientierung aufweisen und damit über die hier aufgestellten Regelungen hinausgehen. Dies kann als Beleg dafür gesehen werden, dass das hier entstandene Rahmenwerk tatsächlich eine Neutralität in Bezug auf die SSE in sich trägt.

[525] Augustine (2005).
[526] Augustine (2005), S. 172.

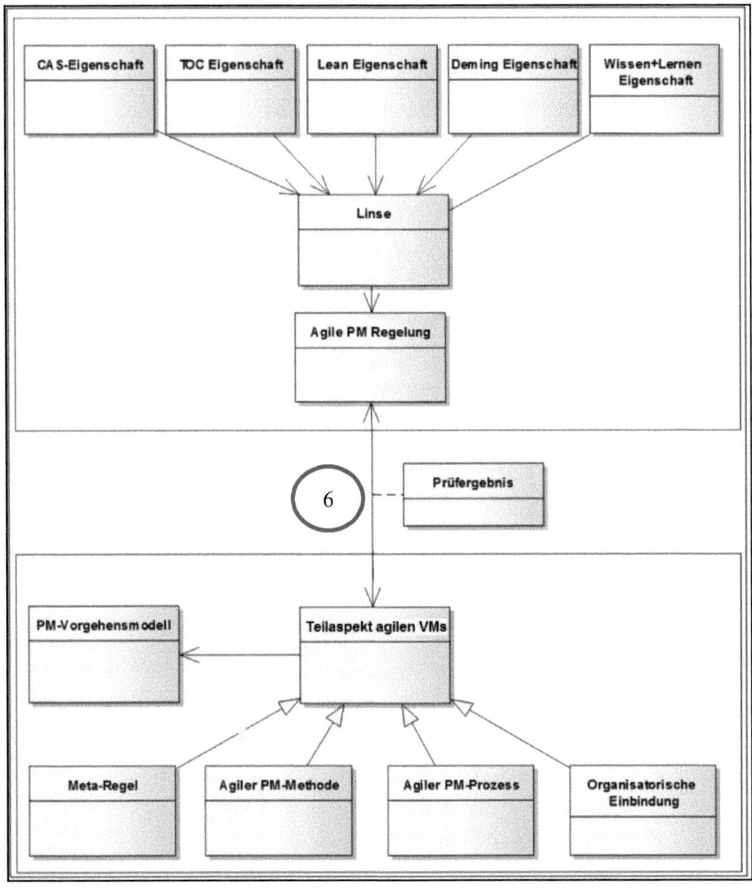

Abbildung 15: Erweiterung des Modells um eine Prüfklasse.

7 Bewertung und Ausblick

7.1 Zusammenfassende Bewertung

Das Ziel dieser Arbeit besteht in der Schaffung einer neuen Definition agilen Projektmanagements. Bei der Betrachtung des aktuellen Forschungsstands zeigte sich, dass die vorhandenen Definitionen agilen Projektmanagements divergierend und gleichzeitig reduktionistisch sind. Gleichzeitig wurde klar, dass auch das zugrundeliegende Konstrukt, Agilität, nicht ausreichend definiert ist, um es als Ausgangsbasis dieser Untersuchung zu verwenden. Das Ziel dieser Arbeit bestand deswegen in der Erarbeitung eines stabilen Fundaments von Agilität für die anschließende valide Definition agilen Projektmanagements.

Ausgangspunkt dieser Arbeit ist eine Bemerkung Martin Fowlers. Agilität, so seine Aussage, entstand nicht als endogene Fortentwicklung der Softwaretechnik, sondern durch Beeinflussungen anderer Ökosysteme. Genau diese Bemerkung führte zu dem in dieser Arbeit verfolgten und in Kapitel 3.2 vorgestellten Linsenansatz. Er verkörpert die Hypothese, dass die SSE durch verschiedene, softwarefremde Einflussquellen verändert wurde. Folglich basiert das Hauptargument dieser Arbeit darauf, dass nicht das agile Manifest den Ausgangspunkt von *Agilität* und folglich auch nicht den Ausgangspunkt *agilen Projektmanagements* darstellt. Agilität im Sinn dieser Arbeit offenbart sich stattdessen als die Zusammenstellung genau der Einflussfaktoren, die nachweislich eine Veränderung der traditionellen zur agilen Software-Systementwicklung veranlasste.

Im Rückblick zeigt sich, dass der gewählte Linsenansatz tatsächlich zu einem tragfähigen Konstrukt führt, das eine inhaltlich ebenso geschlossene wie vielseitige Definition von Agilität und agilem Projektmanagement ergibt. Die in der folgenden Grafik erneut gezeigte Abbildung des Grundlagenteils verdeutlicht den Ansatz abschließend. Die vereinfacht dargestellten Linsen ließen sich identifizieren als

1. die Komplexitätstheorie,
2. die Bildung und Weitergabe von Wissen,
3. die Deming'sche Qualitätslehre,
4. Lean sowie die
5. Theory of Constraints.

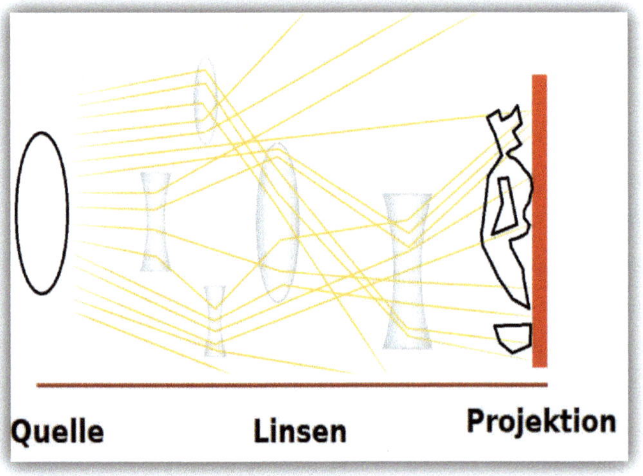

Rückgriff auf Abbildung 6: Projektion einer Lichtquelle durch gestaffelte Linsen.

Aufbauend auf diesem Gedankenmodell bestand der in Kapitel 4 verfolgte Ansatz in der Erarbeitung agiler Veränderungen zur Erhebung einer neuartigen Definition des Begriffs Agilität. Diese Definition sollte nicht die Schwachpunkte der im Grundlagenteil vorgestellten Erklärungen von Agilität aufweisen, sondern einen konstruktiven Vorschlag erarbeiten. Tatsächlich gelang es, mithilfe der Isolierung von Einflussfaktoren, welche sich in der ASE nachweisen lassen, die geäußerten Kritiken aufzunehmen und einen neuen Blickwinkel zu eröffnen. Am Beispiel der zum Ende von Kapitel 4.4 festgestellten deutlichen Beeinflussung von Agilität durch Lean Management wird deutlich, dass die hier aufgestellte Definition eine divergente Definition von Agilität gegenüber dem agilen Manifest aufstellt. Tatsächlich hat der zum Ende der 1980er Jahre in den USA erlebte Produktivitätsschock japanischer Automobilunternehmen Spuren bis in die SSE hinterlassen. Gleichzeitig wird die These dieser Arbeit gestützt, wonach das agile Manifest nicht Ausgangspunkt, sondern nur Ausläufer, dennoch aber Namensgeber des Konzepts Agilität darstellt. Dies zeigt sich in der nun vorliegenden einigenden Beschreibung von Agilität:

> Agilität manifestiert sich als die Aufnahme von Einflüssen außerhalb der Software-Systementwicklung in Entwicklungsmethoden. In einer abrupten Entwicklung wurden Gedanken der Komplexitätstheorie, des Lean Managements, der Deming'schen Qualitätslehre, der Engpasstheorie und der Bildung von Wissen auf die Systementwicklung übertragen. Im Ergebnis zeichnet sich diese Übertragung in der Delegation der Verantwortung zum Zweck der verschwendungsarmen, technikgestützten, stetigen und messbaren Erzeugung qualitativer und subjektiv wertiger Ergebnisse in einer Gemeinschaft von Team und Kunde aus. Agilität wertschätzt die Eigenarten des Menschen und seiner Interaktion in Form eines zielgerichteten, dabei aber selbstorganisierenden und emergenten Prozesses des inhaltlichen, methodischen und prozessualen Anpassens und Lernens.

Als Nebenbemerkung sei die beschriebene Diskrepanz der deutschen und englischen Worterklärung von „agil" (vgl. Kapitel 2.3.1.1) noch einmal aufgegriffen. Der „adaptable character", der sich anpassende Charakter, konnte in Linse K-5 deutlich aufgefunden werden. Tatsächlich stellt er somit eine wichtige Eigenschaft agiler EM dar und sollte in die Begriffserklärung der Duden'schen Beschreibung aufgenommen werden.

Nach der Erarbeitung einer neuen Definition von Agilität konnte die Darstellung eines neuen Verständnisses agilen Projektmanagement in Kapitel 5 erfolgen. Indem die agilen Veränderungen auf PM angewendet wurden, ergaben sich insgesamt 86 Regelungen agilen Projektmanagements. Als Besonderheit der Erarbeitung der Regelungen agilen Projektmanagements ergab sich deren überraschende Auffächerung. Neben der zu erwartenden Gliederungen in Prozesse und Methoden ergaben sich auch Vorgaben an die organisatorische Einbindung des agilen Projektteams sowie an die persönlich-mentale Einstellung der Teilnehmer. Die

Ursache dieser Heterogenität wurde bereits in den zu Beginn von Kapitel 3.1 erkannten unterschiedlichen Ebenen der Einflussfaktoren vermutet. Wissenschaftliche Theorien, organisationsphilosophische Auffassungen und „Best Practices“ stellen äußerst unterschiedliche Beeinflussungsebenen dar. Dass sich diese Ebenen bis hin zu den vier unterschiedlichen Domänen der Regelungen agilen Projektmanagements durchsetzen, ist nicht nur eine Bestätigung des Ansatzes, sondern gleichzeitig eine Erkenntnis: Die vier freigelegten Motive sind offensichtlich so universal und beständig, dass sie selbst die Transformation in agile Entwicklungsmethoden durch die agilen Autoren und die in dieser Arbeit vollzogene erneute Transformation auf Projektmanagement überdauerten. Dass insbesondere die Betonung des Menschen in der agilen SSE sich in einer derart expliziten Art und Weise manifestiert, ist eine beeindruckende Entdeckung. Die als Meta-Regeln bezeichneten Vorgaben Lernen, Disziplin, Emergenz, Wertorientierung wurden deswegen als eine neue Dimension eines Mensch-Aufgabe-Technik-Systems im Kontext Projektmanagement identifiziert.

Die nun vorliegende Definition agilen Projektmanagements in Form der 86 Regelungen, 4 Domänen und 20 zusammengefassten Elemente und des zugehörigen agilen Vorgehensmodells geht über die in 2.3.2.3 vorgestellten und kritisierten Definitionsversuche agilen Projektmanagements hinaus. Es ergibt sich eine umfassende, detaillierte und überprüfbare Festlegung von agilem Projektmanagement. Sie lautet:

Agiles PM emergiert aus Vorgaben an Zielplanung, Teamführung, Arbeitsorganisation, Qualitätsmanagement und Controlling. Es legt Wert auf die Vermittlung impliziten Wissens im Team und entkoppelt es von Einflüssen der umgebenden Organisation. Es kooperiert über Stellvertreter auch über die Teamgrenzen hinaus und betont die Orientierung an den subjektiven und temporalen Wertvorstellungen des Kunden. Agiles PM induziert und forciert einen zyklisch-reflektierenden Prozess. Agiles PM setzt gleichzeitig auf ein enges, sich vertrauendes Team, in welchem die Gewährung von Freiräumen und die inhärente Suche nach Emergenz mit der Wahrung von Disziplin und Lernbereitschaft balanciert wird.

Da die einzelnen Regelungen sich eher als Anforderung und Maßgabe der Implementierung von Methoden agilen Projektmanagements darstellen, wurden die Methoden in ein künstliches Rahmenwerk, das AVM, übernommen. Dieses Rahmenwerk diente der Zusammenfassung aller Regelungen zum Zwecke der Verifizierung und Gegenüberstellung mit gängigen Rahmenwerken. Diese Überprüfung führte zu einer hohen Abdeckung – der in dieser Arbeit gewählte Ansatz führt nachweislich zu einer akzeptablen Vollständigkeit. Über die 86 Regelungen hinaus bietet das künstliche AVM gegenüber vorhandenen VM somit den Vorteil der durchgängig agilen Fundierung. Diese Fundierung führte dazu, dass

a) einige Regelungen im Gegensatz zu gängigen agilen VM bereits als neuartig identifiziert wurden:
   I. Kommunikation über Stellvertreter
   II. Trennung der „Arbeitsstationen" des Prozesses
   III. Festlegung weniger durchsatz- und bestandsorientierter Kennzahlen sowie deren Wert-abhängige Aussortierung
   IV. Verfolgung mehrerer gleichzeitiger Optionen und deren Wert-abhängiger Aussortierung
   V. Teilung der Qualitätsverantwortung im Team
   VI. Wichtigkeit impliziten Wissens
   VII. Vorgaben an die organisatorische Einbindung, insbesonderen an die Entkoppelung des Projektteams
   VIII. Meta-Regeln

b) die vorliegenden Regelungen gleichzeitig als Prüfmechanismus gängiger agiler VM verwendet werden können. Auch wenn die Herbeiführung logisch auf der Hand liegt, ist es doch bestätigend, dass der gewählte Linsenansatz zu einem agilen Referenzwerk führt, gegen das vorhandene Methoden agilen PMs bewertet werden können. Eine Methode, ein Prozess, eine organisatorische Regelung oder eine Meta-Regel, die im Widerspruch zu den hier zusammengeführten Regelungen steht, ist *nicht* agil.

c) die Anwendung des AVM auch in Projekten außerhalb der SSE möglich ist. Die Voraussetzung besteht allerdings darin, dass Zerlegung des Projekt-Inhalts in kleinere, gleichzeitig aber auch wertbringende, Teile möglich ist.

Das Ziel dieser Arbeit, die Erarbeitung einer neuen Definition agilen Projektmanagements, wurde somit abgeschlossen.

7.2 Ausblick

Trotz der detaillierten Untersuchung bleiben Fragen unbeantwortet. Dies gilt zunächst für die Verifikation des AVM in einem praktischen Projekt. In Form des Trainings einer Testgruppe, des laufenden Coachings und der Beobachtung könnte nachvollzogen werden, ob das AVM eine rein wissenschaftliche Auseinandersetzung bleibt oder ob die Brücke zurück zur Praxis geschlagen werden kann. Gleichzeitig könnten Vollständigkeit, Verständlichkeit und letztlich auch die Auswirkungen auf den Projekterfolg beurteilt werden. Insbesondere könnte bei dieser Erprobung der erkannte scheinbare Widerspruch der Wissensmanagementpraxis gegenüber der herrschenden Meinung überprüft werden – führt die Minimalisierung der Dokumentationsvorgaben zu einem messbaren Verlust der firmeninternen Wissensbasis?

Weiterhin könnte das nun vorliegende Prüfmodell genutzt werden, um ein PM-Reifegradmodell zu erarbeiten. Die Herausforderung wird in diesem Bereich zweifelsohne in der Aufstellung von Kriterien zur Erreichung verschiedener Kompetenzstufen bestehen. Nichtsdestotrotz könnte deren Erarbeitung sowie der optimale Entwicklungspfad einer Organisation der Praxis den richtigen Weg zu Ausbildung und Entwicklung weisen.

Schließlich, und hierin läge die wissenschaftliche Fortsetzung dieser Arbeit, könnte untersucht werden, inwiefern der gewählte Ansatz im Widerspruch, in Ergänzung oder in Teilübereinstimmung zu Vorgehensmodellen agilen Projektmanagements passt. Stellvertretend seien hier *Agile Project Management* von Highsmith sowie Augustine oder *Adaptive Project Framework* (AFP) von Wysocki genannt. Die detaillierte Betrachtung der Einzelelemente gegen die hier erarbeiteten Vorgaben könnten Abdeckungen und Widersprüche offenlegen. So zeigt die in Kapitel 6.7 ansatzweise begonnene Untersuchung von Augustines *Agile Project Management*, dass sicherlich ein hoher Abdeckungsgrad des AVM erreicht wird. Dennoch liegen die interessanteren Aspekte aus wissenschaftlicher Sicht gerade in den Widersprüchlichkeiten und den disjunkten Elementen. Warum ein Autor eines agilen PVMs ein gemäß dieser Arbeit nicht-agiles Element einfließen ließ, lässt einen weiterführenden wissenschaftlichen Diskurs mit offenem Ausgang erwarten. Im besten Falle könnte der Wissensstand agilen Projektmanagements, der ‚Agile Body of Knowledge'[527] verifiziert und verdichtet werden. Insbesondere im Bereich der „grauen Literatur" könnte dies zu einer Verifizierung oder Falsifizierung vermeintlich agiler PVM führen. Dem Ziel dieser Arbeit, der Schaffung eines eindeutigen Verständnisses agilen PMs zur Schaffung eines Erkenntnisplateaus zur weiteren Untersuchung agilen PMs, wäre in jedem Fall gedient.

Auch mehr als 10 Jahre nach Erscheinen des agilen Manifests wirft das Thema Agilität Fragen auf. Die vorliegende Arbeit beantwortete die Frage nach Definition, Herkunft und Anwendbarkeit von Agilität auf Projektmanagement und versuchte damit, einen Beitrag zum aktuellen wissenschaftlichen Diskurs zu leisten. Statt Agilität intuitiv, postrationalisierend oder anekdotisch zu erklären, legte diese Arbeit die genuinen Wurzeln von Agilität frei. Die Anwendung dieser neuen Definition von Agilität ergab einen neuen Blickwinkel auf Projektmanagement. Es steht zu hoffen, dass die erreichten Erkenntnisse in Wissenschaft und Praxis auf fruchtbaren Boden fallen.

[527] Die Formulierung ist in Anlehnung an den vom Project Management Institute herausgegebenen Standard *Project Management Body of Knowledge, PMBoK*, gewählt.

Anhangsverzeichnis

Anhang 1 Die 4 Grundsätze des agilen Manifests

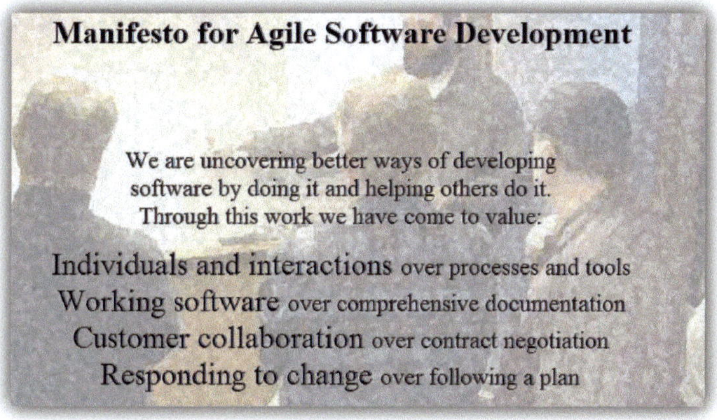

Manifesto for Agile Software Development

We are uncovering better ways of developing
software by doing it and helping others do it.
Through this work we have come to value:

Individuals and interactions over processes and tools
Working software over comprehensive documentation
Customer collaboration over contract negotiation
Responding to change over following a plan

Abbildung 16: Das agile Manifest.

Quelle: Beck et al. (2001)

Anhang 2 Die 12 Prinzipien des agilen Manifests

1. Our highest priority is to satisfy the customer through early and continuous delivery of valuable software.
2. Welcome changing requirements, even late in development. Agile processes harness change for the customer's competitive advantage.
3. Deliver working software frequently, from a couple of weeks to a couple of months, with a preference to the shorter timescale.
4. Business people and developers must work together daily throughout the project.
5. Build projects around motivated individuals. Give them the environment and support they need, and trust them to get the job done.
6. The most efficient and effective method of conveying information to and within a development team is face-to-face conversation.
7. Working software is the primary measure of progress.
8. Agile processes promote sustainable development. The sponsors, developers, and users should be able to maintain a constant pace indefinitely.
9. Continuous attention to technical excellence and good design enhances agility.
10. Simplicity--the art of maximizing the amount of work not done--is essential.
11. The best architectures, requirements, and designs emerge from self-organizing teams.
12. At regular intervals, the team reflects on how to become more effective, then tunes and adjusts its behavior accordingly

Anhang 3 Übersicht agiler Entwicklungsmethoden

Scrum

Die weitestverbreitete, ausführlich dokumentierte[528] und mit einer Erstveröffentlichung aus dem Jahr 1995 zur ersten Generation gehörende agile Methode ist Scrum.[529] Scrum basiert auf „empirischer Prozesskontrolle".[530] Diese akzeptiert, dass die Entwicklung eines neuartigen Produkts nicht planbar ist, sondern sich schrittweise entfaltet. Der Produktionsprozess gleicht sich sofort an, wenn die Zwischenergebnisse nicht den Erwartungen entsprechen.[531] Scrum stellt deswegen ein streng iteratives Vorgehen mit kurzen, typischerweise 30-tägigen, Zeitfenstern vor. Basierend auf einer Liste von Anforderungen stellt das Team gemeinsam eine Auswahl der in der Folge-Iteration abzuarbeitenden Funktionalitäten zusammen. Während der Iteration, dem „Sprint", organisiert sich das Vollzeit-Team selbst. Statt einem PL sorgt ein „Scrum Master" für stetiges methodisches Coaching und für die Vertretung des Teams nach außen. Am Ende des Sprints werden Ergebnisse in Form produktionsreifer Software vorgestellt, um Rückmeldung einzuholen. Außerdem findet in der „Sprint Retrospective"[532] ein methodischer Rückblick statt.

Scrum fokussiert auf Projektmanagementaspekte und verfügt über keine technischen Praktiken, weswegen es oft in Verbindung mit Extreme Programming praktiziert wird. Hervorzuheben an Scrum ist die Skalierbarkeit. Während einzelne Teams nicht mehr als neun Personen umfassen sollten, können Super-Teams aus Vertretern ihrer jeweiligen Unterteams instanziiert werden.

---

[528] Beispielsweise durch Cohen/Costa/Lindvall (2004), S. 14-16; Abrahamsson/Salo/Ronkainen et al. (2002), S. 27-36 sowie Schwaber selbst in Schwaber (1995); Schwaber/Beedle (2002); Schwaber (2004) und schließlich Schwaber (2007).

[529] Schwaber (1995).

[530] Vgl. Pikkarainen (2008), S. 39; Abrahamsson/Salo/Ronkainen et al. (2002), S. 27.

[531] Vgl. Schwaber (1995), S. 118.

[532] Vgl. Schwaber (2004) S. 138.

Extreme Programming

Beck fundiert Extreme Programming, im Folgenden XP, auf den fünf Werten Kommunikation, Feedback, Einfachheit, Mut und Respekt und leitet hieraus 14 Prinzipien sowie 24 Techniken ab.[533] Einige dieser XP-Werte sowie das Konstrukt von Wert und Prinzip zeigen eine große Verwandtschaft zum agilen Manifest und damit den großen Einfluss, den XP von Beginn an auf die agile Bewegung ausgeübt hat. XP ist nicht nur eine Entwicklungsmethode, sondern vielmehr ein Wertesystem, ein Projektmanagement-VM sowie eine Sammlung an Entwicklungstechniken. Gegenüber anderen Methoden, die auch teilweise adaptiert werden können, stellt Beck klar, dass sämtliche Techniken nur in einer synergetischen, sich verstärkenden Gesamtheit angewendet werden dürfen. Nicht nur die Radikalität von XP, deren lautstarke Vertretung durch Kent Beck sowie teilweise revolutionären Techniken wie das „Test First Coding", das „*Pair Programming*"[534], das „*Refactoring*" oder die „*Continuous Integration*"[535] haben zur Verbreitung von XP beigetragen. Vielmehr sind es die durch XP vertretenen Managementparadigmen, die sich vor allem in einer hohen Freiheit und dem Gebot der Selbstorganisation der Entwickler manifestieren.

Feature Driven Development

Feature Driven Development ist eine aus der Praxis entstandene Entwicklungsmethode.[536] Sie entstand im schnelllebigen Umfeld der Entwicklung von Software für entstehende Internetbanken um die Jahrtausendwende und fokussiert auf Fea-

---

[533] Vgl. Beck (1999); Cohen/Costa/Lindvall (2004), S. 13, der Highsmith (2002), S. xxxiii zitiert.

[534] Vgl. Beck (1999), S. 54.

[535] Beim Pair Programming entwickeln zwei Programmierer gleichzeitig am gleichen Computer. Dabei ist gewährleistet, dass eine sofortige Qualitätssicherung erfolgt. Continuous Integration bedeutet, dass ein fertiger Quellcode sofort in Interaktion mit den anderen Modulen zum Einsatz kommt. Beim „Test-First Coding" wird vor der Entwicklung des Modulcodes erst ein Testprogramm entwickelt, welches im Lauf der Entwicklung stetig die Korrektheit der implementierten Logik sicherstellen soll. Das Refactoring beschreibt eine ständige Überarbeitung und Aufarbeitung bestehenden Quellcodes zur Sicherstellung von Aktualität, Modularität, Verständlichkeit und Performance durch alle Teammitglieder. Vgl. hierzu beispielsweise Boehm/Turner (2003), S. 230 f.

[536] Vgl. Glazer/Dalton/Anderson et al. (2008), o. S.

tures als zentrales Bindeglied zwischen der Kundenanforderung und der Umsetzung.[537]

Im Gegensatz zu den bisher genannten Methoden fokussiert FDD weniger auf projektintiierende oder -schließende Umstände.[538] Vielmehr stellt sie den Systementwurf und die Umsetzung in den Vordergrund.[539] Hierzu stellt FDD fünf aufeinanderfolgende, iterierende Prozesse vor. Ebenso stellt FDD eine genaue Vorgabe der beteiligten Rollen wie PL, Architekt oder Chefentwickler dar. Im Gegensatz zu anderen agilen Methoden, bei denen sich der gesamte Systementwurf in einem emergenten Prozess erst bei der Entwicklung ergibt, legt FDD Wert auf die frühe Ausarbeitung eines „overall model", das vor Beginn der iterativen Auslieferung zu erstellen ist.

Hervorzuheben an FDD ist die einfache Anwendbarkeit der Methode und zudem die Kompatibilität mit umgebenden PVM: Gerade da keine Vorgaben für die Sammlung von Anforderungen oder die Durchführung von Akzeptanztests getroffen werden, kann FDD ebenso mit Scrum oder Crystal kombiniert werden.

DSDM

Die Dynamic Systems Development Method, DSDM ist eine agile EM mit europäischen Wurzeln und gleichzeitig die einzige Methode mit ISO 9001 Zertifizierung.[540] Die vom gleichnamigen Konsortium bereits 1995 veröffentlichte Entwicklung zielte ursprünglich auf die Erstellung einer einheitlichen Entwicklungsmethode für das Rapid Prototyping ab, gibt aber tatsächlich als erste formal definierte Methode die Fixierung geforderter Funktionalitäten zugunsten der Auslieferung eines Ergebnisses in einem fixen Zeitraum auf.[541] Einige der neun DSDM-Prinzipien wie die Forderung nach Selbstorganisation, regelmäßige Auslieferung, Reversibilität von Entscheidungen, testorientierte Entwicklung und schließlich ein „collaborative and cooperative" Austausch aller Beteiligten in den können in den

[537] Vgl. De Luca, o. S.
[538] Vgl. Abrahamsson/Salo/Ronkainen et al. (2002), S. 47.
[539] Vgl. Abrahamsson/Salo/Ronkainen et al. (2002), S. 4.
[540] Vgl. Udo/Koppensteiner (2003), S. 2;Highsmith (2000), S. 259.
[541] Vgl. Cohen/Costa/Lindvall (2004), S. 20; Abrahamsson/Salo/Ronkainen et al. (2002), S. 61.

Grundwerten und Prinzipien des agilen Manifests wiedergefunden werden. Zudem werden einige Rollen wie der „Ambassador" in anderen Methoden unter anderer Beschreibung geführt.

Im Gegensatz zu anderen Methoden stand die vollständige Beschreibung von DSDM bis 2007 nur zahlenden Abonnenten zur Verfügung. Schätzungsweise ist dies der Grund, warum sich die erste aller agilen Methoden[542] nur wenig über das Ursprungsland Großbritannien hinaus entwickelt hat.[543]

Crystal

Eine in großer Ähnlichkeit zu Scrum ausführlich auf den PM-Aspekt eines Entwicklungsprojekts fokussierende agile EM ist die Familie des Crystal Software Development. Sie besteht aus verschiedenen situationsbezogenen Entwicklungsmethoden, benannt mit den Farben Transparent, Gelb, Orange, Rot, Magenta und Blau, die in Bezug auf komplexer werdende Umgebungen, Teamgrößen und Projektdauern unterschiedliche Methoden vorschreiben. Über alle Varianten ihrer Familie hinweg legt Crystal Wert auf regelmäßige Auslieferung, Verbesserung durch Reflexion, enge Kommunikation und gegenseitiges Vertrauen.[544]

Crystal entstand im Gegenzug der bisher beschriebenen empirisch entstandenen Methoden als Auftragswerk von IBM zur Entwicklung einer objektorientierten Entwicklungsmethode und wird seitdem vom Urheber Cockburn weiterentwickelt.[545] Ergebnis ist eine interaktions- und kommunikationsgerichtete EM, die als Besonderheit aller agilen EM in einem der drei Kernprinzipien „habitability" die Bewohnbarkeit, sprich die Fähigkeit der betroffenen Entwickler, mit der Methode zu leben, hervorhebt. Eine weitere Besonderheit stellt die in der Crystal-Familie verwendete Kompetenzeingliederung von Entwicklern dar. Cockburn stellt fest, dass agile Methoden durch Selbstorganisation, intensive Kommunikation und die Fähigkeit des Feedbackgebens und –nehmens eine bestimmte persönliche Reife

[542] Vgl. Dybå/Dingsøyr (2008), S. 834 benennen DSDM als die erste agile Methode.
[543] Immerhin wird DSDM in der Untersuchung zur Verbreitung agiler Methoden aus dem Jahr 2011 von einem Prozent der Befragten eingesetzt: VersionOne (2012), o. S.
[544] Vgl. Highsmith (2002), S. 261.
[545] Vgl. Cohen/Costa/Lindvall (2004), S. 7.

vorschreiben. Entlang dieser Fähigkeiten beschreibt Cockburn drei Reifegrade, den Lehrling, den Gesellen und den Meister.

Die Marktdurchdringung von Crystal ist gering. So gaben in einer Studie des Jahres 2011 des Software Engineering Institutes nur 3 % der Befragten Crystal als verwendete Methode an, in einer anderen Studie der Softwarefirma VersionOne wird Crystal gar nicht mehr erwähnt.[546]

Adaptive Software Development

Ein auf RAD und der Theorie komplexer adaptiver Systeme fundierte agile EM stellt ASD dar. ASD versteht SSE als kontinuierlichen Prozess von Ausprobieren und Lernen. Hierzu werden die drei Phasen Spekulieren, Zusammenarbeit und Lernen[547] in einem festen Zeitfenster durchgeführt und wiederholt. Highsmith setzt mit ASD die Überzeugung um, dass die Vorgabe einer klaren Vision die Kreativität und Lösungsorientierung der beteiligten Menschen herausfordert und das Projekt in einem ständig reflektierenden Prozess in die richtige Richtung bewegt. Aus diesem Grund werden eher generelle Regeln zur Zusammenarbeit als technische Detailregeln vorgegeben.[548] So ersetzt beispielsweise das situative Führen durch Beispiel und Erfahrung die kodifizierte Befolgung fester Regeln und Hierarchien.[549]

ASD führte seit der Veröffentlichung im Jahr 2000 ein wenig beachtetes Dasein. Aus Sicht des Autors liegt dies an der recht aufwendigen, wenig praxisorientierten und vor allem wenig radikalen Sichtweise von ASD. Jim Highsmith, der Autor von ASD, entwickelte ASD zudem in ein generisches PVM mit der Bezeichnung „Agile Project Management“ weiter.

[546] Vgl. VersionOne (2012), o. S.; Paulk (2011), o. S.
[547] Vgl. Abrahamsson/Salo/Ronkainen et al. (2002), S. 60.
[548] Vgl. Cohen/Costa/Lindvall (2004), S. 7.
[549] Vgl. Poppendieck (2003), S. 2.

Pragmatic Programming

Zweifelsohne nimmt Pragmatic Programming (PP) eine Sonderrolle der hier vorgestellten agilen EM ein.[550] PP ist eine Ansammlung praxisorientierter Tipps für den einzelnen Softwareentwickler. Methoden zu Projektorganisation oder Projektablauf werden nicht vorgeschrieben. Allenfalls erfolgt eine Verhaltensanleitung für den Entwickler, der sich eingedenk seines handwerklichen Stolzes auf die Entwicklung hochqualitativer Ergebnisse konzentriert. PP ist insofern gar nicht als Entwicklungsmethode, sondern eher als Best-Practice-Sammlung zu verstehen[551] und somit das genaue Gegenstück zu Crystal oder Scrum. Für diese Arbeit ist PP dennoch von Bedeutung, da einige der vertretenen Methoden wie „Refactor Early, Refactor Often“ oder „Work with a User to Think Like a User“ eine allzu deutliche Reproduktion im agilen Manifest erfahren haben.

[550] Hunt/Thomas (1999).
[551] Vgl. hierzu auch Abrahamsson/Salo/Ronkainen et al. (2002), S. 18, 90.

Anhang 4 Detaillierte Analyse der Einflussfaktoren

In der folgenden Tabelle wird nun die detaillierte Auszählung der in den agilen Primärtexten erkannten Einflussfaktoren dargestellt. In der letzten Spalte „generalisiertes Konzept" werden Begriffe, die in unterschiedlicher Schreibweise, aber gleicher Bedeutung verwendet wurden, vereinheitlicht. So spricht beispielsweise Coplien über „Soziale Systeme und Muster in organisatorischen Systemen" was wegen der Verwendung einschlägiger Begriffe der Komplexitätstheorie zugeordnet wird.

Titel	Methode	Einflussfaktor	Originaler Verweis	Generalisiertes Konzept
Beck (1999)	Extreme Programming (XP)	Abkehr vom Taylorismus; Emergente Prozesse	S. 172, S. 74	Komplexitätstheorie
		Systemdenken	S. 170	
		Management nach Deming	S. 172	Deming'sche Qualitätslehre
		The New New Product Development Game	S. 174	Bildung und Weitergabe von Wissen
Cockburn (2000), S. xix	Crystal Orange/Web	SSE als kooperatives Spiel von Erfindung von Kommunikation	S. xix	Komplexitätstheorie
		Big M Methodology	S. 78	–
		Technik „Goldrush" mit Verweis auf „The Goal" von Goldratt	S. 219	Engpasstheorie
		Verweis auf Senges Common Grounds	S. 221	Bildung und Weitergabe von Wissen
		Technik „Distractions: Someone Always makes progress" mit Verweis auf „Flow" von Csikszentmihalyi	S. 225, 228	–

Titel	Methode	Einflussfaktor	Originaler Verweis	Generalisiertes Konzept
Highsmith (2000)	ASD	Konzept: Abkehr von Ursache- und Wirkungsdenken	S. 21	Komplexitätstheorie
		Konzept: komplexe adaptive Systeme	S. 15, 108	Komplexitätstheorie
		Gleichgewicht ist die Ausnahme	S. 20	–
		Leadership	S. 20, S. 42	–
		Collaboration	S. 21, S. 45	–
		Systemdenken nach Senge	S. 15, 147, 344	Bildung und Weitergabe von Wissen
		Management: Requisite Variety	S. 190	
		Improve the environment	S. 225, 228	Deming'sche Qualitätslehre
		The Goal	S. 337	Engpasstheorie
		The Machine that changed the World	S. 347	Lean
		Speed of Change / Anpassung	S. 183	Komplexitätstheorie
Hunt/Thomas (1999)	PP	Broken Window Theory	S. 13	–
		Kaizen	S. 89	Lean
Stapleton (1997)	DSDM	Akzeptanz von sich ändernden Anforderungen	S. xiii	–
Schwaber (1995)	Scrum	Komplexitätstheorie (Christopher Langton + Chaos Theorie)	s. 7, S. 22	Komplexitätstheorie
		The knowledge-creating company / „The New New Product Development Game"	S. 22, S. 23	Bildung und Weitergabe von Wissen

Anhang 5 Einflussfaktoren, Linsen und Anforderungen an agiles PM

Einflussfaktor	Eigenschaft	Linse	Nr	Regelung	Nicht außerhalb der SSE
Komplexitätstheorie	Emergenz	Aufstellung weniger Regeln	K-1-α	Aufstellen weniger einfacher Regeln	
		Herstellung eines absichtlichen Zustands zwischen Ordnung und Chaos	K-1-β	Führen in einen Zustand zwischen Ordnung und Chaos	
			K-1-γ	Einforderung von Freiwilligkeit, Mitgestaltung und Veränderungswille	
			K-1-δ	Kreative Entfaltung induzieren	
	Sensitive Dependence on Initial Conditions	Erstellen einer gemeinsamen Vision und stetige Anpassung	K-2-α	Erarbeiten einer gemeinsamen Vision	
			K-2-β	Aufstellen von Erfolgskriterien und Sicherstellung der Überprüfbarkeit	
			K-2-γ	Änderung von Vorgehensweisen, Zielen und Techniken induzieren und kommunizieren	
			K-2-δ	Unterstützung des Teams bei der Priorisierung von Aufgaben	
	Interaktion und Kommunikation der Akteure mit der Umwelt	Reduktion von Kommunikationswegen durch die Internalisierung von Vertretern	K-3-α	Entwicklung des internen Kommunikations-Regelsystems moderieren	
			K-3-β	Einforderung von Stellvertretern bestimmter Parteien	
			K-3-γ	Internalisierung von Stellvertretern	
	Selbstorganisation	Forderung nach Selbstorganisation gegenüber einer weisungsbefugten Führung	K-4-α	Selbstorganisation fördern	
			K-4-β	Disziplin einfordern	
			K-4-γ	Agieren des PL als Teil des Teams	
			K-4-δ	Führen durch ‚Leadership'	
	Anpassen und Lernen	Vorgehen im Projekt und Inhalt des Projekts stetig infrage stellen und anpassen	K-5-α	Ständigen Zyklus aus Aktion und Anpassung aufrechterhalten	
			K-5-β	Sicherstellung von Lerneffekten	
			K-5-γ	Anleitung des Teams zur Reflexion	
			K-5-δ	Vermitteln von Ergebnissen im Team	
	Etablieren und Aufrechterhaltung homöostatischer Rhythmen	Etablierung eines zeitlichen oder inhaltlichen Rhythmus	K-6-ε	Planung der einzelnen Zyklen zur Auslieferung inkrementeller Funktionalitäten	X
			K-6-α	Etablierung eines Rhythmus in Abhängigkeit von Inhalt, Organisation, Erfahrungsgrad und Dekompositionsfähigkeit	
			K-6-β	Aufrechterhalten des Rhythmus	

Einflussfaktor	Eigenschaft	Linse	Nr	Regelung	Nicht außerhalb der SSE
Bildung von Wissen und Lernen	Einnehmen einer gemeinsamen Geisteshaltung	Schaffen eines vertrauensvollen Miteinanders und Aufbau eines gemeinsamen Verständnisses der zu bewältigenden Aufgabe	W- 1-α	Team-Building-Maßnahmen ergreifen	
Deming's che Qualitätslehre	Lernen im Team	Weitergabe impliziten Wissens im Team durch persönliche Kommunikation sowie das regelmäßige Einholen externen Feedbacks	W- 1-β	Regelmäßiger Review der gemeinsamen Zielausrichtung und des Team-Verständnisses	
			W- 1-γ	Mangelnde Team-Kohäsion erkennen und im extremen Fall Teammitglieder entfernen.	
			W- 1-δ	Schaffung von Archetypen	
			W- 1-ε	Das gemeinsame Verständnis testen	
			W-2-α	Einarbeitung neuer Teammitglieder durch Nacharbeitung bereits gelöster Problemstellung	
	Lernen im Team Wertschätzung des Systems	Weitergabe impliziten Wissens im Team durch persönliche Kommunikation sowie das regelmäßige Einholen externen Feedbacks Erzeugung hoher Qualität durch die Integration von Produktion und Qualitätskontrolle	W-2-β	Fördern des Arbeitens im Zweier-Team	
			W-2-γ	Fehlkommunikation identifizieren	
			W-2-δ	Wichtige Entscheidungen sichtbar machen	
			W-2-ε	Einnahme fachfremder Rollen im Team fördern	
			W-2-ζ	Wichtigkeit und Funktionsweise impliziten Wissens kommunizieren	
			W-2-η	Double-loop-learning fördern	
			W-2-θ	Versorgen der Teammitglieder mit den notwendigen Informationen,	
			W-2-ι	Wissen nicht verschwenderisch bereitstellen durch Verhindern von Unter- oder Überversorgung	
			D-1-α	Anforderungen an die Qualität in Erfahrung bringen	
	Wissen über Variation	Teilung der Qualitätsverantwortung zwischen dem Team und den externen Parteien.	D-1-β	Arbeitsstandards etablieren	
			D-1-γ	Vereinbarung eines gemeinsamen Qualitätsverständnis sowie offener Umgang mit Fehlern und Feedback	
			D-2-α	Entkoppelung des Projektteams von der umgebenden Organisation	
	Wissen über Variation Theorie des Wissens	Teilung der Qualitätsverantwortung zwischen dem Team und den externen Parteien. Etablieren eines sich wiederholenden Prozesses, der sich in einem spiralförmigen Vorgehen bis zum Abbruch dem gewünschten Ziel annähert	D-2-β	Analyse und Beseitigung von ‚common causes' außerhalb des Teameinflusses	
			D-2-γ	Befähigung und Anleitung des Teams zur Analyse und Beseitigung von ‚special causes'	
			D-2-δ	Etablierung von Qualitätsvorgaben	
			D-2-ε	Ableitung von QM-Prozessen	
			D-2-ζ	Messung von Ergebnis- und QM-Prozess-Qualität	

Einflussfaktor	Eigenschaft	Linse	Nr.	Regelung	Nicht außerhalb der SSE
Deming's che Qualitätslehre	Wissen über Variation Theorie des Wissens		D-3-α	Etablieren des PDCA-Zyklus	
	Theorie des Wissens Wissen über Psychologie	Etablieren eines sich wiederholenden Prozesses, der sich in einem spiralförmigen Vorgehen bis zum Abbruch dem gewünschten Ziel annähert Betonung der fachlichen Fähigkeiten der Teammitglieder	D-3-β	Sicherung und Verbreitung der gewonnenen Erkenntnisse des PDCA-Zyklus	
			D-3-γ	Schaffen einer Abbrechbarkeit des Projektes	
			D-4-α	Schaffen eines wertschätzendes, herausfordernden und leistungsorientiertes Umfeldes	
	Wissen über Psychologie	Betonung der fachlichen Fähigkeiten der Teammitglieder Abschaffung externer Vorgaben	D-4-β	Teammitglieder zur Honorierung der Leistungen anderer animieren.	
			D-4-γ	Die fachliche Weiterentwicklung begünstigen	
			D-4-δ	Die fachliche Weiterentwicklung einfordern	
			D-4-ε	Abschaffung externer Vorgaben in Bezug auf Kennzahlen oder Termine	
		Abschaffung externer Vorgaben	D-4-ζ	Verständnis schaffen für den gewählten Ansatz	
Lean	Übertragung von Verantwortung an die wertschöpfenden Personen	Übertragung von Verantwortung auf das Team	L 1.a-α	Team in einen organisatorischen Rahmen einbetten, in dem Verantwortung wahrgenommen werden kann	
	Optimierung des Werts für den Kunden	Schnelle und frühzeitige Auslieferung von Wert an den Kunden	L 1.a-β	Etablierung eines zusammenhängenden Verständnisses im Team	
			L 1.a-γ	Einflüsse von außerhalb des Projekts verhindern	
			L 2.a-α	Eliminierung nicht-wertsteigernder Funktionalitäten	
	Optimierung des Werts für den Kunden Vermeidung von Verschwendung	Schnelle und frühzeitige Auslieferung von Wert an den Kunden Permanente Vermeidung von Verschwendung	L 2.a-β	Eliminierung nicht-wertsteigernder Arbeitsschritte	
			L 2.a-γ	Kunden bei der Priorisierung der Anforderungen selbst involvieren	
			L 2.a-δ	Wert frühzeitig ausliefern	
			L 2.a-ε	Schaffen eines organisationsweiten Optimierungssystems zum wertbringenden Einsatz von Ressourcen in Projekten	
			L 2.b-α	Die sieben Verschwendungen Überproduktion, unnötige Zwischenprodukte, Nachbearbeitungen, unnötige Transporte, Bewegung von Personen von einem Ort zum nächsten, Wartezeiten und Defekte aufspüren und vermeiden	

Ein-fluss-faktor	Eigen-schaft	Linse	Nr.	Regelung	Nicht außer-halb der SSE
Lean	Vermei-dung von Ver-schwendung Perfek-tionierung des Sys-tems	Permanente Vermeidung von Ver-schwendung Permanente Reflexion und Anpassung des Werter-schaffungs-systems	L 2.b-β	Kulturelle Einbettung der Verschwen-dungsvermeidung	
			L 2.c-α	Teammitglieder zur Verbesserung des Systems befähigen	
	Perfektio-nierung des Sys-tems Pull	Permanente Reflexion und Anpassung des Werter-schaffungs-systems Anwendung der Pull-Technik durch das eigenständ-ige Abholen von Arbeits-paketen und der damit einhergehende Schutz vor Überlastung.	L 2.c-β	Schwachstellen im Wertschöpfungsnetz-werk systematisch analysieren	
			L 2.c-γ	Etablierung und Verzahnung mit einem innerbetrieblichen Vorschlagswesen	
			L 2.c-δ	Induzierung einer Verbesserungsdenkweise	
			L 3.b-α	Institutionalisierung eines Pull-Systems	
	Pull Sinnvolle und visu-elle Un-terstützung durch Technik	Anwendung der Pull-Technik durch das eigenstän-dige Abholen von Arbeits-paketen und der damit einhergehende Schutz vor Überlastung. Sinnvolle technische Unterstützung bei der Bereit-stellung von Informationen für den Men-schen	L 3.b-β	Visualisierung der zu erledigenden Arbeiten	
			L 3.b-γ	Verwendung priorisierter Anforderungslis-ten statt Projektplänen	X
			L 3.b-δ	Engpässe auffinden	
			L 3.c-α	Unterstützung der Teammitglieder durch einfache und visuelle Hilfsmittel	
	Options-theorie: so spät wie möglich entschei-den	Spätes Treffen grundlegender Entscheidun-gen durch die Erzeugung paralleler Lösungsräume	L 3.d-α	Zusammenbringen verschiedener Teams in frühen Stadien des Projekts	

Einflussfaktor	Eigenschaft	Linse	Nr.	Regelung	Nicht außerhalb der SSE
Lean	Optionstheorie: so spät wie möglich entscheiden	Spätes Treffen grundlegender Entscheidungen durch die Erzeugung paralleler Lösungsräume	L 3.d-β	Entwickeln gemeinsamer Lösungsräume	
			L 3.d-γ	Herbeiführen der Asynchronizität von Arbeitspaketen	
			L 3.d-δ	Aussortieren wertloser Optionen	
TOC	Die Schaffung eines stetigen Materialflusses	Schaffung eines stetigen Flusses der Auslieferung	T-1-α	Stetige Versorgung des Entwicklungsteams mit neuen Anforderungen	
		Schaffung eines stetigen Flusses der Auslieferung	T-1-β	Etablierung eines Produktionssystems durch die Festlegung einzelner Stationen	X
			T-1-δ	Verpflichtung des Teams auf eine Auslieferungsorientierung	
	Die Schaffung eines zukunftsgerichteten Kennzahlensystems auf der Basis von Durchsatz und Bestand	Messung des Durchsatzes und des Bestands anhand weniger teamorientierter Kennzahlen.	T-2-α	Gemeinsam mit dem Team wenige Kennzahlen festlegen	
			T-2-β	Die Durchsatz- oder Bestandsorientierung jeder Kennzahl sicherstellen	
			T-2-γ	Die Verständlichkeit jeder Kennzahl hinterfragen und sicherstellen	
			T-2-δ	Die Kennzahlen regelmäßig bereitstellen	
			T-2-ε	die Wahrnehmung und Verarbeitung dieser Kennzahlen im Team anregen und sicherstellen	
			T-2-ζ	Kennzahlen stetig hinterfragen und bei Bedarf aussortieren.	

Anhang 6 Zuordnung der Regelungen zum AVM

Nr	Agile PM-Anforderung	Element	Ebene
K-1-α	Aufstellen weniger einfacher Regeln	Disziplin	Meta-Regel
K-1-β	Führen in einen Zustand zwischen Ordnung und Chaos	Emergenz	Meta-Regel
K-1-γ	Einforderung von Freiwilligkeit, Mitgestaltung und Veränderungswille	Emergenz	Meta-Regel
K-1-δ	Kreative Entfaltung induzieren	Emergenz	Meta-Regel
K-2-α	Erarbeiten einer gemeinsamen Vision	Zielplanung	PM-Methode
K-2-β	Aufstellen von Erfolgskriterien und Sicherstellung der Überprüfbarkeit	Controlling	PM-Methode
K-2-γ	Änderung von Vorgehensweisen, Zielen und Techniken induzieren und kommunizieren	PDCA: Reflexion	PM-Prozess
K-2-δ	Unterstützung des Teams bei der Priorisierung von Aufgaben	Teamführung	PM-Methode
K-3-α	Entwicklung des internen Kommunikationsregelsystems moderieren	Teamführung	PM-Methode
K-3-β	Einforderung von Stellvertretern bestimmter Parteien	Entkoppelung des Projektteams von der Organisation	Organisat. Einbettung
K-3-γ	Internalisierung von Stellvertretern	Kooperation über die Teamgrenze hinaus	Organisat. Einbettung
K-4-α	Selbstorganisation fördern	Emergenz	Meta-Regel
K-4-β	Disziplin einfordern	Disziplin	Meta-Regel
K-4-γ	Agieren des PL als Teil des Teams	Emergenz	Meta-Regel
K-4-δ	Führen durch „Leadership"	Teamführung	PM-Methode
K-5-α	Ständigen Zyklus aus Aktion und Anpassung aufrechterhalten	PDCA: Aufrechterhaltung	PM-Prozess
K-5-β	Sicherstellung von Lerneffekten	Lernen	Meta-Regel
K-5-γ	Anleitung des Teams zur Reflexion	PDCA: Reflexion	PM-Prozess
K-5-δ	Vermitteln von Ergebnissen im Team	Lernen	Meta-Regel
K-6-ε	Planung der einzelnen Zyklen zur Auslieferung inkre-	PDCA: Planung	PM-Prozess

Nr	Agile PM-Anforderung	Element	Ebene
	menteller Funktionalitäten		
K-6-α	Etablierung eines Rhythmus in Abhängigkeit von Inhalt, Organisation, Erfahrungsgrad und Dekompositionsfähigkeit	PDCA: Initialisierung	PM-Prozess
K-6-β	Aufrechterhalten des Rhythmus	PDCA: Aufrechterhaltung	PM-Prozess
W- 1-α	Teambuildingmaßnahmen ergreifen	Teamführung	PM-Methode
W- 1-β	Regelmäßiger Review der gemeinsamen Zielausrichtung und des Teamverständnisses	Zielplanung	PM-Methode
W- 1-γ	Mangelnde Teamkohäsion erkennen und im extremen Fall Teammitglieder entfernen	Teamführung	PM-Methode
W- 1-δ	Schaffung von Archetypen	Implizites Wissen	PM-Methode
W- 1-ε	Das gemeinsame Verständnis testen	Implizites Wissen	PM-Methode
W-2-α	Einarbeitung neuer Teammitglieder durch Nacharbeitung bereits gelöster Problemstellung	Implizites Wissen	PM-Methode
W-2-β	Fördern des Arbeitens im Zweier-Team	Implizites Wissen	PM-Methode
W-2-γ	Fehlkommunikation identifizieren	Teamführung	PM-Methode
W-2-δ	Wichtige Entscheidungen sichtbar machen	Visualisierung von Information	PM-Methode
W-2-ε	Einnahme fachfremder Rollen im Team fördern	Teamführung	PM-Methode
W-2-ζ	Wichtigkeit und Funktionsweise impliziten Wissens kommunizieren	Implizites Wissen	PM-Methode
W-2-η	Double-loop-learning fördern	Lernen	Meta-Regel
W-2-θ	Versorgen der Teammitglieder mit den notwendigen Informationen	Implizites Wissen	PM-Methode
W-2-ι	Wissen nicht verschwenderisch bereitstellen durch Verhindern von Unter- oder Überversorgung	Disziplin	Meta-Regel
D-1-α	Anforderungen an die Qualität in Erfahrung in Erfahrung bringen	Qualität	PM-Methode
D-1-β	Arbeitsstandards etablieren	Disziplin	Meta-Regel
D-1-γ	Vereinbarung eines gemeinsamen Qualitätsverständnis	Wertorientierung	Meta-Regel

Nr	Agile PM-Anforderung	Element	Ebene
	sowie offener Umgang mit Fehlern und Feedback		
D-2-α	Entkoppelung des Projektteams von der umgebenden Organisation	Entkoppelung des Projektteams von der Organisation	Organisat. Einbettung
D-2-β	Analyse und Beseitigung von „common causes" außerhalb des Teameinflusses	Qualität	PM-Methode
D-2-γ	Befähigung und Anleitung des Teams zur Analyse und Beseitigung von „special causes"	Qualität	PM-Methode
D-2-δ	Etablierung von Qualitätsvorgaben	Qualität	PM-Methode
D-2-ε	Ableitung von QM-Prozessen	Qualität	PM-Methode
D-2-ζ	Messung von Ergebnis- und QM-Prozess-Qualität	Qualität	PM-Methode
D-3-α	Etablieren des PDCA-Zyklus	PDCA: Initialisierung	PM-Prozess
D-3-β	Sicherung und Verbreitung der gewonnenen Erkenntnisse des PDCA-Zyklus	Qualität	PM-Methode
D-3-γ	Schaffen einer Abbrechbarkeit des Projekts	PDCA: Abschluss	PM-Prozess
D-4-α	Schaffen eines wertschätzenden, herausfordernden und leistungsorientierten Umfelds	Entkoppelung des Projektteams von der Organisation	Organisat. Einbettung
D-4-β	Teammitglieder zur Honorierung der Leistungen anderer animieren.	Emergenz	Meta-Regel
D-4-γ	Die fachliche Weiterentwicklung begünstigen	Lernen	Meta-Regel
D-4-δ	Die fachliche Weiterentwicklung einfordern	Disziplin	Meta-Regel
D-4-ε	Abschaffung externer Vorgaben in Bezug auf Kennzahlen oder Termine	Controlling	PM-Methode
D-4-ζ	Verständnis schaffen für den gewählten Ansatz	Kooperation über die Teamgrenze hinaus	PM-Methode
L 1.a-α	Team in einen organisatorischen Rahmen einbetten, in dem Verantwortung wahrgenommen werden kann	Entkoppelung des Projektteams von der Organisation	Organisat. Einbettung
L 1.a-β	Etablierung eines zusammenhängenden Verständnisses im Team	Implizites Wissen	PM-Methode
L 1.a-γ	Einflüsse von außerhalb des Projekts verhindern	Entkoppelung des Projektteams von der Organisation	Organisat. Einbettung
L 2.a-α	Eliminierung nicht-wertsteigernder Funktionalitäten	Arbeitsorganisation	PM-Methode

Nr	Agile PM-Anforderung	Element	Ebene
L 2.a-β	Eliminierung nicht-wertsteigernder Arbeitsschritte	Arbeitsorganisation	PM-Methode
L 2.a-γ	Kunden bei der Priorisierung der Anforderungen selbst involvieren	Kooperation mit dem Kunden	Organisat. Einbettung
L 2.a-δ	Wert frühzeitig ausliefern	Wertorientierung	Meta-Regel
L 2.a-ε	Schaffen eines organisationsweiten Optimierungssystems zum wertbringenden Einsatz von Ressourcen in Projekten	Kooperation über die Teamgrenze hinaus	Organisat. Einbettung
L 2.b-α	Die sieben Verschwendungen Überproduktion, unnötige Zwischenprodukte, Nachbearbeitungen, unnötige Transporte, Bewegung von Personen von einem Ort zum nächsten, Wartezeiten und Defekte aufspüren und vermeiden	Wertorientierung	Meta-Regel
L 2.b-β	Kulturelle Einbettung der Verschwendungsvermeidung	Wertorientierung	Meta-Regel
L 2.c-α	Teammitglieder zur Verbesserung des Systems zu befähigen	Teamführung	PM-Methode
L 2.c-β	Schwachstellen im Wertschöpfungsnetzwerk systematisch analysieren	Arbeitsorganisation	PM-Methode
L 2.c-γ	Etablierung und Verzahnung mit einem innerbetrieblichen Vorschlagswesen	Kooperation über die Teamgrenze hinaus	Organisat. Einbettung
L 2.c-δ	Induzierung einer Verbesserungsdenkweise	Disziplin	Meta-Regel
L 3.b-α	Institutionalisierung eines Pull-Systems	Arbeitsorganisation	PM-Methode
L 3.b-β	Visualisierung der zu erledigenden Arbeiten	Visualisierung von Information	PM-Methode
L 3.b-γ	Verwendung priorisierter Anforderungslisten statt Projektplänen	PDCA: Planung	PM-Prozess
L 3.b-δ	Engpässe auffinden	Arbeitsorganisation	PM-Methode
L 3.c-α	Unterstützung der Teammitglieder durch einfache und visuelle Hilfsmittel	Visualisierung von Information	PM-Methode
L 3.d-α	Zusammenbringen verschiedener Teams in frühen Stadien des Projekts	Kooperation über die Teamgrenze hinaus	Organisat. Einbettung
L 3.d-β	Entwickeln gemeinsamer Lösungsräume	Teamführung	PM-Methode
L 3.d-γ	Herbeiführen der Asynchronizität von Arbeits-	PDCA: Planung	PM-Prozess

Nr	Agile PM-Anforderung	Element	Ebene
	paketen		
L 3.d-δ	Aussortieren wertloser Optionen	Wertorientierung	Meta-Regel
T-1-α	Stetige Versorgung des Entwicklungsteams mit neuen Anforderungen	Arbeitsorganisation	PM-Methode
T-1-β	Etablierung eines Produktionssystems durch die Festlegung einzelner Stationen	Arbeitsorganisation	PM-Methode
T-1-δ	Verpflichtung des Teams auf eine Auslieferungsorientierung	Arbeitsorganisation	PM-Methode
T-2-α	Gemeinsam mit dem Team wenige Kennzahlen festlegen	Controlling	PM-Methode
T-2-β	Die Durchsatz- oder Bestandsorientierung jeder Kennzahl sicherstellen	Controlling	PM-Methode
T-2-γ	Die Verständlichkeit jeder Kennzahl zu hinterfragen und sicherstellen	Controlling	PM-Methode
T-2-δ	Die Kennzahlen regelmäßig bereitstellen	Visualisierung von Information	PM-Methode
T-2-ε	Die Wahrnehmung und Verarbeitung dieser Kennzahlen im Team anregen und sicherstellen	Controlling	PM-Methode
T-2-ζ	Kennzahlen stetig hinterfragen und bei Bedarf auszusortieren	Controlling	PM-Methode

Anhang 7 Vergleich agiler PM-Elemente mit PM-Standardwerken

Anforderungen an agiles PM		**DIN 69901**	**PMBoK**	**V-Modell**
Ebene	Element			
Meta-Regel	Lernen			
	Wertorientierung			
	Disziplin			
	Entfaltung			
Org. Einbettung	Entkoppelung			
	Kooperation über die Teamgrenze hinaus	Ressourcen	Personalmanagement	PM 11: Bereitstellung der Ressourcen
	Kooperation mit externen Kunden und Partnern	Verträge und Nachforderungen	Beschaffungsmanagement	PM 3: Auftragnehmer-Management PM 12: Vergabe von Arbeitsaufträgen PM 2: Verga-
	Controlling	Kosten und Finanzen	Kostenmanagement	PM 8: Projektkontrolle und –steuerung PM 5: Kosten-Nutzen-Analyse
PM-Methode	Qualität	Qualität	Qualitätsmanagement	
	Implizites Wissen			
	Arbeitsorganisation	Organisation		
	Teamführung			PM 10: Schulung / Einarbeitung
	Projektplanung	Ablauf und Termine	Terminmanagement	PM 1.5: Grobplan erstellen
	Visualisierung von Information	Information / Kommunikation / Dokumentation	Kommunikationsmanagement	PM 9: Informationsdienst / Berichtswesen
	Zielplanung	Ziele	Inhalts- und Umfangsmanagement	PM 1.2: Projektkriterien und Entwicklungsstrategie festl.
PM-Prozess	PDCA: Initialisierung	Initialisierung, Definition	Initiating	PM 1: Projektinitialisierung PM 1.1: Projekt einrichten
	PDCA: Planung	Planung	Planning	PM 4: Feinplanung
	PDCA: Aufrechterhaltung	Steuerung	Executing Monitoring and Control-	
	PDCA: Reflexion			
PM-Prozess	PDCA: Abschluss	Abschluss	Closing	PM 14: Projektabschluss

Anforderungen an agiles PM Ebene | Element	**DIN 69901**	**PMBoK**	**V-Modell**
Zuordnung nicht möglich	Risiko	Risikomanagement	PM 6: Durchführungsentscheidung
	Projektstruktur		PM 7: Risikomanagement
			PM 1.3: Projektspezifisches V-
	Änderungen	Integrationsmanagement	PM 1.4: Toolset-Management durchführen

Anhang 8 Entwicklung iterative-inkrementeller Vorgehensmodelle

Jahr	Bezeichnung	Typ	Quelle	Dok. Prozess	Meth. Feed-back	Itera-tionen	Time-boxed	Inkrement
1939	Statistical Method from the Viewpoint of Quality Control	Nicht-Soft-ware	Shewhart (1939), S. 47	x		x		
1950	Code and Fix	Soft-ware	Boehm (1988)					
1950	X15	Nicht-Soft-ware	Larman/Basili (2003)			x		
1956	Stagewise	Soft-ware	Boehm (1988) zitiert H.D. Benington, „Production of Large Computer Programs" Proc. ONR Symp. Advanced Pro-gramming Methods for DigitalCompute rs, June 1956, S. 15-27	x				
1968	Iterative Multi-Level Modeling	Soft-ware	B. Randell and F.W. Zurcher, "Iterative Multi-Level Modeling: A Methodology for Computer System Design," Proc. IFIP, IEEE CS Press, 1968, pp. 867-871	x		x		
1970	Wasserfall	Soft-ware	Royce (1970)		x			
1976	Evolutionary Project Ma-nagement	Soft-ware	Gilb (1977)	x	x			x
1977	Shuttle Pro-jekt	Nicht-Soft-ware	Larman/Basili (2003)	x		x		
1986	DoD Std 2167	Soft-ware	US Department of Defense (1988)	x				
1986	New Product Development Game	Nicht-Soft-ware	Takeu-chi/Nonaka (1986)	x	x			
1986	Out of the crisis	Nicht-Soft-ware	Deming (1986)	x	x	x		

Jahr	Bezeichnung	Typ	Quelle	Dok. Prozess	Meth. Feed-back	Itera-tionen	Time-boxed	Inkrement
1987	DoD Std 2167a	Soft-ware	US Department of Defense (1988)	x				
1988	Spiralmodell	Soft-ware	Boehm (1988)	x	x			x
1988	V-Modell	Soft-ware	Bundesminister des Inneren (1992)	x				
1989	New Deve-lopment Rhythm	Nicht-Soft-ware	Sulack/Lindner/Dietz (1989)	x	x	x		
1993	Scrum (Su-therland)	Soft-ware	Highsmith (2002)	x	x	x	x	x
1994	Mil-Std-498	Soft-ware	US Department of Defense (5.12.94)	x		teilw.		
1994	DSDM	Soft-ware	Stapleton (1997)	X	x	x	x	x
1996	XP	Soft-ware	Beck (1999)	x	x	x	x	x
1997	V-Modell 97	Soft-ware	Bundesrepublik Deutschland (1997)			teilw.		
1997	FDD	Soft-ware	Highsmith (2002)	x	x	x	x	x
1999	RUP	Soft-ware	Jacob-son/Booch/Rumbaugh (2005)	x	x	x		x
2000	DoD 5000.2	Soft-ware	US Department of Defense (2003)	x		x		
2001	Crystal Clear	Soft-ware	Highsmith (2002)	x	x	x	x	x
2005	V-Modell XT	Soft-ware	Bundesrepublik Deutschland (2006)	x	x			x

Bibliographie

Abbas, Noura / Gravell, Andrew M. / Wills, Gary B.: „Historical Roots of Agile Methods: Where Did ‚Agile Thinking' Come From", in: Abrahamsson, Pekka / Baskerville, Richard / Conboy, Kieran / Fitzgerald, Brian / Morgan, Lorraine / Wang, Xiaofeng (Hrsg.), *Agile Processes in Software Engineering and Extreme Programming*, Berlin, Heidelberg: Springer (2008), S. 94–103.

Abrahamsson, Pekka / Salo, Outi / Ronkainen, Jussi / Warsta, Juhani: *Agile software development methods*, Espoo: VTT (2002).

Abrahamsson, Pekka / Warsta, Juhani / Siponen, Mikko T. / Ronkainen, Jussi: „New directions on agile methods: a comparative analysis", in: *Proceedings of the 25th International Conference on Software Engineering*, Portland, Oregon: IEEE Computer Society (2003), S. 244–254.

Akervall, Nils/ Linder, Arne: „Applying Project Methodology in Agile Development", in: *Proceedings of the 2009 PMI Global Congress, Amsterdam*, Newtown Square: Project Management Institute (2009), S. 1–8.

Alleman, Glen B.: „Agile Project Management for IT Projects", in: Carayannis, Elias G. (Hrsg.), *The story of managing projects An interdisciplinary approach*, Westport, CT, London: Praeger Publishers (2005), S. 324–334.

Ambler, Scott W.: *Agile modeling. Effective practices for extreme programming and the unified process*, New York: Wiley (2002).

Ambler, Scott W.: „Has Agile Peaked?", <http://www.ddj.com/architect/207600615?pgno=1>, zuletzt aktualisiert: 7.5.2008, zuletzt abgerufen: 6.11.2010.

Andersen, Erling S.: *Rethinking project management*, Harlow, New York: Prentice Hall (2008).

Anderson, David J.: *Agile management for software engineering. Applying the theory of constraints for business results*, Upper Saddle River: Prentice Hall (2004).

Anderson, David J.: „Stretching Agile to fit CMMI Level 3 - the story of creating MSF for CMMI® Process Improvement at Microsoft Corporation", in: *Proceedings of the Agile Development Conference*, Washington, DC: IEEE Computer Society (2005), S. 193–201.

Anderson, David J.: „Future Directions for Agile, Vortrag auf der Agile Conference 2008, Toronto", <http://www.infoq.com/presentations/Agile-Directions-David-Anderson>, zuletzt aktualisiert: 22.8.2008, zuletzt abgerufen: 30.4.2011.

Anderson, David J.: *Kanban. Evolutionäres Change Management für IT-Organisationen*, Heidelberg: dpunkt (2011).

Anderson, David J.: „REFLECTIONS ON 10 YEARS OF AGILE", <http://agilemanagement.net/index.php/site/reflections_on_10_years_of_agile/>, zuletzt aktualisiert: 13.2.2011, zuletzt abgerufen: 10.3.2012.

Anderson, David J. / Augustine, Sanjiv /Avery, Christopher / Cockburn, Alistair / Cohn, Mike / DeCarlo, Doug / Highsmith, Jim /Fitzgerald, Donna /Jepsen, Ole / Lindstrom, Lowell / Little, Todd / McDonald, Kent / Pixton, Pollyanna / Smith, Preston / Wysocki, Robert: „Declaration of Interdependence", <http://pmdoi.org/>, zuletzt aktualisiert: 17.2.2005, zuletzt abgerufen: 5.1.2010.

Argyris, Chris / Schön, Donald A.: *Organizational learning. A theory of action perspective*, Reading, Mass: Addison-Wesley (1978).

Augustine, Sanjiv: *Managing Agile Projects*, Upper Saddle River: Prentice Hall (2005).

Augustine, Sanjiv / Payne, Bob / Sencindiver, Fred / Woodcock, Susan: „Agile project management: steering from the edges“, in: *Commun. ACM*, Jg. 48 (2005), S. 85–89.

Balakrishnan, Jaydeep / Cheng, Chun Hung / Trietsch, Dan: „The Theory of Constraints in Academia: Its Evolution, Influence, Controversies, and Lessons“, in: *Operations Management Education Review*, Jg. 2 (2008), S. 97–114.

Balzert, Helmut: *Lehrbuch der Softwaretechnik Basiskonzepte und Requirements Engineering*, Heidelberg: Spektrum Akademischer Verlag (2009)[3].

Baskerville, Richard / Ramesh, Balasubramaniam / Levine, Linda / Pries-Heje, Jan / Slaughter, Sandra: „Is Internet-Speed Software Development Different?“, in: *IEEE Software*, Jg. 17 (2003), S. 70–77.

Bea, Franz Xaver / Scheurer, Steffen / Hesselmann, Sabine: *Projektmanagement*, Stuttgart: Lucius & Lucius (2011)[2].

Beck, Kent et al.: „Manifesto for Agile Software Development“ (2001), <http://www.agilemanifesto.org/>, zuletzt aktualisiert: 13.8.2008, zuletzt abgerufen: 9.1.2009.

Beck, Kent: *Extreme programming explained. Embrace change*, Boston: Addison-Wesley (1999).

Beck, Kent / Andres, Cynthia: *Extreme programming explained. Embrace change*, Boston: Addison-Wesley (2004)[2].

Berndt, Ralph: *Marketingstrategie und Marketingpolitik*, Berlin, Heidelberg: Springer (2005)[4].

Birk, Andreas / Dingsøyr, Torgeir: „Trends in Learning Software Organizations: Current Needs and Future Solutions, Professional Knowledge Management“, in: Althoff, Klaus-Dieter / Dengel, Andreas / Bergmann, Ralph / Nick, Markus / Roth-Berghofer, Thomas (Hrsg.), *Trends in Learning Software Organizations: Current Needs and Future Solutions*: Springer (2005), S. 70–75.

Bittner, Kurt / Spence, Ian: *Managing iterative software development projects*, Upper Saddle River: Addison-Wesley (2007).

Black, John R.: *Lean production. Implementing a world-class system*, New York NY: Industrial Press (2008).

Blackstone, John H.: „Theory of constraints - A status report, International Journal of Production Research“, in: *International Journal of Production Research*, Jg. 39 (2001), S. 1053–1080.

Blackstone, John H.: „A Review of Literature on Drum-Buffer-Rope, Buffer Management and Distribution“, in: Cox, James F. / Schleier, John G. (Hrsg.), *Theory of constraints handbook*, New York: McGraw-Hill Professional (2010), S. 145–173.

Bleek, Wolf-Gideon/ Wolf, Henning: *Agile Softwareentwicklung. Werte, Konzepte und Methoden*, Heidelberg: dpunkt (2008).

Boehm, Barry W.: „A Spiral model of Software Development and Enhancement“, in: *IEEE Computer*, Jg. 21 (1988), S. 61–72.

Boehm, Barry W.: „Get Ready for Agile Methods, with Care“, in: *Computer*, Jg. 35 (2002), S. 64–69.

Boehm, Barry W. / Turner, Richard: *Balancing Agility and Discipline: A Guide for the Perplexed*, Upper Saddle River: Pearson Education (2003).

Bologa, Razvan / Lupu, Ana Ramona: „Accelerating the sharing of knowledge in order to speed up the process of enlarging software development teams: a practical example“, in: *Proceedings of the 6th Conference on 6th WSEAS Int. Conf. on Artificial Intelligence, Knowledge Engineering and Data Bases - Volume 6*, Stevens Point, Wisconsin, USA: World Scientific and Engineering Academy and Society (WSEAS) (2007), S. 90-95.

Boyd, Lynn / Gupta, Mahesh: „Constraints management: What is the theory?“, in: *International Journal of Operations & Production Management*, Jg. 24 (2004), S. 350–371.

Bullinger, Hans-Jörg: *Betriebliche Informationssysteme. Grundlagen und Werkzeuge der methodischen Softwareentwicklung*, Berlin, Heidelberg: Springer (1997).

Bundesminister des Inneren (Hrsg.): *Planung und Durchführung von IT-Vorhaben in der Bundesverwaltung. Vorgehensmodell (V-Modell)*, Bonn (1992).

Bundesrepublik Deutschland: *V-Modell 97 Entwicklungsstandard für IT-Systeme des Bundes. Handbuch SZ - Szenarien* (1997).

Bundesrepublik Deutschland: „V-Modell XT Version 1.3“, <http://ftp.tu-clausthal.de/pub/institute/informatik/v-modell-xt/Releases/1.3/V-Modell-XT-Gesamt.pdf>, zuletzt aktualisiert: 27.1.2009, zuletzt abgerufen: 5.1.2011.

Capra, Fritjof: *The Web of Life. A new scientific understanding of living systems*, New York: Anchor Books Doubleday (1997).

Caupin, Gilles / Knöpfel, Hans / Koch, Gerrit / Pannenbäcker, Klaus / Pérez-Polo, Francisco / Seaburg, Chris (Hrsg.): *ICB IPMA competence baseline*, Nijkerk: International Project Management Association (2006)[3].

Cauwenberghe, Pascal van: „An Introduction to Iterative and Incremental Delivery“, in: Aguanno, Kevin J. (Hrsg.), *Managing Agile Projects*, Lakefield: Multi-Media Publications (2005).

Charette, Bob: „Lean Development“, in: *Cutter Consortium Reports*, Jg. 3 (2003).

Chin, Gary: *Agile project management. How to succeed in the face of changing project requirements*, New York: AMACOM (2004).

Cicmil, Svetlana / Cooke-Davies, Terry / Crawford, Lynn / Richardson, Kurt: *Exploring the Complexity of Projects: Implications of Complexity Theory for Project Management Practice*, Newtown Square: Project Management Institute (2009).

CMMI Product Team: „CMMI for Development, Version 1.3 (CMU/SEI-2010-TR-033)“, 2010, <http://www.sei.cmu.edu/library/abstracts/reports/10tr033.cfm>, zuletzt abgerufen: 4.10.2013.

Coad, Peter / Lefebvre, Eric / Luca, Jeff de: *Java modeling in color with UML. Enterprise components and process*, Upper Saddle River: Prentice Hall (1999).

Cockburn, Alistair: *Surviving object-oriented projects. A manager's guide*, Reading, Mass: Addison-Wesley (2000)[6].

Cockburn, Alistair: *Agile Software Development. Software Through People*, Upper Saddle River: Pearson Professional Education (2001).

Cockburn, Alistair: „Agile Software Development Joins the "Would-Be" Crowd", in: *Cutter IT journal: the journal of information technology management*, Jg. 15 (2002), S. 6–12.

Cockburn, Alistair: *Crystal clear. A human-powered methodology for small teams*, Harlow: Addison-Wesley (2005).

Cockburn, Alistair: „Notes on the writing of the agile manifesto", <http://alistair.cockburn.us/Notes+on+the+writing+of+the+agile+manifesto>, zuletzt aktualisiert: 18.8.2009, zuletzt abgerufen: 2.6.2012.

Cockburn, Alistair / Highsmith, Jim: „Agile Software Development: The Business of Innovation", in: *Computer*, Jg. 34 (2001), S. 120–122.

Cohen, David / Costa, Patricia / Lindvall, Mikael: „An Introduction to Agile Methods", in: *Advances in Computer*, Jg. 62 (2004), S. 1–66.

Cohn, Mike: *Agile estimating and planning*, Upper Saddle River: Prentice Hall (2006).

Conboy, Kieran: „Agility from First Principles: Reconstructing the Concept of Agility in Information Systems Development", in: *Information Systems Research*, Jg. 20 (2009), S. 329–354.

Conboy, Kieran / Fitzgerald, Brian: „Toward a conceptual framework of agile methods: a study of agility in different disciplines", in: *Proceedings of the 2004 ACM workshop on Interdisciplinary software engineering research*, Newport Beach, CA, USA: ACM (2004), S. 37–44.

Coplien, James O. / Harrison, Neil: *Organizational Patterns of Agile Software Development*, Upper Saddle River: Pearson Education (2004).

Cunningham, Ward: „Extreme Programming", <http://c2.com/cgi/wiki?ExtremeProgramming>, zuletzt aktualisiert: 25.2.2010, zuletzt abgerufen: 4.7.2010.

Cunningham, Ward: „You Arent Gonna Need It", <http://c2.com/cgi/wiki?YouArentGonnaNeedIt>, zuletzt aktualisiert: 31.7.2012, zuletzt abgerufen: 13.10.2012.

Dahm, Markus H. / Haindl, Christoph: *Lean Management und Six Sigma. Qualität und Wirtschaftlichkeit in der Wettbewerbsstrategie*, Berlin: Schmidt (2009).

Davies, John / Mabin, Victoria Jane: „Theory of Constraints", in: *Decision Line*, Jg. 40 (2009), S. 9–15.

De Luca, Jeff: „Agile Software Development using Feature Driven Development (FDD)", <http://www.nebulon.com/fdd/index.html>, zuletzt abgerufen: 12.5.2012.

DeCarlo, Douglas: *Extreme Project Management: Using Leadership, Principles, and Tools to Deliver Value in the Face of Volatility:* John Wiley and Sons Ltd (2004).

Deming, W. Edwards: *Out of the crisis*, Cambridge, MA: MIT Press (1986).

Deming, W. Edwards: *The new economics. For industry, government, education*, Cambridge, Mass: MIT Press ([1993] 2000)^2.

Deutsches Institut für Normung: *DIN 69901-1:2009-01 (D). Teil 1: Grundlagen*, Berlin: Beuth (2009).

Dooley, Kevin J.: „A Complex Adaptive Systems Model of Organization Change“, in: *Nonlinear Dynamics, Psychology, and Life Sciences*, Jg. 1 (1997), S. 69–97.

Drews, Günter: „Neuorientierung oder Glasperlenspiel?, Kritik der systemtheoretischen Ansätze im Projektmanagement, Teil 2“, in: *Projektmanagement Aktuell*, Jg. 14 (2005), S. 25–28.

Drucker, Peter F.: *Management challenges for the 21st century*, Amsterdam, Heidelberg: Butterworth-Heinemann (2007).

Dunckel, Heiner (Hrsg.): *Kontrastive Aufgabenanalyse im Büro. Der KABA-Leitfaden. Grundlagen und Manual*, Zürich: Verlag der Fachvereine (1993).

Dybå, Tore / Dingsøyr, Torgeir: „Empirical studies of agile software development: A systematic review, doi:10.1016/j.infsof.2008.01.006“, in: *Information and Software Technology*, Jg. 50 (2008), S. 834–859.

Dyer, Lee / Ericksen, Jeff: „Complexity-based Agile Enterprises, Putting Self-Organizing Emergence to Work“, in: Wilkinson, Adrian (Hrsg.), *The SAGE handbook of human resource management*, London: Sage (2008), S. 436–457.

Elssamadisy, Amr: *Agile adoption patterns. A roadmap to organizational success*, Upper Saddle River: Addison-Wesley (2009).

Erickson, John / Lyytinen, Kalle / Siau, Keng: „Agile Modeling, Agile Software Development, and Extreme Programming“, in: *Journal of Database Management*, Jg. 16 (2005), S. 88–100.

Faulkner, Terrence W.: „Applying 'Options Thinking' to R&D Valuation“, in: *Research-Technology Management*, Jg. 39 (1996), S. 50–56.

Faulstich, Peter: *Strategien der betrieblichen Weiterbildung. Kompetenz und Organisation*, München: Vahlen (1998).

Fernandez, Daniel J. / Fernandez, John D.: „AGILE PROJECT MANAGEMENT - AGILISM VERSUS TRADITIONAL APPROACHES“, in: *The Journal of Computer Information Systems*, Jg. 49 (2008/2009), S. 10–17.

Fowler, Martin: „The New Methodology“, <http://www.martinfowler.com/articles/newMethodology.html>, zuletzt aktualisiert: 13.12.2005, zuletzt abgerufen: 14.1.2012.

Friedrich, Jan / Hammerschall, Ulrike / Kuhrmann, Marco / Sihling, Marc (Hrsg.): *Das V-Modell® XT*, Berlin, Heidelberg: Springer (2009).

Gell-Mann, Murray: *The Quark and the Jaguar. Adventures in the Simple and the Complex*, New York, Basel: St. Martin's Griffin (1994).

Geoghegan, Linda / Dulewicz, Victor: „Do Project Managers' Leadership Competencies Contribute to Project Success?“, in: *Project Management Journal*, Jg. 39 (2008), S. 58–67.

Gemoll, Wilhelm / Vretska, Karl: Griechisch-Deutsches Schul- und Handwörterbuch. Neubearbeitung: Oldenbourg Schulbuchverlag (2006).

Gessler, Michael (Hrsg.): *Kompetenzbasiertes Projektmanagement (PM3). Handbuch für die Projektarbeit Qualifizierung und Zertifizierung auf Basis der IPMA Competence Baseline Version 3.0*, Nürnberg: GPM Dt. Ges. für Projektmanagement (2009).

Gilb, Tom: *Software metrics*, Cambridge, Mass: Winthrop Publishers (1977).

Gilb, Tom: *Competitive engineering. A handbook for systems engineering, requirements engineering, and software engineering using Planguage*, Oxford: Elsevier Butterworth Heinemann (2005).

Glazer, Hillel / Dalton, Jeff / Anderson, David J. / Konrad, Mike / Shrum, Sandy: „CMMI® or Agile: Why Not Embrace Both!", <http://www.sei.cmu.edu/pub/documents/08.reports/08tn003.pdf>, zuletzt aktualisiert: 12.11.2008, zuletzt abgerufen: 5.1.2009.

Gloger, Boris (Hrsg.): *Scrum. Produkte zuverlässig und schnell entwickeln*, München, Wien, Bern, Bonn: Hanser (2008).

Goldratt, Eliyahu M: *The race*, Great Barrington: North River Press (1986).

Goldratt, Eliyahu M: *Critical chain*, Great Barrington: The North River Press (1997).

Goldratt, Eliyahu M.: *Optimized production timetable: beyond MRP: something better is finally here. Rede auf der der APICS 23rd Annual International Conference, Falls Church* (1980).

Goldratt, Eliyahu M.: „Computerized shop floor scheduling, International Journal of Production Research", in: *International Journal of Production Research*, Jg. 26 (1988), S. 443–455.

Goldratt, Eliyahu M.: *What is this thing called theory of constraints and how should it be implemented?*, Great Barrington: North River Press (1990).

Goldratt, Eliyahu M.: „Introduction to TOC - My Perspective", in: Cox, James F. /Schleier, John G. (Hrsg.), *Theory of constraints handbook*, New York: McGraw-Hill Professional (2010), S. 3–9.

Goldratt, Eliyahu M. / Cox, Jeff: *The goal. Excellence in manufacturing*, Croton-on-Hudson, N.Y: North River Press (1984).

Goldstein, Jeffrey: „Emergence as a Construct, History and Issues", in: *Emergence*, Jg. 1 (1999), S. 49–72.

Goodpasture, John C.: *Project management the agile way. Making it work in the enterprise*, Fort Lauderdale, Fla: Ross (2010).

Gould, Frederick E. / Joyce, Nancy Eleanor: *Construction project management*, Upper Saddle River: Prentice Hall (2003)[2].

Griffin, Douglas / Shaw, Patricia / Stacey, Ralph D.: „Speaking of Complexity in Management Theory and Practice", in: *Organization*, Jg. 5 (1998), S. 315–339.

Griffiths, Mike: "Leadership and agile project management ideas", <http://leadinganswers.typepad.com/>, zuletzt abgerufen am 4.10.2013.

Hagen, Stefan: „Projektmanagement als durchgängige Theorie", in: Hagen, Stefan (Hrsg.), *Projektmanagement in der öffentlichen Verwaltung*, Wiesbaden: Gabler (2009), S. 28–74.

Hansmann, Karl-Werner: *Industrielles Management*, München, Wien: Oldenbourg (2006)[8].

Hartmann, Deborah / Dymond, Robin: „Appropriate Agile Measurement: Using Metrics and Diagnostics to Deliver Business Value", in: *Proceedings of the conference on AGILE 2006*: IEEE Computer Society (2006), S. 126–134.

Harvey, David: „Lean, Agile, Workshop on The Software Value Stream, Object Technology OT (2004)", <http://www.davethehat.com/articles/LeanAgile.pdf>, zuletzt abgerufen: 4.7.2010.

Heinrich, Lutz Jürgen: *Wirtschaftsinformatik. Einführung und Grundlegung*, München, Wien: Oldenbourg (2007)[3].

Highsmith, Jim: *Adaptive software development. A collaborative approach to managing complex systems*, New York, NY: Dorset House (2000).

Highsmith, Jim: „History: The Agile Manifesto", <http://agilemanifesto.org/history.html>, zuletzt aktualisiert: 2001, zuletzt abgerufen: 2.6.2012.

Highsmith, Jim: *Agile software development ecosystems*, Boston, Mass.: Addison-Wesley (2002)[3].

Highsmith, Jim: *Agile project management. Creating innovative products*, Boston: Addison-Wesley (2004).

Highsmith, Jim: *Agile project management. Creating innovative products*, Upper Saddle River: Addison-Wesley (2009)[2].

Highsmith, Jim: „Characteristics of an agile mindset", <http://jimhighsmith.com/2011/03/07/characteristics-of-an-adapting-mindset/>, zuletzt aktualisiert: 7.3.2011, zuletzt abgerufen: 7.4.2012.

Highsmith, Jim: „Velocity is Killing Agility!", <http://jimhighsmith.com/2011/11/02/velocity-is-killing-agility/>, zuletzt aktualisiert: 2.11.2011, zuletzt abgerufen: 10.12.2011.

Holland, John H.: *Hidden order. How adaptation builds complexity*, Reading, Mass.: Basic Books (1996).

Hunt, Andrew / Thomas, David: *The pragmatic programmer. From journeyman to master*, Boston: Addison-Wesley (1999).

Ivory, Chris / Alderman, Neil: „Can project management learn anything from studies of failure in complex systems?", in: *Project Management Journal*, Jg. 36 (2005), S. 5–16.

Jacobson, Ivar / Booch, Grady / Rumbaugh, James: *The unified software development process*, Boston: Addison-Wesley (2005)[10].

Jahnke, Bernd: „Führungsinformationssysteme", in: Stickel, Eberhard / Groffmann, Hans-Dieter / Rau, Karl-Heinz (Hrsg.), *Gabler-Wirtschafts-Lexikon*, Wiesbaden: Gabler (1997), S. 280–284.

Jahnke, Bernd / Hinck, Thorsten / Leute, Jörg: *Kosten und Nutzen von Projektmanagement-Softwaresystemen. Arbeitsberichte zur Tübinger Wirtschaftsinformatik Nr. 32*, Tübingen (2007).

Jain, Radhika / Meso, Peter: „Theory of Complex Adaptive Systems and Agile Software Development, Paper 197", in: *Proceedings of the 10th Americas Conference on Information Systems, AMCIS*, Atlanta: Association for Information Systems (2004), S. 1660–1668.

Jiang, Li / Eberlein, Armin: „An Analysis of the History of Classical Software Development and Agile Development", in: *Proceedings 2009 International Conference on Systems, Man and Cybernetics October 11-14, 2009 : San Antonio, Texas, USA*, Piscataway, N.J.: IEEE (2009), S. 3733–3738.

Johnson, Jim: *My Life is Failure*, Boston: Standish Group International (2006).

Kalermo, Joanna / Rissanen, Jenni: *Agile Software Development in Theory and Practice*, M.Sc. Thesis on Information Systems Science, University of Jyväskylä, Finland (2002).

Kano, Noriaki: „Attractive Quality and Must-be Quality“, in: *Journal of the Japanese Society for Quality Control* (1984), S. 39–48.

Kauffman, Stuart: *Investigations*, Oxford: Oxford University Press (2000).

Kautz, Karlheinz / Zumpe, Sabine: „Just Enough Structure at the Edge of Chaos: Agile Information System Development in Practice“, in: *Agile Processes in Software Engineering and Extreme Programming Proceedings of the 9th International Conference, XP 2008, June 10-14, 2008, Limerick, Ireland*, Berlin: Springer (2008), S. 137–146.

Keefer, Gerold: „Extreme Methods Lead to Extreme Quality Problems“, in: Aguanno, Kevin J. (Hrsg.), *Managing Agile Projects*, Lakefield: Multi-Media Publications (2005).

Kelly, Allan: *Changing Software Development: Learning to Become Agile:* John Wiley and Sons Ltd (2008).

Kerzner, Harold: *Project management. A systems approach to planning, scheduling, and controlling*, Hoboken, NJ: Wiley (2009)[10].

Kieser, Alfred: *Organisation*, Stuttgart: Schäffer-Poeschel (2007)[5].

Kim, Seonmin / Mabin, Victoria Jane / Davies, John: „The theory of constraints thinking processes: retrospect and prospect“, in: *International Journal of Operations & Production Management*, Jg. 28 (2008), S. 155–184.

Kluge, Annette / Schilling, Jan: „Organisationales Lernen und Lernende Organisation - ein Überblick zum Stand von Theorie und Empirie“, in: *Zeitschrift für Arbeits- und Organisationspsychologie A&O*, Jg. 44 (2000), S. 179–191.

Koppensteiner, Sonja / Udo, Nathalie: „An Agile Guide to the Planning Processes“, in: *Proceedings of the 2009 PMI Global Congress, Amsterdam*, Newtown Square: Project Management Institute (2009).

Krebs, Jochen: *Agile portfolio management*, Redmond: Microsoft (2009).

Kwak, Young Hoon / Anbari, Frank T.: „Analyzing project management research: Perspectives from top management journals“, in: *International Journal of Project Management*, Jg. 27 (2009), S. 435–446.

Lakoff, George: *Philosophy in the flesh. The embodied mind and its challenge to Western thought*, New York: Basic Books (2011).

Langenscheidt KG: „Langenscheidt Fremdwörterbuch Online“, <http://services.langenscheidt.de/cgi-bin/fremdwb/searchfw.pl?instr=System&lang=fwde>, zuletzt abgerufen: 20.5.2013.

Lantzy, Mark A.: „Application of statistical process control to the software process“, in: *Proceedings of the ninth Washington Ada symposium on Ada: Empowering software users and developers*, McLean, Virginia: ACM (1992), S. 113–123.

Larman, Craig: *Agile and Interactive Development. A Manager's Guide*, Upper Saddle River: Pearson Education (2003).

Larman, Craig / Basili, Viktor M.: „Iterative and Incremental Development: A Brief History“, in: *Computer*, Jg. 36 (2003), S. 47–56.

Laudon, Kenneth C.: *Wirtschaftsinformatik. Eine Einführung*, München: Pearson Studium (2012)[2].

Leach, Lawrence P.: *Critical chain project management*, Boston: Artech House (2000).

Leach, Lawrence P.: *Lean Project Management: Eight Principles for Success*, Charleston: Booksurge Llc (2006).

Lee, Gwanhoo / Xia, Weidong: „TOWARD AGILE: AN INTEGRATED ANALYSIS OF QUANTITATIVE AND QUALITATIVE FIELD DATA ON SOFTWARE DEVELOPMENT AGILITY", in: *MIS Quarterly*, Jg. 34 (2010), S. 87–114.

Liebowitz, Stan J. / Margolis, Stephen E.: „Path Dependence, Lock-in, and History", in: *Journal of Law, Economics and Organization*, Jg. 11 (1995), S. 205–226.

Liker, Jeffrey K.: *Der Toyota Weg. Praxisbuch für jedes Unternehmen*, München: FinanzBuch Verl. (2009)[3].

Linssen, Oliver: „Agile Vorgehensmodelle aus betriebswirtschaftlicher Sicht.", in: Höhn, Reinhard (Hrsg.), *Vorgehensmodelle und Implementierungsfragen Akquisition - Lokalisierung - soziale Massnahmen - Werkzeuge*, Aachen: Shaker (2009), S. 23–48.

Linssen, Oliver: „Agile Vorgehensweisen - Wandel im Management von IT-Projekten", in: *26. Internationales Deutsches Projektmanagement Forum. Die Kunst des Projektmanagements. Inspiriert durch den Wandel Tagungsband, 14./15. Oktober 2009, bcc Berliner Congress Center*, Nürnberg: GPM Deutsche Gesellschaft für Projektmanagement (2009), S. 330–337.

Lorenz, Edward: „The butterfly effect", in: Abraham, Ralph / Ueda, Yoshisuke (Hrsg.), *The chaos avant-garde Memories of the early days of chaos theory*, Singapore: World Scientific (2000), S. 91–94.

Lui, Kim Man / Chan, Keith C. C.: *Software development rhythms. Harmonizing agile practices for synergy*, Hoboken, N.J: Wiley (2008).

Maldonado, José C. / Oliveira, Maria Cristina Ferreira de / Carver, Jeffrey / Fabbri, Sandra / Shull, Forrest / Travassos, Guildherme Horta / Hohn, E.N / Basili, Viktor M.: „A Framework for Software Engineering Experimental Replications", in: Breitman, Karin (Hrsg.), *13th IEEE International Conference on on Engineering of Complex Computer Systems ICECCS 2008*: IEEE Computer Society Press (2008), S. 203–212.

Martin, Robert C. et al: „Manifesto for Software Craftmanship", <http://manifesto.softwarecraftsmanship.org/>, zuletzt aktualisiert: 1.3.2009, zuletzt abgerufen: 7.9.2009.

Martin, Robert C. / Feathers, Michael C.: *Clean code. A handbook of agile software craftsmanship*, Upper Saddle River: Prentice Hall (2009).

Masak, Dieter: *Moderne Enterprise Architekturen:* Springer (2005).

Mascitelli, Ronald: *Building a project-driven enterprise. How to slash waste and boost profits through lean project management*, Northridge: Technology Perspectives (2002).

McAvoy, John / Butler, Tom: „The role of project management in ineffective decision making within Agile software development projects", in: *European Journal of Information Systems*, Jg. 18 (2009), S. 372–383.

McBreen, Pete: *Software craftsmanship. The new imperative*, Boston: Addison-Wesley (2002).

Miller, John H.: *Complex adaptive systems. An introduction to computational models of social life*, Princeton: Princeton University Press (2007).

Minssen, Heiner: „Lean production - Herausforderung für die Industriesoziologie“, in: *Arbeit, Zeitschrift für Arbeitsforschung, Arbeitsgestaltung und Arbeitspolitik*, Jg. 2 (1993), S. 36–52.

Mish, Frederick C. (Hrsg.): *Merriam-Webster's collegiate dictionary*, Springfield, Mass: Merriam-Webster (2008)[11].

Molhanec, Martin: „Agile project management framework“, in: *Proceedings of the 33rd International Spring Seminar on Electronics Technology, Warschau, Polen* (2010), S. 525–530.

Monden, Yasuhiro: *Toyota production system. Practical approach to production management*, Norcross: Industrial Engineering and Management Press (1983).

Moore, Connie / Richardson, Clay / Rymer, John R. / Schadler, Ted / West, Dave: *Lean: The New Business Technology Imperative*.

Morgan, James M.: *The Toyota product development system. Integrating people process and technology*, New York, NY: Productivity Press (2008).

Müller, Swen: „Was ist ein Vorgehensmodell?“, <http://v-modell.iabg.de/index.php?option=com_content&task=view&id=11&Itemid=1>, zuletzt aktualisiert: 12.5.2004, zuletzt abgerufen: 25.2.2012.

Naur, Peter / Randell, Brian (Hrsg.): *Software Engineering: Report of a conference sponsored by the NATO Science Committee, Garmisch, 7-11 Oktober 1968*, Brüssel (1969).

Nerur, Sridhar / Balijepally, VenuGopal: „Theoretical reflections on agile development methodologies“, in: *Communications of the ACM*, Jg. 50 (2007), S. 79–83.

Nerur, Sridhar / Cannon, Alan / Balijepally, VenuGopal / Bond, Philip: „Towards an Understanding of the Conceptual Underpinnings of Agile Development Methodologies“, in: Dingsøyr, Torgeir / Dybå, Tore / Moe, Nils Brede (Hrsg.), *Agile Software Development*, Berlin, Heidelberg: Springer (2010), S. 15–29.

Nicolis, Grégoire / Prigogine, Ilya: *Self-organization in nonequilibrium systems. From dissipative structures to order through fluctuations*, New York: Wiley (1977).

Nonaka, Ikujiro: „A Dynamic Theory of Organizational Knowledge Creation“, in: *Organization Science*, Jg. 5 (1994), S. 14–37.

Nonaka, Ikujiro: *Die Organisation des Wissens. Wie japanische Unternehmen eine brachliegende Ressource nutzbar machen*, Frankfurt: Campus (1997).

Nonaka, Ikujiro: „The Knowledge-Creating Company“, in: *Harvard Business Review*, Jg. 86 (2007), S. 162–191.

Nonaka, Ikujiro / Konno, Noboru: „The concept of ‚Ba‘, Building a foundation of knowledge creation“, in: *California Management Review*, Jg. 40 (1998).

Nonaka, Ikujiro / Takeuchi, Hirotaka: *The knowledge-creating company*, Oxford: Oxford University Press (1995).

Oestereich, Bernd (Hrsg.): *Agiles Projektmanagement. Beiträge zur Konferenz „interPM" Glashütten 2006*, Heidelberg: dpunkt (2006)[1].

Oestereich, Bernd / Weiss, Christian / Lehmann, Oliver F. / Vigenschow, Uwe: *APM - Agiles Projektmanagement. Erfolgreiches Timeboxing für IT-Projekte*, Heidelberg: dpunkt (2008).

Ohno, Taiichi: *Toyota production system. Beyond large-scale production*, New York, NY: Productivity Press (2008).

Owen, Robert L. / Koskela, Lauri: *Agile construction project management. Beitrag auf der 6th International Postgraduate Research Conference in the Built and Human Environment 6/7 April 2006 Delft* (2006).

Padberg, Frank / Tichy, Walter: „Schlanke Produktionsweisen in der modernen Softwareentwicklung“, in: *WIRTSCHAFTSINFORMATIK*, Jg. 49 (2007), S. 162–170.

Palmer, Stephen R.: *A practical guide to feature-driven development*, Upper Saddle River: Prentice Hall (2002).

Paulk, Mark C.: „2011 Scrum Adoption Survey“, <http://www.cs.cmu.edu/~mcp/agile/s2011sa.pdf>, zuletzt aktualisiert: 3.10.2011, zuletzt abgerufen: 10.3.2012.

Pertsch, Erich: *Langenscheidts großes Schulwörterbuch Lateinisch-Deutsch*, Berlin, München, Wien, Zürich: Langenscheidt (2000)[14].

Pfeiffer, Werner / Weiß, Enno: *Lean management. Grundlagen der Führung und Organisation lernender Unternehmen*, Berlin: Erich Schmidt (1994)[2].

Pichler, Roman: *Scrum - agiles Projektmanagement erfolgreich einsetzen*, Heidelberg: dpunkt (2008)[1].

Pich, Michael T. / Loch, Christoph H. / Meyer, Arnoud de: „On Uncertainty, Ambiguity, and Complexity in Project Management“, in: *Management Science*, Jg. 48 (2002), S. 1008–1023.

Pikkarainen, Minna: *Towards a Framework for Improving Software Development Process Mediated with CMMI Goals and Agile Practices*, Vihti: VTT (2008).

Pikkarainen, Minna / Mäntyniemi, Annukka: „An Approach for Using CMMI in Agile Software Development Assessments, Experiences from Three Case Studies“, in: *Proceedings of the 2006 SPICE Conference, Luxemburg*, S. 121–129.

Pixton, Pollyanna / Nickolaisen, Niel / Little, Todd McDonaldKent: *Stand back and deliver. Accelerating business agility*, Upper Saddle River: Addison-Wesley (2009).

Poppendieck, Mary: „Agile Ecosystems, A Position Paper for the Workshop: Are Agile Methodologies Really Different?“, in: Crocker, Ron / Steele, Guy L. (Hrsg.), *Proceedings of the 2003 ACM SIGPLAN Conference on Object-Oriented Programming Systems, Languages and Applications, OOPSLA 2003*, Washington: ACM (2003).

Poppendieck, Mary / Poppendieck, Tom: *Lean Software Development: An Agile Toolkit*, Upper Saddle River: Pearson Education (2003).

Poppendieck, Mary / Poppendieck, Tom: *Implementing lean software development. From concept to cash*, Upper Saddle River: Addison-Wesley (2007)[5].

Project Management Institute: „PMI Agile Certified Practitioner“, <http://www.pmi.org/Certification/New-PMI-Agile-Certification.aspx>, zuletzt abgerufen: 19.5.2012.

PMBOK® guide / A guide to the project management body of knowledge; an American National Standard ANSIPMI 99-001-2008, Newtown Square, Pa: Project Management Institute (2008)[4].

Project Management Institute: *Organizational Project Management Maturity Model (OPM3) - Second Edition. Knowledge Foundation*, Newtown Square, Pennsylvania: Project Management Institute (2008).

Project Management Institute: *A Guide to the Project Management Body of Knowledge: PMBOK(R) Guide:* Project Management Institute (2013)[5].

Qumer, Asif/ Henderson-Sellers, Brian: „MEASURING AGILITY AND ADOPTABILITY OF AGILE METHODS: A 4-DIMENSIONAL ANALYTICAL TOOL", in: Guimarães, Nuno / Isaías, Pedro / Goikoetxea, Ambrosio (Hrsg.), *Proceedings of the IADIS International Conference on Applied Computing, 25-28 February 2006, San Sebastian*, Dublin: IADIS Press (2006), S. 503–507.

Rahman, Shams-ur: „The theory of constraints thinking processes: retrospect and prospect", in: *International Journal of Operations & Production Management*, Jg. 18 (1998), S. 336–355.

Rakitin, Steven R.: „Manifesto Elicity Cynism", in: *IEEE Computer*, Jg. 34 (2001), S. 4–7.

Reese-Schäfer, Walter: *Luhmann zur Einführung*, Hamburg: Junius-Verl. (1996)[3].

Remington, Kaye / Pollack, Julien: *Tools for complex projects*, Aldershot: Gower (2008).

Richardson, Gary L.: *Project management theory and practice*, Boca Raton: Auerbach/CRC Press (2010).

Ronen, Boaz / Starr, Martin K.: „Synchronized manufacturing as in OPT: from practice to theory", in: *Comput. Ind. Eng*, Jg. 18 (1990), S. 585-600.

Royce, Winston: „Managing the development of large software systems", in: *Proceedings of the International Conference on Software Engineering*: IEEE Computer Soc. (1970), S. 1–9.

Ruelle, David / Takens, Floris: „On the Nature of Turbulence", in: *Communications in Mathematical Physics*, Jg. 20 (1971), S. 167–192.

Scheinkopf, Lisa J.: *Thinking for a change. Putting the TOC thinking processes to use*, Boca Raton, London: St. Lucie Press (1999).

Scholze-Stubenrecht, Werner u.a (Hrsg.): *Der Duden. Das umfassende Standardwerk auf der Grundlage der neuen amtlichen Rechtschreibregeln*, Mannheim: Bibliographisches Institut (2006)[24].

Schragenheim, Eli: *Management dilemmas. The theory of constraints approach to problem identification and solutions*, Boca Raton, Fla. [u.a.]: St. Lucie Press (1999).

Schuh, Peter: *Integrating agile development in the real world*, Hingham, Mass.: Charles River Media (2005).

Schwaber, Ken: „Scrum development process", in: *Proceedings of the 10th Annual ACM Conference on Object Oriented Programming Systems, Languages, and Applications (OOPSLA 1995)*, New York: ACM (1995), S. 117-134.

Schwaber, Ken: *Agile project management with Scrum*, Redmond, Wash.: Microsoft Pr. (2004).

Schwaber, Ken: *The enterprise and Scrum*, Redmond, Wash.: Microsoft Press (2007).

Schwaber, Ken / Beedle, Mike: *Agile software development with Scrum*, Upper Saddle River: Prentice Hall (2002).

Schwenker, Burkhard: „Auf Veränderungen des Marktes reagieren — den Produktlebenszyklus umfassend managen“, in: Voigt, Kai-Ingo (Hrsg.), *Operations Management in Theorie und Praxis: Aktuelle Entwicklungen des Industriellen Managements - Festschrift zum 65. Geburtstag von Professor Karl-Werner Hansmann*: Gabler Verlag (2008), S. 121–137.

Seibert, Siegried: „Agiles Projektmanagement“, in: *Projektmanagement Aktuell*, Jg. 18 (2007), S. 41–49.

Senge, Peter M.: *The fifth discipline. The art and practice of the learning organization*, New York: Currency Doubleday (1994)[1].

Shewhart, Walter A.: *Economic control of quality of manufactured product*, New York: D. van Nostrand Co. Inc. ([1931] 1980).

Shewhart, Walter A.: *Statistical method from the viewpoint of quality control*, New York: Dover (1939).

Sidky, Ahmed / Arthur, James: „A Disciplined Approach to Adopting Agile Practices: The Agile Adoption Framework“, <http://arxiv.org/abs/0704.1294>, zuletzt aktualisiert: 22.1.1007, zuletzt abgerufen: 11.6.2009.

Sillitti, Alberto / Ceschi, Martina / Succi, Giancarlo / Panfilis, Stefano de: „Project Management in plan-based and agile companies“, in: *IEEE Software*, Jg. 22 (2005), S. 21–27.

Sliger, Michele / Broderick, Stacia: *The software project manager's bridge to agility*, Upper Saddle River: Addison-Wesley (2008).

Söderlund, Jonas: „Building theories of project management: past research, questions for the future“, in: *International Journal of Project Management*, Jg. 22 (2004), S. 183-191.

Spear, Steven / Bowen, H. Kent: „Decoding the DNA of the Toyota Production System“, in: *Harvard Business Review* (1999), S. 96–106.

Stacey, Ralph D.: *Complexity and creativity in organizations*, San Francisco: Berrett-Koehler (1996).

Stacey, Ralph D.: *Complexity and management. Fad or radical challenge to systems thinking?*, London: Routledge (2000).

Stacey, Ralph D.: *Strategic management and organisational dynamics. The challenge of complexity*, Harlow: Prentice Hall (2003)[4].

Staehle, Wolfgang H.: *Management. Eine verhaltenswissenschaftliche Perspektive*, München: Vahlen (1999)[8].

Stapleton, Jennifer: *DSDM, dynamic systems development method. The method in practice*, Harlow, Bonn: Addison-Wesley (1997)[1].

Stapleton, Jennifer (Hrsg.): *DSDM, business focussed development*, London, Munich: Addison-Wesley (2003)[2].

Sugimori, Y. K. Kusunoki / Cho, K. F / Uchikawa S.: „Toyota Production System and Kanban System, Materialization of just-in- time and respect-for-human system“, in: *International Journal of Production Research*, Jg. 15 (1977), S. 553–564.

Sulack, R. A. / Lindner, R. J. / Dietz, D. N.: „A new development rhythm for AS/400 software“, in: *IBM Systems Journal*, Jg. 28 (1989), S. 386–406.

Sutherland, Jeff: „Takeuchi and Nonaka: The Roots of Scrum“, <http://scrum.jeffsutherland.com/2011/10/takeuchi-and-nonaka-roots-of-scrum.html>, zuletzt aktualisiert: 22.11.2011, zuletzt abgerufen: 1.7.2012.

Takeuchi, Hirotaka / Nonaka, Ikujiro: „The New New Product Development Game“, in: *Harvard Business Review*, Jg. 64 (1986), S. 137–146.

Terninko, John: *Step-by-step QFD. Customer-driven product design*, Boca Raton, Fla.: St. Lucie Press (1997)[2].

The Standish Group International: „CHAOS Summary 2009, The 10 laws of CHAOS“, <http://www.scribd.com/doc/36877347/CHAOS-Summary-2009>, zuletzt aktualisiert: 22.4.2009, zuletzt abgerufen: 9.4.2011.

The Stationery Office im Auftrag des Office of Government Commerce (Hrsg.): *Erfolgreiche Projekte managen mit PRINCE2*, London: TSO (2009)[1].

Thomas, David: „Some Agile History“, <http://pragdave.pragprog.com/pragdave/2007/02/some_agile_hist.html>, zuletzt aktualisiert: 25.2.2007, zuletzt abgerufen: 2.6.2012.

Toyota Motor Company: „Toyota Company: Vision & Philosophy“, <http://www2.toyota.co.jp/en/vision/traditions/mar_apr_04.html>, zuletzt aktualisiert: März/April 2004, zuletzt abgerufen: 1.5.2010.

Tuckman, Bruce W.: „Developmental Sequence in Small Groups“, in: *Psychological Bulletin*, Jg. 63 (165), S. 384–399.

Turk, Daniel / France, Robert / Rumpe, Bernhard: „Assumptions Underlying Agile Software Development Processes“, in: *Journal of Database Management*, Jg. 16 (2005), S. 62–87.

Udo, Nathalie / Koppensteiner, Sonja: „Will agile development change the way we manage software projects?, Agile from a PMBoK guide perspective“, in: Project Management Institute (Hrsg.), *Proceedings of the 2003 Global Congress, Baltimore* (2003).

US Department of Defense: „MIL-STD-498, MILITARY STANDARD: SOFTWARE DEVELOPMENT AND DOCUMENTATION (05 DEC 1994)“, <http://www.everyspec.com/MIL-STD/MIL-STD+(0300+-+0499)/MIL-STD-498_NOTICE-1_25498/>, zuletzt aktualisiert: 5.12.94, zuletzt abgerufen: 11.5.2011.

US Department of Defense: „DOD-STD-2167A, MILITARY STANDARD: DEFENSE SYSTEM SOFTWARE DEVELOPMENT (29 FEB 1988)“, <http://www.everyspec.com/DoD/DoD-STD/DOD-STD-2167A_8470/>, zuletzt aktualisiert: 29.2.1988, zuletzt abgerufen: 11.5.2011.

US Department of Defense: „Operation of the Defense Acquisition System“, <http://www.everyspec.com/DoD/DoD+PUBLICATIONS/download.php?spec=DOD_INSTRUCTION_5000.2(MAY122003).005823.PDF>, zuletzt aktualisiert: 12.5.2003, zuletzt abgerufen: 11.5.2011.

VersionOne, Inc: „The State of Agile Development, 6rd Annual Survey: 2011“, zuletzt aktualisiert: 6.1.2012, zuletzt abgerufen: 3.3.2012.

Versteegen, Gerhard: „Die Softwarekrise - Ursachenforschung“, in: Versteegen, Gerhard (Hrsg.), *Prozessübergreifendes Projektmanagement Grundlagen erfolgreicher Projekte*, Berlin, Heidelberg: Springer (2005).

Vidal, Ludovic-Alexandre / Marle, Franck: „Understanding project complexity: implications on project management“, in: *Kybernetes*, Jg. 37 (2008), S. 1094–1100.

Vidgen, Richard / Wang, Xiaofeng: „ORGANIZING FOR AGILITY: A COMPLEX ADAPTIVE SYSTEMS PERSPECTIVE ON AGILE SOFTWARE

DEVELOPMENT PROCESS", in: Ljungberg, Jan / Andersson, Magnus (Hrsg.), *Proceedings of the Fourteenth European Conference on Information Systems, ECIS 2006*, Göteborg (2006), S. 1316–1327.

Waldrop, M. Mitchell: *Complexity. The emerging science at the edge of order and chaos*, New York: Touchstone (1993).

Watson, Kevin J. / Blackstone, John H. / Gardiner, Stanley C.: „The evolution of a management philosophy: The theory of constraints", in: *Journal of Operations Management*, Jg. 25 (2007), S. 387-402.

Weller, E. F.: „Practical applications of statistical process control [in software development projects]", in: *Software Development Magazine*, Jg. 17 (2000), S. 48–55.

White, Karen R. J.: *Agile Project Management. A Mandate for the 21st Century*, Wilmington Pike: Center for Business Practices (2008).

Whitty, Stephen Jonathan / Maylor, Harvey: „And then came Complex Project Management", in: *International Journal of Project Management*, Jg. 27 (2008), S. 304–310.

Wiemers, Manuela: „Lesen, erfahren, lernen des V-Modells", in: Dröschel, Wolfgang / Wiemers, Manuela (Hrsg.), *Das V-Modell 97 Der Standard für die Entwicklung von IT-Systemen mit Anleitung für den Praxiseinsatz*, München, Wien: Oldenbourg (2000), S. 22–44.

Wiener, Norbert: *Cybernetics. Or control and communication in the animal and the machine*, Cambridge: M.I.T. Press (1969)[2].

Wöhe, Günter: *Einführung in die Allgemeine Betriebswirtschaftslehre*, München: Vahlen (1996)[19].

Womack, James P. / Jones, Daniel T. / Roos, Daniel: *The machine that changed the world. How Japan's secret weapon in the global auto wars will revolutionize Western industry*, New York: Harper Perennial (1991).

Womack, James P. / Jones, Daniel T.: *Lean thinking. Banish waste and create wealth in your corporation; revised and updated*, New York: Free Press (2003)[1].

Wysocki, Robert K.: *Effective Project Management: Traditional, Agile, Extreme:* John Wiley & Sons Ltd; John Wiley and Sons Ltd (2009)[5].

Wysocki, Robert K.: *Adaptive Project Framework. Managing Complexity in the Face of Uncertainty*, Indianapolis: Cisco (2010).

Yilmaz, M. R. / Chatterjee, Sangit: „Deming and the quality of software development", in: *Business Horizons*, Jg. 40 (1997), S. 51–58.

You, Haili: „Defining Rythm: Aspecty of an Anthropology of Rythm", in: *Culture, Medicine and Psychiatry*, Jg. 18 (1994), S. 361–384.

Zhi-gen, Hu / Quan, Yuan / Xi, Zhang: „Research on Agile Project Management with Scrum Method", in: *IITA International Conference on Services Science, Management and Engineering, 2009 SSME '09 ; Zhangjiajie, China, 11 - 12 July 2009*, Piscataway, NJ: IEEE (2009), S. 26–29.

Zollondz, Hans-Dieter: *Grundlagen Qualitätsmanagement. Einführung in Geschichte, Begriffe, Systeme und Konzepte*, München: Oldenbourg (2009)[2]

Jörg Leute, geboren 1976 in Ulm, studierte Wirtschaftswissenschaften mit Schwerpunkt Wirtschaftsinformatik an der Eberhard Karls Universität in Tübingen mit Abschluss als Diplom-Kaufmann. Seit 1999 ist er geschäftsführender Gesellschafter der Firma itdesign GmbH in Tübingen mit den Schwerpunkten Projektmanagement und Softwareentwicklung. Jörg Leute ist aktives Mitglied der Gesellschaft für Projektmanagement und befasst sich dort mit agilem Projektmanagement sowie Ressourcenmanagement. Seine Promotion zum Dr. rer. pol. im März 2014 erfolgte an der Eberhard Karls Universität Tübingen am Lehrstuhl von Prof. Dr. Bernd Jahnke.

Projekte sind im digitalen Zeitalter gewaltigen Herausforderungen ausgesetzt. Nicht nur die technische Komplexität, sondern auch die erhöhten Qualitätserwartungen sowie sich ständig ändernde Prioritäten üben Druck auf Projektteams aus. Viele Organisationen setzen zur Bewältigung dieser erhöhten Anforderungen erfolgreich auf agiles Projektmanagement. Dieser Lösungsansatz bietet gegenüber traditionellen Verfahren den Vorteil von Entfaltung an Kreativität, persönlicher und direkter Kommunikation sowie Verlagerung von Verantwortung vom Management hin zu den Teammitgliedern. Ebenso verblüffend wie der tatsächlich messbare Erfolg ist allerdings, dass bislang noch kein nachvollziehbares und belastbares Grundverständnis der eigentlichen Natur agilen Projektmanagements erreicht wurde. Selbst dessen grundlegendes Konstrukt, die Agilität, ist undurchsichtig und allenfalls anekdotenhaft fundiert.

Der Autor widmet sich in daher zunächst grundlegend dem Thema der Agilität. Durch die Isolierung von Einflüssen, die die traditionelle Software-Systementwicklung hin zur agilen Software-Systementwicklung weiterentwickelten, wird eine neue Sichtweise auf den Begriff Agilität erarbeitet. Agilität stellt aus dieser Perspektive heraus einen Satz konkreter Anweisungen, managementphilosophischer Anschauungen und industrieller Methoden dar, die auf die Softwareentwicklung eingewirkt haben. Aus dieser Definition heraus ergibt sich agiles Projektmanagement als ein Satz von Anforderungen in den Dimensionen Methode, Prozess, organisatorische Einbettung und schließlich in Form bestimmter Meta-Regeln, einer Vorgabe an die organisationsinterne Kultur. Der Autor zeigt, dass agiles Projektmanagement gerade aufgrund seiner softwareneutralen Wurzeln auch über die Softwareentwicklung hinaus einsetzbar ist. Darüber hinaus liefert er eine Benchmark zur Überprüfung vorhandener Rahmenwerke agilen Projektmanagements.

ISBN 978-3-8441-0360-1

05900

9 783844 103601

www.eul-verlag.de
€ 59,- (D)

Band 94
Reihe: Finanzierung, Kapitalmarkt und Banken

HERAUSGEBER
Hermann Locarek-Junge, Klaus Röder und Mark Wahrenburg

Svenja Mangold

Die Realoptionsmethode als Steuerungsinstrument eskalierenden Commitments

Eine empirische Untersuchung